U1016784

甲醇煤化工大气污染物深度治理技术

王　凡　张　辰　黄家玉　编著

哈爾濱工業大學出版社

内容简介

本书以我国多家化工企业甲醇煤化工项目为对象，基于作者在甲醇煤化工大气污染物控制领域多年的科研成果和工程经验整理撰写而成，系统介绍当前甲醇煤化工产业大气污染物治理技术，重点阐述深度治理技术的最新进展和应用实践。全书共分7章，系统介绍了甲醇煤化工工业情况，主要生产工艺及产污环节，污染物排放状况及相关标准，主要的大气污染物治理技术，深度治理技术路线与规范，技术、经济和环境效益分析以及发展建议等内容。

本书具有较强的应用性和针对性，可供大气污染等领域的工程技术人员、科研人员和管理人员参考，也可供高等学校环境科学与工程、生态工程、化学工程及相关专业的师生参考。

图书在版编目(CIP)数据

甲醇煤化工大气污染物深度治理技术/王凡，张辰，黄家玉编著.—哈尔滨：哈尔滨工业大学出版社，2025.2. —ISBN 978－7－5767－1763－1

Ⅰ.X784

中国国家版本馆CIP数据核字第2024UW7346号

策划编辑　王桂芝
责任编辑　杨　硕
出版发行　哈尔滨工业大学出版社
社　　址　哈尔滨市南岗区复华四道街10号　邮编150006
传　　真　0451－86414749
网　　址　http://hitpress.hit.edu.cn
印　　刷　哈尔滨圣铂印刷有限公司
开　　本　787 mm×1 092 mm　1/16　印张14.25　字数295千字
版　　次　2025年2月第1版　2025年2月第1次印刷
书　　号　ISBN 978－7－5767－1763－1
定　　价　88.00元

编审委员会

前　　言

甲醇是一种重要的化工原料和清洁能源，而我国是世界最大的甲醇生产国。甲醇煤化工是主要的甲醇生产工艺，近年来甲醇煤化工产业发展的同时也带来了一系列环境问题，尤其是大气污染问题，引起了社会各界的广泛关注。

甲醇煤化工产业在生产过程中会产生多种大气污染物，包括颗粒物（PM）、二氧化硫（SO_2）、氮氧化物（NO_x）以及挥发性有机化合物（VOCs）等，对人类健康和生态环境构成了双重威胁。

本书主要从甲醇煤化工工业情况，主要生产工艺及产污环节，污染物排放状况及相关标准，主要的大气污染物治理技术，深度治理技术路线与规范，技术、经济和环境效益分析以及发展建议等 7 个方面展开论述。

大气污染物控制技术种类及应用较多，颗粒物控制技术主要有布袋除尘、静电除尘等技术；SO_2 控制技术主要有石灰石/石灰湿法、湿式双碱法、干式钠碱法、干式氢氧化钙法等；NO_x 治理技术主要有选择性催化还原技术、选择性非催化还原技术等；而 VOCs 处理技术主要有吸附法、吸收法、燃烧法等。在实际的工业生产中，大气污染物往往是多种污染物共存，随着环境空气质量要求的不断提高，传统的单一污染物的治理技术已经很难达到预期的治理效果，环境污染治理技术不断升级，即通过采用两种或多种污染物深度治理技术组合，辅以先进的材料、先进的技术工艺和智能化控制手段，以实现污染物排放量最大化，达到污染物深度治理的目的，最大限度地降低环境污染程度，保护人们的健康和安全，为推动甲醇煤化工产业的绿色发展和可持续发展提供科学依据和技术支持。

本书系统介绍了当前甲醇煤化工行业中排放的主要大气污染物，各种污染物先进的治理技术，通过分析不同工序、生产单元大气污染物排放特征，提出了甲醇煤化工生产过程中大气污染物深度治理技术措施。基于大气污染物深度治理技术的最新进展和应用实践，针对不同生产工艺、不同生产环节排放的大气污染物，有针对性地提出了中温 SDS 脱硫＋袋式/电袋复合除尘＋中低湿 SCR 脱硝、高温 SDS 干法脱硫＋布袋除尘＋中温 SCR 脱硝＋余热锅炉、固定床脱硫＋SCR 脱硝的焦炉烟气污染物治理技术组合工艺，以及焦炉燃烧法深度治理焦化化产 VOCs 污染物、RTO 燃烧法治理焦化化产等工序 VOCs 污染物的深度治理技术工艺，以及燃煤锅炉燃烧法治理焦炉煤气制甲醇生产过程中的VOCs污染物。通过案例分析,展示了深度治理技术工艺在甲醇煤化工行业中的应用效果。

本书具有较强的应用性和针对性,可供大气污染等领域的工程技术人员、科研人员和管理人员参考,也可供高等学校环境科学与工程、生态工程、化学工程及相关专业的师生参考。我们希望本书能够为甲醇煤化工产业的环境保护工作提供有力的技术支持,为清洁生产和绿色发展贡献一份力量。同时,我们也期待与广大读者进行深入的交流和探讨,共同推动我国甲醇煤化工产业的可持续发展。

本书在撰写过程中,得到了中国矿业大学(北京)、内蒙古超淳环保有限公司、中钢集团天澄环保科技股份有限公司、中国环境科学研究院环境技术工程有限公司、北京予知环保科技有限公司、同兴环保科技股份有限公司、山东东尊华泰环保科技有限公司、北京利德衡环保工程有限公司、北京力博明科技发展有限公司的大力协助,在此表示衷心感谢。同时,感谢国家重点研发计划项目"汾河平原大气重污染成因和联防联控研究"(2019YFC0214200)的资助。

限于作者的经验和水平,书中难免存在不足之处,恳请广大读者与专家批评指正。

作　者

2025年1月

目　录

第1章　甲醇煤化工工业情况

甲醇作为煤化工与传统石油化工的重要桥梁，既是有机化工的基础产品，也是极其重要的化工原料和化工中间体，还是一种良好的溶剂和清洁的、经济的可替代燃料。就甲醇的下游需求而言，全球范围内主要是甲醛，其次是烯烃、甲基叔丁基醚(MTBE)、醋酸等，而我国甲醇最大的需求则是烯烃，其次是甲醇燃料、甲醛、甲基叔丁基醚。

甲醇是一种单元醇，具有醇的一般性质。甲醇可以与酸、碱、氧化剂和还原剂反应，可以通过酸催化剂和碱催化剂进行醇醚化反应、醇酯化反应和醇醛化反应等。

甲醇的直接合成原料为合成气(一氧化碳和氢气)，而合成气的来源决定甲醇的原料路线，其主要为天然气、煤、焦炉煤气3种。国外95%以上都是采用天然气制甲醇，而国内则秉持特有的中国风，甲醇煤化工占比超过80%，且有继续上升的趋势。

甲醇是一种生物可降解的物质，存在于水体、土壤、空气中，易扩散、不蓄积。按照国际GHS分类，属于有毒化学品，不能吸食。甲醇有可燃性，其完全燃烧产物只有水和二氧化碳。作为一种低碳燃料，甲醇已经成为国际公认的清洁燃料，也是一种面向未来的燃料。

我国是全球最大的甲醇生产和消费国，国内甲醇产能约占全球产能的62%。甲醇的供给和需求都有其独特的性质。

1.1　甲醇的性质和用途

1.1.1　甲醇的性质

甲醇又称木醇、木精，自被人类发现以来，便被人类用作烹煮的燃料。自20世纪20年代被人工合成并大规模生产后，便成为最重要的基本化工原料。20世纪70年代石油危机的爆发，使人们认识到为了保障能源的使用安全，需要寻找一种替代燃料，因此甲醇再次进入人们的视野。在大规模的研究中，甲醇作为生产工艺成熟、生产相对容易、生产原料丰富、燃烧也比较清洁的产品，特别是在“制、储、运、加”以及使用安全上具有优势，得到全球的高度关注。

我国的能源状况是富煤、贫油、少气，自改革开放以来我国经济快速腾飞，能源需求随之迅猛增长，1993年我国成为石油净进口国。截至目前，石油进口带来的对外依存度已经超过70%，因此，保障能源安全一直是我国经济发展的重中之重。全球在20世纪70年代出现石油危机后，我国也开始大力开展石油替代燃料的研究工作。我国的煤炭资源比较丰富，采用甲醇替代石油成为必然的选择。对于将甲醇煤化工作为替代石油产品的研发工作，我国并不像国外那样随着石油危机的结束而将其放弃，中央政府和一些甲醇生产条件较好的地方政府对甲醇作为燃料的研究和开发给予了长期支持。目前我国已经成为全球最大的甲醇生产国，产能和产量都稳居世界之首。

目前甲醇以化工基础材料和主要替代燃料的双重身份在化工和能源领域都占有重要的地位。甲醇是碳一化工中最核心的中间产品，是生产醋酸、甲醛、对苯二甲酸二甲酯、医药、农药等有机化工产品的原料，也是部分替代燃料和裂解生产烯烃的重要原料。甲醇还可作为液体清洁燃料，便于携带和运输。它既可作为车用替代燃料，又是重要的高附加值产品。甲醇化学已成为21世纪的化学交叉学科的一个分支，甲醇化工同时是化学工业与能源工业的一个重要领域。甲醇产量是一个国家碳一化工发展水平的标志和能源化工的晴雨表。

1.1.2 甲醇的化学特性

甲醇的化学特性见表1.1。

表1.1 甲醇的化学特性

国标编号	32058
CAS	67－56－1
中文名称	甲醇
英文名称	mcthyl alcohol; methanol
别名	木醇、木精
分子式	CH_4O、CH_3OH
分子量	32.042
PSA	20.23
闪点/℃	11.1±0.0
熔点/℃	－97.8
沸点/℃	64.8
相对密度	0.79
蒸气密度（相对于空气）	1.11
蒸气压（25℃）/mmHg[①]	265.4±0.1

续表1.1

国标编号	32058
溶解性	溶于水，可混溶于醇、醚等多数有机溶剂
临界温度/℃	240
临界压力/MPa	7.95
燃烧热/(kJ · mol^{-1})	727.0
化学性质	甲醇由甲基和羟基组成，具有醇所具有的化学性质。 甲醇可以在纯氧中剧烈燃烧，生成水蒸气和二氧化碳；另外甲醇也和氟气产生猛烈反应。 甲醇具有饱和一元醇的通性，由于其只有一个碳原子，因此有独特的反应。例如：① 与氯化钙形成结晶状物质 $CaCl_2 \cdot 4CH_3OH$，与氧化钡形成 $BaO \cdot 2CH_3OH$ 的分子化合物并溶解于甲醇中，类似的化合物有 $MgCl_2 \cdot 6CH_3OH$、$CuSO_4 \cdot 2CH_3OH$、$CH_3OK \cdot CH_3OH$、$AlCl_3 \cdot 4CH_3OH$、$AlCl_3 \cdot 6CH_3OH$、$AlCl_3 \cdot 10CH_3OH$ 等；② 与其他醇不同，由于 $-CH_2OH$ 基与氢结合，氧化时生成的甲酸进一步氧化为 CO_2；③ 甲醇与氯、溴不易发生反应，但易与其水溶液作用，最初生成的二氯甲醚 $(CH_2Cl)_2O$ 因水的作用转变成 HCHO 与 HCl；④ 与碱、石灰一起加热，产生氢气并生成甲酸钠，即 $CH_3OH + NaOH \longrightarrow HCOONa + 2H_2$；⑤ 与锌粉一起蒸馏，发生分解，生成 CO 和 H_2O
外观与性状	无色澄清液体，有刺激性气味
危险标记	7(易燃液体)

注：① 1 mmHg = 133.322 Pa。

1.1.3　甲醇的用途

我国甲醇的供给和需求情况都很独特。供给上，在全球范围内天然气制备甲醇享有成本和工艺优势，作为主流约占全球总产能的62%，甲醇煤化工则因流程长，投资大而成为不入主流的方式，仅占33%。而需求上，从全球范围来看，下游需求甲醛占比最高，为26%，其次是烯烃(18%)，MTBE(11%)，醋酸(8%)；在我国，甲醇最大的下游应用则是烯烃(占到了一半以上)，之后是甲醇燃料，甲醛和MTBE。

2018—2023年我国甲醇消费量呈高速增长的趋势，表观消费量年复合增长率为8.19%，成为国内化工行业一枝独秀，而主要的增长动力正是来源于烯烃。虽然石油路线裂解制烯烃仍然是产能主导，但在特殊国情加持下，调整能源结构，减少对外部能源的依赖将会是发展的必然趋势，因此甲醇煤化工制烯烃的增长潜力巨大。

现结合国内甲醇下游消费产业情况来阐述甲醇的具体用途，其中，甲醇下游产业链框架如图1.1所示。

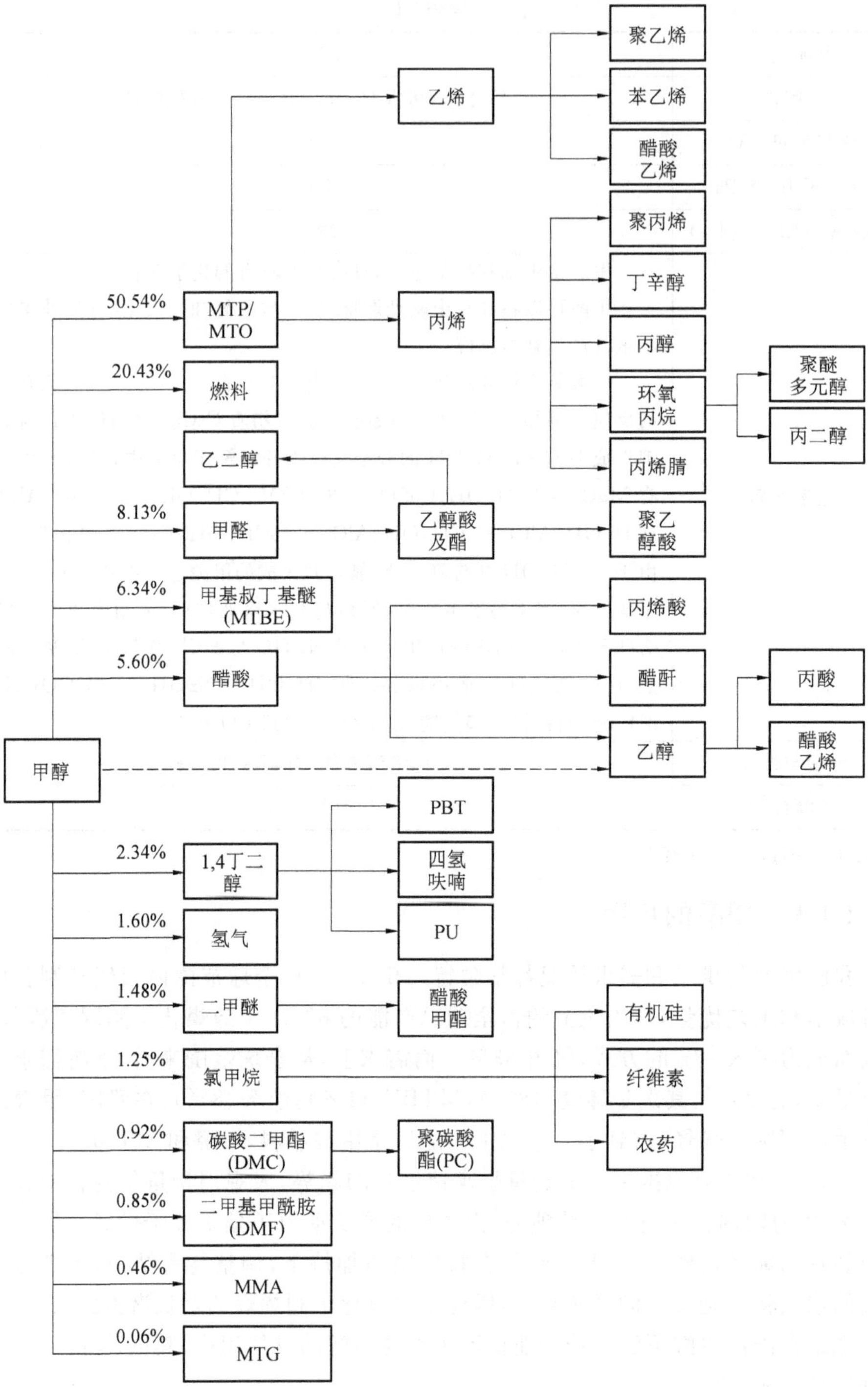

图 1.1　甲醇下游产业链框架

1.甲醇制烯烃

传统的烯烃生产路线是由原油提取石脑油然后裂解生产，而在“富煤、贫油、少气”的能源资源禀赋下，以煤为主的能源结构很难改变。当甲醇制烯烃的关键技术突破后，由煤替石油生产烯烃产品实现了煤化工向石油化工的延伸。由此，煤制甲醇、甲醇制烯烃的产业路线应运而生，并成为甲醇煤化工的半壁江山(消费占比达到50.53%)。

甲醇制乙烯、丙烯的MTO工艺和甲醇制丙烯的MTP工艺是目前重要的化工技术。该技术以煤(包括焦炉煤气、煤层气)或天然气合成的甲醇为原料生产低碳烯烃，已日趋成熟，具备工业化条件。

(1)MTP工艺

MTP的主要生产产品为丙烯，该工艺是由甲醇转化为甲醛，然后甲醛在反应器中转化为二甲醚，再进一步反应转化为丙烯，其丙烯的转换率高。在市面上采用MTP技术的主要是德国鲁奇公司，MTP主要的工艺过程是：首先将原料进行预热，将其加热至260 ℃以上，采用绝热式固定床二甲醚预反应器，利用催化剂将气体中活性优良的甲醇转化为二甲醚和水。将甲醇、二甲醚、水的混合物的气体继续预热至470 ℃，然后逐渐进入一级、二级MTP反应器中进行转化。在整个反应阶段，反应物经过了冷凝、加热，分离出气体产物、液体有机物和污水等。其中的气体产物在进行压缩，分离之后产生丙烯产品、混合芳烃和燃料气等。

(2)MTO工艺

MTO工艺是采用粗甲醇或者产品级的甲醇作为生产级的原料，结合催化剂来生成乙烯或者丙烯。主要的工艺技术如下。

①UOP/Hydro的MTO工艺

UOP是以SAPO－34为催化剂，主要采用流化床反应器，在气体循环反应中获得转换率较高的乙烯或丙烯产品。此种工艺具有装置简单灵活、操作弹性大、反应过程中耗能不高、很容易对原料进行分离后再利用、排放污染物少等特点。

② 中国科学院大连化学物理研究所DMTO系列技术

中国科学院大连化学物理研究所(大连化物所)在20世纪80年代初便开展了由甲醇制烯烃的工作。“六五”期间完成了实验室小试，“七五”期间完成了300 t/a(处理甲醇)中试：采用中孔ZSM－5沸石催化剂，达到了同期国际先进水平。大连化物所研制的MTO催化剂以廉价SAPO－34为活性基质，经过改性，添加粘接剂，喷雾干燥成型及适当温度焙烧后，即为适用于流化床的甲醇高选择性转化为低碳烯烃的催化剂，定名为DO123。

大连化物所与陕西省投资集团公司、洛阳石油化工工程公司合作，在陕西榆林进行了DMTO工业化试验。2010年5月，大连化物所宣布DMTO－Ⅱ技术完成了中试现场考核标定，此技术在原有DMTO技术的基础上进一步结合了C4重组分转化技术，提高了乙烯和丙烯收率。

2020年11月9日，第三代甲醇制烯烃（DMTO－Ⅲ）技术在北京通过了中国石油和化学工业联合会组织的科技成果鉴定。DMTO－Ⅲ技术的经济性显著提高，在反应器尺寸基本不变的情况下，甲醇处理量从每年180万t提升到300万t，换算成烯烃的产量，就是从每年60万t增加到115万t；使用第三代技术，吨烯烃甲醇单耗从之前的3 t下降到2.62～2.66 t。

③S－MTO工艺

S－MTO工艺是由上海石油化工研究院（SRIPT）、中国石化工程建设有限公司（SEI）和北京燕山分公司三家单位联合开发的技术。S－MTO工艺工业化试验标定表明：乙烯＋丙烯选择性、甲醇转化率等均优于国内外的MTO工艺。目前比较成熟的是180万t/a甲醇制烯烃（S－MTO）装置。

2.甲醇燃料

在全球面临能源危机的大背景下，获得诺贝尔化学奖的著名有机化学家George Andrew Olah在《跨越油气时代：甲醇经济》一书里，提出了“甲醇经济”的新概念。书中提出，油气时代过后，人类的燃料就是甲醇。目前国内甲醇燃料在甲醇总的消费量中占比为20.43％。

甲醇燃料的添加可部分替代石油制燃料，能够有效缓解我国石油对外依赖度过高的能源危机。同时，相比传统汽油辛烷值（≥89），甲醇燃料中甲醇的辛烷值高达107～112，抗爆性强，发动机可以更加平稳地工作。另外，甲醇为含氧燃料，可以改善发动机燃烧反应，提高能源转换效率，相比按汽油等热值计算平均能量转换效率可提高20％以上。

（1）甲醇燃料分类

甲醇燃料是利用工业甲醇或燃料甲醇，添加变性醇添加剂，与现有国标汽柴油（或组分油），按一定体积（质量）比经严格科学工艺调配制成的一种新型清洁燃料。甲醇燃料一般分为甲醇汽油、甲醇柴油和纯甲醇燃料。

① 甲醇汽油

甲醇汽油是指国标汽油（93＃、97＃等）、甲醇、添加剂按一定的体积（质量）比经过严格的流程调配而成的一种新型环保燃料甲醇与汽油的混合物。甲醇汽油通常按照变性甲醇的体积分数分为三类，即低醇汽油（M3～M5）、中醇汽油（M15～M30）和高醇汽油（M85～M100），其中M后的数字表示甲醇汽油中变性甲醇的体积分数。M15是使用最多的甲醇汽油。甲醇汽油可以降低车辆燃油的污染排放，并且具有清洁环保的特点。与传统汽油相比，甲醇汽油含氧量更高，燃烧更充分，能够有效减少有害气体的排放，降低环境污染。

② 甲醇柴油

甲醇柴油是指在国标轻柴油中按一定体积（质量）比（15％、50％、90％）加入变性燃料甲醇配制而成的一种环保节能燃料。甲醇柴油的优势在于它的点火性能好，能够有效降低柴油机的排放，同时提高柴油机的燃烧效率。

③ 纯甲醇燃料

纯甲醇燃料是指直接将纯甲醇作为燃料使用，而不是将甲醇掺杂在汽油或柴油中。相比于混合燃料，纯甲醇燃料具有更高的燃烧效率和更低的污染排放，可以有效减少有害气体的产生。

(2) 配置工艺

将甲醇汽油添加剂按质量分数2%加入98%的甲醇内，使其成为变性甲醇，变性后的甲醇可以按任意比例加入90# 或石脑油的汽油内，混合搅拌，成为透明、无杂质的93# 或97# 甲醇汽油。

将体积分数15%的变性甲醇兑入85%的90# 或93# 汽油中，搅拌均匀后为M15甲醇汽油；将20%的变性甲醇兑入80%的90# 或93# 汽油中，搅拌均匀后为M20甲醇汽油；将30%的变性甲醇兑入70%的90# 或93# 汽油中，搅拌均匀后为M30甲醇汽油；将85%的变性甲醇兑入15%的90# 或93# 汽油中，搅拌均匀后为M85甲醇汽油。

3.甲醇制甲醛

甲醛是甲醇最重要的下游产品之一，也是最重要的基本有机化工原料之一。它最大的用途是生产酚醛树脂、黏合剂及其他有机化学品。近年来，随着我国经济建设的迅速发展，甲醛产量持续增长，为满足化工市场的需求，应大力开发以甲醇为原料的生产甲醛的新工艺，以满足优质工程塑料（酚醛树脂）和乌洛托品等合成的需要。

以甲醇为原料生产甲醛的方法，按其所利用催化剂和生产工艺的不同，可分为两种不同的工艺路线。一种是银法，在过量甲醇（甲醇蒸气质量分数控制在爆炸上限，即37%以上）条件下，甲醇、空气在蒸发器汽化后再加入一定量的水蒸气形成三元混合气，经过热和过滤后在电解银催化剂作用下生成甲醛。一种是铁钼法，在过量空气（甲醇蒸气质量分数控制在爆炸区下限，即7%以下）条件下，甲醇蒸气直接与空气混合，在金属氧化物型催化剂上进行氧化反应，也称“空气过量法”。银法和铁钼法均在不断的发展中。

(1) 银法

银法有两种不同的流程，一种带有甲醇蒸馏回收流程，称为甲醇循环工艺；另一种不带甲醇蒸馏回收流程，称为非甲醇循环工艺。

① 甲醇循环工艺

甲醇循环工艺是甲醇不完全转化法，是在较低的温度（500 ℃）下使甲醇不完全转化，一般甲醇转化率只有55%，由于温度低，副反应少，没有转化的甲醇采用蒸馏过程脱出并循环使用。通过调节加入吸收塔顶部的水量来控制甲醛产品的质量分数，使甲醛产品的质量分数可达到52%～55%。甲醇质量分数可以在蒸馏过程中调节，可达到 1% 左右。蒸馏回收的甲醇返回系统作为原料。甲醇循环工艺的缺点是有甲醇蒸馏回收系统，流程长，能耗高。

② 非甲醇循环工艺

非甲醇循环工艺是甲醇完全转化法，需在 650 ～ 700 ℃ 高温下进行甲醇氧化脱氢反应，没有甲醇蒸馏回收系统，甲醛产品质量分数多为 37%。该法由于没有甲醇蒸馏回收系统，与甲醇循环工艺相比投资较省且能耗低，缺点是甲醛产品质量分数低、甲醇质量分数较高。

(2) 铁钼法

铁钼法采用铁钼氧化物作为催化剂，将甲醇和空气混合后，在较低温度下进行氧化反应，生成甲醛和水蒸气。铁钼法的优点是能够生产低醇质量分数的高浓度甲醛，且甲醇原料单耗低，同时副产水蒸气；甲醛产品质量分数变化灵活，可以生产 37% ～ 57% 的甲醛产品。铁钼法的缺点是与银法相比设备比较大，投资略高。

4.甲醇制甲基叔丁基醚

甲基叔丁基醚(MTBE)是甲醇下游产品中增长最快的一个品种，它是一种重要的高辛烷值汽油添加剂，曾被誉为第三代石油化学品。尽管最近一项研究表明，MTBE 极易对土壤、地下水造成污染，且致癌，但在第四代石油化学品未出现之前，它还是较为理想的汽油添加剂。我国政府对环境保护的日益重视和汽油无铅化呼声的不断高涨，为 MTBE 提供了广泛的市场。

合成 MTBE 的生产工艺主要为醚化工艺。根据醚化反应器的不同，MTBE 具有代表性的合成工艺主要有两类，即床层反应合成 MTBE 生产工艺和混相床＋催化蒸馏合成 MTBE 生产工艺。

(1) 床层反应合成 MTBE 生产工艺

床层反应合成 MTBE 生产工艺反应器采用固定床或膨胀床型式，分“一段反应，一次分馏”工艺和“两段反应，两次分馏”工艺两种，后者异丁烯转化率高于前者。床层反应合成 MTBE 生产工艺，其异丁烯转化率可达到 90% ～ 96%。

(2) 混相床＋催化蒸馏合成 MTBE 生产工艺

混相床＋催化蒸馏合成 MTBE 生产工艺是混相床反应与催化蒸馏反应的组合。混相床可分为固定床和膨胀床，由于混相床反应器的压力较低，通过反应物料的部分汽化吸收反应热，省去了床层反应器的冷却取热或外循环取热设施。特别是在膨胀床反应器内，催化剂床层处于膨胀状态，有利于反应热的扩散。为进一步提高异丁烯转化率，在混相床反应器之后，串联了一个催化蒸馏反应器。催化蒸馏工艺是将反应器和反应产物的分离合二为一，在催化蒸馏塔中，将反应产物不断地移出反应区，使反应向着生产 MTBE 产物的方向进行，因此异丁烯转化率较高；同时反应放出的热量又被蒸馏所利用，有利于节能。混相床＋催化蒸馏合成 MTBE 生产工艺，其异丁烯转化率提高到 99% 以上。

5.甲醇制醋酸

醋酸是重要的有机原料，主要用于生产醋酸乙烯、醋酐、对苯二甲酸、聚乙烯醇、醋酸酯、氯乙酸、醋酸纤维素等；醋酸也用于医药、农药、染料、涂料、合成纤维、塑料和黏合剂等行业。醋酸的生产方法主要有乙醇氧化法、乙烯氧化法、乙炔氧化法和甲醇羰基化法，而以甲醇羰化法最为优越。该法反应条件温和、产率高、产品质量好，可达食品级、药品级和分析试剂级要求。对醋酸工业而言，应淘汰能耗高、污染大的小型醋酸装置，建立大型的甲醇羰基化法醋酸装置，同时大力开发醋酸生产新工艺和新型催化剂，以提高我国醋酸工业的整体竞争能力。

甲醇羰基化法制醋酸工艺技术主要有BP技术和塞拉尼斯技术，目前我国西南化工研究院(已于2007年被BP公司收购)和中国科学院已拥有自己的甲醇低压羰基合成法制醋酸技术。

BP公司新开发的铱催化剂体系的CATIVA工艺和塞拉尼斯公司的铑催化剂体系的AOPlus™ 工艺，其各种原料及公用工程消耗均明显优于传统的铑催化剂体系的甲醇羰基化法生产工艺。

西南化工研究院高水工艺技术消耗指标高于国外先进技术，但与传统的铑催化技术消耗指标接近。其技术特点之一是在低压羰基合成反应器后加一转化器，将不稳定的铑络合物催化剂转化为稳定的铑络合物催化剂，以确保羰基合成反应器内反应液铑的浓度稳定，使醋酸的时空收率保持在较高水平，防止铑的沉淀损失。

中国科学院化学所早在1982年就开始研究开发新的羰基合成醋酸催化剂，经过多年的努力，成功发明了铑螯合物、锂盐和磷酸盐的新催化体系。与其他工艺相比，该催化体系不但可以提高反应系统铑催化剂的稳定性和反应速度，而且大幅度降低了系统中催化剂的质量分数(5%)，从而使得单位产品的投资和成本大大降低。

6.甲醇制1,4－丁二醇

1,4－丁二醇(BDO)是一种重要的有机化工和精细化工原料，下游可生产多种高附加值衍生物如四氢呋喃(THF)、聚四亚甲基醚二醇(PTMEG)、聚对苯二甲酸丁二醇酯(PBT)、γ－丁内酯(GBL)、N－甲基吡咯烷酮(NMP)、聚氨酯(PU)树脂，以及可生物降解塑料聚丁二酸丁二醇酯(PBS)和聚己二酸/对苯二甲酸丁二醇酯(PBAT)，广泛应用于聚氨酯、工程塑料、高档化学纤维、产品包装及农用地膜等行业。

BDO生产工艺最早可以追溯到20世纪30年代，目前按生产原料路线的不同把1,4－丁二醇(BDO)的生产方法归纳为下列四种：以乙炔和甲醛为原料的炔醛法(Reppe法)、以丁二烯为原料的丁二烯法、以环氧丙烷为原料的烯丙醇法、以顺酐为原料的顺酐法。其中涉及甲醇原料的为炔醛法，在甲醇脱水生成甲醛后，甲醛作为炔醛法1,4－丁二醇装置原料。

(1) 炔醛法(Reppe 法)

炔醛法又分经典法、改良法和新改良法。

① 经典法

经典法的特点是催化剂和产品无须分离,操作费用低。但乙炔分压较高,有爆炸危险,反应器设计安全系数高达 12 ～ 20 倍,设备大而贵,投资高;乙炔会聚合生成使催化剂失活的聚乙炔,并且堵塞管道,从而造成生产周期缩短、产量降低。因此,国外多采用改良法和新改良法。

② 改良法

改良法在常压下操作,采用乙炔亚铜 / 铋为催化剂,减少了聚合物的生成,催化剂还可阻火、防爆,不会因减少乙炔或甲醛而永久钝化;反应物经过滤分离,将催化剂送回反应器循环使用,滤液送丁炔二醇提纯塔脱丙炔醇得到质量分数约 35% 的丁炔二醇水溶液。丁炔二醇采用两段加氢,加氢总转化率达到 100%,丁炔二醇选择性为 95%。

③ 新改良法

新改良法由德国 Linde 公司和韩国 YuKong 公司(现 SK 公司) 开发,分两步操作。第一步,由乙炔和甲醛在淤浆床反应器串联成的反应器中,在改良的铜催化剂下反应生成丁炔二醇;每个反应器都有交叉过滤器,催化剂在此与反应物分离后留在反应器内,液相物料流出反应器净化后进入下一个反应器。第二步,丁炔二醇加氢生成丁烯二醇和 BDO,然后在填充反应器中,在镍(Ni) 催化剂作用下丁烯二醇加氢生成 BDO,最后通过蒸馏和薄膜蒸发提纯 BDO。

(2) 丁二烯法

丁二烯 / 乙酸法分三步进行。第一步,在 Pd－Te/ 活性炭催化剂作用下,丁二烯与乙酸和氧气发生乙酰基氧化反应,在固定床反应器中生成 1,4－乙二乙酰氧基－2－丁烯;第二步,脱去乙酸后的反应液在同样的温度、压力下,在固定床反应器中催化加氢生成 1,4－乙二乙酰氧基丁烷;第三步,用阳离子交换树脂水解制得 BDO 和 1－乙酰氧基－4－羟基丁烷,后者用离子交换树脂脱乙酰氧基环化成四氢呋喃(THF)。

(3) 丙烯醇法

丙烯醇法工艺路线为:环氧丙烷催化异构成烯丙醇,在铑(Rh) 催化剂存在下烯丙醇加氢甲酰化,产物在拉尼催化剂存在下加氢生成 BDO,典型的理论产率为 93%。

(4) 顺酐法

顺酐法即顺酐在固定床催化剂上加氢生成 BDO。

7.甲醇制氢

氢气作为无碳绿色新能源,具有环保安全、能量密度大、转化效率高、储量丰富和适用范围广等特点，可实现从开发到利用全过程的零排放、零污染，是应对日趋严峻的环境危机和构建清洁低碳能源体系的重要载体。

甲醇制氢的常用方法有：甲醇裂解、甲醇部分氧化重整以及甲醇水蒸气重整。目前甲醇水蒸气重整技术是甲醇制氢技术中最具有优势和技术最成熟的制氢方法，被认为是最有希望利用在氢燃料电池上的制氢技术之一，其工艺流程简述如下。

甲醇与脱盐水按照一定比例混合，混合液加热汽化后，以过热蒸气的形式，在一定温度和压力下，在催化剂床层发生裂解和转化反应得到混合气。主要反应方程式如下：

$$CH_3OH \longrightarrow CO + 2H_2 \tag{1.1}$$

$$CO + H_2O \longrightarrow CO_2 + H_2 \tag{1.2}$$

$$CH_3OH + H_2O \longrightarrow CO_2 + 3H_2 \tag{1.3}$$

甲醇、水在催化剂表面发生化学反应，生成了以氢气为主的裂解气，裂解气中，除了主产物 H_2（体积分数约74.5%）和 CO_2（体积分数约24.5%）外，还有少量 CH_4、CO 等副产物及饱和水蒸气。裂解气再经过下一道变压吸附工序，将氢气与其他杂质进行分离，得到纯度为 99.999% 的纯氢气产品。

8.甲醇制二甲醚

二甲醚（DME）是一种无色气体，具有轻微的醚香味，室温下蒸气压约为 0.5 MPa，与液化石油气（LPG）的物理性质很相似，易溶于汽油、四氯化碳、丙酮、氯苯和乙酸甲酯等多种有机溶剂，具有惰性，无腐蚀性、致癌性，几乎无毒。与二乙醚不同，二甲醚在空气中长期暴露不会形成过氧化物。二甲醚的饱和蒸气压低于液化气，常压下制冷到 −25 ℃ 或在常温下加压到 0.5 ～ 0.6 MPa，即被液化。其储存运输比液化石油气更安全，并且燃烧性能好，热效率高，燃烧过程中无残渣、无黑烟，一氧化碳、一氧化氮排量低，掺入石油液化气、煤气或天然气混烧还能提高热量，纯度大于或等于 95% 的二甲醚可直接替代液化气作为燃料使用，它将可能是取代液化气的一种理想的清洁燃料。因此二甲醚除了在日用化工、制药、农药、染料、涂料等方面具有广泛的用途外，还能较好地解决能源和污染的矛盾，被誉为“21 世纪的绿色燃料”。

甲醇制二甲醚是将甲醇在催化剂下脱水来获得二甲醚产品。以前主要采用硫酸作为催化剂，现在大多采用由 $\gamma-Al_2O_3/SiO_2$ 制成的 ZSM−5 分子筛作为催化剂，性能优良，选择性好，故能制备出高纯度二甲醚，还能避免污染。

目前也有直接以煤为原料气化产生合成气后通过一步法来制取二甲醚的工艺，甲醇只是系统或者反应器中的中间物。该方式具有流程短、设备效率高、操作压力低和 CO 单程转化率高等特点，使得设备投资费用和操作费用大大减少，合成二甲醚的生产成本较两步法大幅度降低。

9.甲醇制氯甲烷

氯甲烷又名甲基氯，是一种有机化合物，常温常压下为无色气体，微溶于水，溶于乙醇、氯仿、苯、四氯化碳、冰醋酸等，主要用作有机硅的原料，也用作溶剂、冷冻剂、香料等。氯甲烷的主要生产方法有甲烷法和甲醇法。目前甲醇法是生产氯甲烷最先进的生产方法。其氯利用率高，所生产的产品纯度高。

甲醇法制氯甲烷是以甲醇和氯气为原料，分两步进行。首先甲醇催化氢氯化制一氯甲烷，然后一氯甲烷氯化可生产其他甲烷氯化物。

甲醇法制氯甲烷主要有气相法和液相法。

(1) 甲醇气相法

氯化氢气体与新鲜甲醇蒸气在一定温度、压力下混合进入氢氯化反应器，反应器为列管固定床式，管内装有催化剂，在催化剂作用下，氯化氢和甲醇反应生成一氯甲烷和水。

(2) 甲醇液相法

甲醇液相法是将气态甲醇和氯化氢混合进入装有液体催化剂的反应釜进行液相反应。采用此法的代表性公司是法国阿托化学公司、美国陶氏化学公司。

10.甲醇制碳酸二甲酯

碳酸二甲酯(DMC)在1992年被欧洲列为无毒产品，2009年被EPA列入非挥发性有机物。在环保要求越来越严苛的大环境下，DMC作为环保型涂料的溶剂及性能优异的油品添加剂，市场容量巨大。目前DMC市场消费的51%用于合成聚碳酸酯(PC)。聚碳酸酯是一种综合性能优良的热塑性工程塑料，广泛应用于电子电气、数据载体、汽车部件、医疗设备、建筑、纺织和包装等领域。

碳酸二甲酯的合成路线主要有以下五种：光气法、甲醇羰基化法、酯交换法、甲醇二氧化碳直接合成法、尿素法以及甲醇光解法。其中，光气法已被淘汰，目前国内主流工艺为甲醇羰基化法以及酯交换法。

(1) 甲醇羰基化法

甲醇羰基化法分为液相法和气相法。

① 液相甲醇羰基化法

液相法工艺以意大利埃尼公司的工艺为代表，其主要包括甲醇氧化羰基化、碳酸二甲酯与甲醇分离等工段。该技术以氯化亚铜为催化剂，甲醇既为反应物又为溶剂，在淤浆反应器中发生反应，甲醇、氧气和氯化亚铜反应生成甲氧基氯化亚铜，甲氧基氯化亚铜再与一氧化碳反应生成碳酸二甲酯。

② 气相甲醇羰基化法

气相法工艺以日本宇部兴产株式会社的工艺为代表，该工艺以一氧化碳、氧气和甲醇为原料，利用中间产物亚硝酸甲酯(MN)在负载有贵金属钯的三氧化二铝催化剂上进行合成，生成目标产物碳酸二甲酯，副产物为草酸二甲酯。

该工艺主要分为两个反应，即酯化反应和羰基化反应，羰基化反应器为固定床反应器，在无水条件下反应合成碳酸二甲酯。甲醇、氧气和一氧化氮合成亚硝酸甲酯，亚硝酸甲酯再与一氧化碳反应生成碳酸二甲酯，并还原出一氧化氮回用。

(2) 酯交换法

酯交换法分为环氧乙烷酯交换法和环氧丙烷酯交换法，其分别是以甲醇和碳酸乙烯酯 / 碳酸丙烯酯为原料，在一定条件下反应生成碳酸二甲酯和乙二醇 / 丙二醇。其中碳酸乙烯酯和碳酸丙烯酯分别是以二氧化碳与环氧乙烷 / 环氧丙烷为原料，在一定条件下反应生成。

① 环氧乙烷酯交换法

环氧乙烷酯交换法由美国 Texaco 公司研发成功，其工艺路线分为两步：二氧化碳与环氧乙烷生成碳酸乙烯酯，然后碳酸乙烯酯与甲醇经过酯基转移反应生成碳酸二甲酯(DMC) 和乙二醇(EG)。环氧乙烷作为耦合剂和载体促使甲醇与二氧化碳合成碳酸二甲酯，同时自身转化为乙二醇。该工艺在特殊催化剂的作用下避免了环氧乙烷通过水解生成乙二醇，提高了碳酸二甲酯的收率。

② 环氧丙烷酯交换法

环氧丙烷酯交换法由我国华东理工大学研发成功，该工艺以二氧化碳和环氧丙烷为原料生产碳酸丙烯酯，精制后得到 99% 以上的碳酸丙烯酯。碳酸丙烯酯再与甲醇通过特征耦合技术(催化反应精馏和恒沸精馏等) 生成碳酸二甲酯和丙二醇，得到的甲醇、碳酸二甲酯、丙二醇通过加压精馏或萃取精馏以及真空分离，经精制后得到碳酸二甲酯产品和副产品丙二醇。

11.甲醇制 N,N－二甲基甲酰胺

N,N－二甲基甲酰胺(DMF) 作为重要的化工原料以及溶解能力强的“万能有机溶剂”，主要应用于聚氯乙烯和聚丙烯腈等合成行业的洗涤固化剂、腈纶的干法纺丝生产、医药行业的药物合成中间体、农药行业的杀虫剂、染料行业的染料溶剂、电子行业中镀锡零部件的淬火及电路板的清洗等。DMF 还可作为危险气体的吸收载体，在气液色谱分析中作为固定相溶剂，在制药工业中用作药物结晶提纯溶剂，在高分子加工中作为黏合剂溶剂等。DMF 还可与许多物质如盐酸、三氧化硫、三氟化硼等形成络合物，也有非常重要的工业意义。DMF 的生产方法主要有一步法、甲醇脱氢二步法、甲酸甲酯法、三氯乙醛与二甲胺合成法、氢氰酸－甲醇法等。

(1) 一步法

一步法是将二甲胺和一氧化碳以甲醇钠作为催化剂，在 50 ～ 100 ℃、压力为 1 MPa 的条件下合成。该生产工艺的原料成本较低，产品纯度高，生产工艺紧凑。

(2) 甲醇脱氢二步法

甲醇脱氢二步法是先将甲醇在脱氢反应器中脱氢后生成甲酸甲酯，然后甲酸甲酯连续胺化制得高纯二甲基甲酰胺，经分离精制得成品。该法使用甲醇为原料制备甲酸甲酯，并连续胺化和精制得到二甲基甲酰胺，消除水和酸的危害，可连续高质量生产出产品，设备简单、操作方便。

(3) 甲酸甲酯法

甲酸甲酯法是先由甲酸与甲醇醇化生成甲酸甲酯，再将甲酸甲酯与 40% 二甲胺反应成二甲基甲酰胺和甲醇。粗产品经蒸馏回收甲醇，后经减压精馏得成品二甲基甲酰胺。此法生产工艺落后，生产规模小，原料成本高，产生废水污染环境。

(4) 三氯乙醛与二甲胺合成法

在小规模生产中，可由二甲胺与三氯乙醛反应生成二甲基甲酰胺再分馏脱除氯仿而得到 DMF。黑龙江齐化化工公司利用原有的氯油法生产三氯甲烷和三氯乙醛的装置，使用二甲胺水溶液代替石灰乳作为碱解剂，可以在生产三氯甲烷的同时联产 DMF，从而有效利用资源，但目前该法仍在实验和论证过程中。

(5) 氢氰酸－甲醇法

氢氰酸－甲醇法将氢氰酸与甲醇在催化剂四氯化钛存在下反应。该法最早由日本旭化成公司开发，目的是解决丙烯腈副产氢氰酸的销路问题。由于国内长期以来氢氰酸紧俏，因此此法没有引起足够重视。目前我国抚顺石化研究院掌握该技术，随着国内近年来丙烯腈装置建设加快，应对该法进行研究和关注。

12.甲醇制甲基丙烯酸甲酯

甲基丙烯酸甲酯(MMA) 是一种重要的有机化工原料和聚合物单体，主要用于生产有机玻璃、模塑料、腈纶、涂料和医药功能高分子材料等，是航空航天、电子信息、光导纤维、机器人等领域的高端材料。作为材料单体，MMA 主要应用于聚甲基丙烯酸甲酯(俗称有机玻璃，PMMA) 的生产，也可与其他乙烯基化合物共聚得到不同性质的产品，如用于聚氯乙烯(PVC) 助剂 ACR、MBS 的制造以及作为第二单体应用于腈纶的生产等。

目前，国内外生产 MMA 的成熟工艺有甲基丙烯酰胺水解酯化路线(丙酮氰醇法和甲基丙烯腈法)、异丁烯氧化路线(三菱工艺和旭化成工艺) 和乙烯羰基合成路线(BASF 法和 LuciteAlpha 法) 三类技术。其中，以甲醇为原料生产甲基丙烯酸甲酯(MMA) 的丙酮氰醇法(ACH 法) 是由美国璐彩特公司首先开发，是目前世界主流的 MMA 生产工艺。该法采用甲醇、丙酮、氢氰酸和硫酸为主要原料，反应步骤包括氰醇化反应、酰胺化反应和水解酯化反应。

氢氰酸和丙酮在碱性催化剂存在下反应生成丙酮氰醇(ACH)，ACH 进一步与硫酸发生酰化反应生成甲基丙烯酰胺硫酸盐(MAAS)；MAAS 和水发生水解反应生成甲基丙烯酸(MAA)；MAA 与甲醇发生酯化反应生成产品 MMA。

13.甲醇制汽油

甲醇煤化工应用最早的就是甲醇制汽油(MTG)，MTG 是以甲醇为原料，在催化剂的作用下首先进行脱水生产二甲醚，然后经过低聚、异构等步骤反应转化得到汽油组分的过程(C11 以下烃类油)。20 世纪 70 年代，Mobil 公司在其甲醇转化成芳烃的技术基础上，开发了 MTG 工艺，总流程是以煤或天然气为原料首先生产合成气，再用合成气制得甲醇，最后将粗甲醇转化为高辛烷值汽油。MTG 工艺对原料甲醇的纯度要求相对低，可以直接使用粗甲醇进行转化，转化得到的汽油低硫、低苯，可以直接销售或者与常规的汽油调和使用。

1.2　甲醇工业概况

1.2.1　甲醇工业发展历史

1661 年，英国化学家玻意耳从干馏木材中发现了甲醇。

1834 年，法国化学家让－巴蒂斯特·杜马和尤金·皮里哥确定了甲醇的元素组成。

20 世纪初，美国化学家埃尔西·富兰克林以及德国化学家弗朗茨·费舍尔和汉斯·特罗普什对甲醇进行了重要的研究和开发，为甲醇的工业化生产奠定了基础。

1923 年以前，甲醇几乎全部是通过木材或其废料的分解蒸馏来生产的，故俗称木醇，当时的世界总产量为 4 500 t。

1923 年，德国巴斯夫公司率先运用化学方法合成了甲醇，并建成 300 t/a 的装置，该工艺采用锌铬催化剂，反应条件为压力 30 ～ 35 MPa、温度 300 ～ 400 ℃，该工艺即高压合成法工艺。甲醇的工业化生产就此拉开序幕。

20 世纪 40 年代，瑞士朗萨公司(Lonza Company) 以电解氢气和来自硝酸钙合成工艺的二氧化碳为原料，同时采用意大利朱利奥纳塔(Giulio Natta) 的 ZnO 基金属催化剂系统进行甲醇的工业化生产。

1966 年，英国帝国化学公司以天然气为原料，采用冷激式绝热反应器，在 250 ℃、5 MPa 的条件下，用铜基催化剂催化合成了甲醇，该工艺即低压合成法工艺。

1971 年，德国鲁奇公司也开发了以天然气或渣油为原料，采用管壳式反应器，在 200 ～ 300 ℃、5 ～ 8 MPa 下，合成甲醇的方法，即鲁奇低压合成法。与此同时，丹麦的托普索公司、日本的三菱瓦斯化学公司等相继开发了各自的低压法技术。自 20 世纪 70 年代以来，甲醇生产工艺基本采用低压合成法。

20 世纪 50 年代，我国甲醇生产正式起步，吉化、兰化、太化等企业先后从苏联引进以煤为原料的采用锌铬催化剂的高压法甲醇合成技术，规模均在 300 t/a。

20 世纪 60 年代，上海吴泾化工厂先后自建了以焦炭、石脑油为原料的甲醇装置。同一时期，南京化学工业公司研究院开发了联醇中压铜基催化剂，推动了极具中国特色的合成氨联产甲醇的工业发展。

自 20 世纪 70 年代起，我国建设的甲醇装置主要采用英国帝国化学公司和德国鲁奇公司的低压甲醇合成工艺。采用英国帝国化学公司技术的项目有四川维尼伦厂、哈尔滨气化厂建设的低压甲醇合成装置，采用德国鲁奇公司技术的项目有齐鲁二化、濮阳、安阳建设的低压甲醇合成装置。

随着我国焦炭事业的快速发展，为更合理和更高效地利用焦炉煤气，我国开发了焦炉煤气合成甲醇的工艺，化学工业第二设计院自主开发了世界唯一的焦炉煤气制甲醇的技术。2004 年 12 月，我国第一套 8 万 t/a 焦炉煤气制甲醇生产装置在云南曲靖建成投产。此后，河北建滔 12 万 t/a、神华巴彦淖尔 24 万 t/a、山西太兴30 万 t/a、河北开滦 30 万 t/a 等一批焦炉煤气制甲醇装置陆续建成投产。

2004 年，我国甲醇生产能力达到 700 万 t 左右。

2005 年突破 1 000 万 t。

2008 年突破 2 000 万 t。

2010 年突破 3 000 万 t。

2012 年突破 5 000 万 t。

2014 年突破 6 000 万 t。

2018 年，我国甲醇产能规模突破 8 000 万 t。

2021 年底，全球甲醇产能为 16 429 万 t，我国为 9 644 万 t，占全球甲醇产能的 59%。

2023 年，全球甲醇产能 1.7 亿 t，我国为 1.07 亿 t，占全球甲醇产能的 63%。目前，甲醇成为我国除炼油外，第二种产能规模在 1 亿 t 以上的石油化工产品，我国的甲醇产业无论是生产还是消费都成为世界第一大国。

其他国家的甲醇产业主要是利用廉价丰富的天然气资源建立起来的单纯甲醇项目，他们即使出售甲醇产品，甲醇销路也局限于出口和传统用途，基本没有产业链的规划和建设。

我国甲醇及其下游产业链的大发展是市场和配置煤炭资源双轮驱动的结果，是适合我国实际并实现全产业链全面健康发展的产业，已经成为我国化学工业极其重要的组成部分。

1.2.2 全球甲醇工业情况

1.全球甲醇产能、产量情况

过去 20 多年，全球甲醇的产能和产量均保持稳定增长，产能由 2010 年的 6 400 万 t 增加到 2023 年的 17 181 万 t，增量主要集中在我国、中东和南美地区。全球甲醇 2010—2023 年产能情况详见表 1.2。

表 1.2 全球甲醇近 2010—2023 年产能情况 万 t/a

年份	2010 年	2011 年	2012 年	2013 年	2014 年	2015 年	2016 年
产能	6 400	7 950	8 900	10 400	11 800	12 211	13 500
年份	2017 年	2018 年	2019 年	2020 年	2021 年	2022 年	2023 年
产能	13 790	14 400	14 844	15 079	16 429	17 900	17 181

2000 年全球甲醇产量为 2 909 万 t，2023 年为 13 000 万 t。

从全球甲醇产能分布情况来看，我国甲醇产能已经占全球甲醇产能的 63%，位居第一；而中东因其丰富的油气资源，已经变为第二大甲醇生产产地，中东甲醇产能约占全球产能的 15%；南美地区产能约占全球产能的 13%，位列第三。

2010—2016 年全球甲醇产能处于高增长时期，大多数年份新增产能基本在 1 000 万 t 以上，平均增速为 7%。2016—2020 年新增甲醇产能滑入低谷，每年仅增加 200 万 ～ 600 万 t。2021 年因 2020 年累计到本年致使新增产能 1 350 万 t，增速回升至 6%。据有关研究机构预测，2030 年，全球甲醇产能有望突破 3.1 亿 t/a，其中俄罗斯预计新增产能约 4 035 万 t/a，伊朗预计新增产能约 2 939 万 t/a，美国预计新增产能2 374 万 t/a。

在进出口方面，我国、美国和印度是甲醇主要进口国家，合计进口量约占世界总进口量一半；特立尼达和多巴哥、沙特阿拉伯和阿曼是甲醇主要出口国家，合计出口量约占世界总出口量的一半。

在全球贸易量方面，2020 年全球甲醇贸易量为 3 000 万 t 左右，占全球产量约 37%，过去 5 年贸易量平均增速为 2.8%。全球主要流出地区为中东、南美及东南亚等地，这些地区国内需求相对有限，又拥有丰富且廉价的天然气资源，出口甲醇可以将资源货币化；全球主要流入地区为东北亚、欧洲及东南亚等地，其中东北亚是全球最大的甲醇进口地，2020 年约占世界贸易的 50%，这主要由于我国是甲醇进口大国，占全球甲醇进口量的 38% 左右。

2.全球甲醇原料占比情况

国外甲醇生产基本以天然气为原料，而我国甲醇生产基本以煤炭为原料，从全球角度看，天然气甲醇和煤基甲醇各占一半。

3.国外甲醇主要生产企业分布

全球甲醇企业产能占比较为分散，产能排前十的企业总产量小于全球产能的 30%，其中加拿大的梅赛尼斯(Methanex) 总产能 955 万 t，占比 7.3%(最高)，大多为外销甲醇；其次为伊朗 NPC 总产能 504 万 t，占比 3.9%，下游产能也相对有限，甲醇主要用于出口；特立尼达和多巴哥的 Consolidated Energy 占比 2.7%，排名第四，其得益于当地丰富的天然气资源，并通过甲醇将天然气资源货币化以便于出口。2020 年全球甲醇企业分布见表 1.3。

表 1.3　2020 年全球甲醇企业分布　　万 t/a

公司	北美	南美	非洲	中东	东北亚	东南亚	总产能	占比
Methanex	260	377	75.6	—	—	243	955.6	7.3%
NPC－lran	—	—	—	504.4	—	—	504.4	3.9%
Consolidated Energy	—	359.5	—	—	—	—	359.5	2.7%

续表1.3

公司	北美	南美	非洲	中东	东北亚	东南亚	总产能	占比
Saudi Aramco	—	—	—	300.1	—	—	300.1	2.3%
Petronas	—	—	—	—	—	252	252	1.9%
Kaveh Methanol Co.	—	—	—	230	—	—	230	1.8%
Kingboard	—	—	—	—	191	—	191	1.5%
Natgasoline Methanol	175	—	—	—	—	—	175	1.3%
Marjan Petrochemical	—	—	—	165	—	—	165	1.3%
LyondellBasell	140	—	—	—	—	—	140	1.1%
SIPCHEM	—	—	—	140	—	—	140	1.1%

2000年全球甲醇产能仅为2 000万t，从产能细分来看，北美产能位居第一(676万t)、中东第二(484万t)、北亚第三(293万t)；截至2022年，全球甲醇产能为1.7亿t，国际产能主要分布在亚洲、中东以及美洲地区，占全球总产能的90%以上，亚洲总产能占比60%以上，中东占比15%左右，美洲占比13%左右。其中，中东、亚洲地区甲醇产品最为集中，产能为2 300万t和1亿t左右，产能主要分布在伊朗、中国。全球甲醇主要产能分布情况见表1.4。

表1.4 全球甲醇主要产能分布情况 万t/a

区域	企业	产能	城市	原料
伊朗	Mar jan(SPII)	165	阿萨鲁耶	天然气
	Kaveh	230	达耶尔	天然气
	Bushehr(SPII)	165	阿萨鲁耶	天然气
	Kimiya Pars	165	阿萨鲁耶	天然气
	Zagros PC 1#	165	阿萨鲁耶	天然气
	Zagros PC 2#	165	阿萨鲁耶	天然气
	Kharg PC	66	哈尔克岛	天然气
	Sabslan Methanol	165	阿萨鲁耶	天然气
	Fanavaran PC	100	霍梅尼港	天然气
	合计	1 386		

续表1.4

区域	企业	产能	城市	原料
美国	Eastman	19.5	金斯波特，田纳西州	煤
	Fariway Methanol	130	清湖	天然气
	LyondellBasell	62	鹿园，得克萨斯州	天然气
	LyondellBasell	78	通道景，得克萨斯州	天然气
	Methanex	100	吉斯马尔，路易斯安那州	天然气
		100	吉斯马尔，路易斯安那州	天然气
	Natgasoline	175	博蒙特，得克萨斯州	天然气
	OCl Beaumont	103.2	博蒙特，得克萨斯州	天然气
	Pampa Fuels	6.5	庞帕，得克萨斯州	天然气
	Praxair	4.5	吉斯马尔，路易斯安那州	天然气
	合计	778.7		
印度	Gujarat Narmada Valley Fertilizer & Chemicals limited	29	古吉拉特邦	天然气
	Deepak Fertilizers	10	古吉拉特邦	天然气
	Rashtriya Chemicals and Fertilizers	6.57	古吉拉特邦	天然气
	Assam Petrochemicals	3.65	阿萨姆	天然气
	National Fertilizers Limited	18.8	哈里亚纳邦	天然气
	合计	68.02		

1.2.3 我国甲醇工业情况

1.我国甲醇产能、产量、表观消费量等情况

我国甲醇工业起步于20世纪50年代，当时引进苏联的技术建成了几套甲醇装置。自进入20世纪以来，我国甲醇产业得到了较快的发展，产能从2000年的348万t/a，飞速发展到2023年的10 700万t/a，增至30.7倍，具体产能情况见表1.5。

表1.5 我国历年甲醇产能 万t/a

年份	2000年	2001年	2002年	2003年	2004年	2005年	2006年	2007年	2008年	2009年	2010年	2011年
产能	348	390	404	432	650	1 090	1 291	1 697	2 338	2 628	3 840	4 654
年份	2012年	2013年	2014年	2015年	2016年	2017年	2018年	2019年	2020年	2021年	2022年	2023年
产能	5 200	5 022	6 251	6 187	6 796	8 033	8 452	8 812	9 236	9 644	9 947	10 700

甲醇产量从2000年的198万t增加到2023年的8 343万t，增至41倍，具体产量情况见表1.6。

表1.6 我国甲醇历年产量 万t/a

年份	2000年	2001年	2002年	2003年	2004年	2005年	2006年	2007年	2008年	2009年	2010年	2011年
产量	198	207	232	299	440	652	886	1 218	1 285	1 130	1 752	2 227
年份	2012年	2013年	2014年	2015年	2016年	2017年	2018年	2019年	2020年	2021年	2022年	2023年
产量	2 600	2 879	3 741	3 848	4 314	4 443	5 577	6 216	6 717	6 728	8 100	8 343

我国甲醇产业经过20多年的快速发展，自给率已经从2001年的不足6成，大幅度提高到现在的接近9成。我国甲醇历年表观消费量见表1.7。

表1.7 我国甲醇历年表观消费量 万t/a

年份	2000年	2001年	2002年	2003年	2004年	2005年	2006年	2007年	2008年	2009年	2010年	2011年
表观消费量	—	358	412	434	573	783	980	1 246	1 392	1 657	2 270	2 796
年份	2012年	2013年	2014年	2015年	2016年	2017年	2018年	2019年	2020年	2021年	2022年	2023年
表观消费量	3 093	3 288	4 100	4 386	5 191	5 244	6 288	7 288	8 006	7 808	9 302	9 783

从甲醇进出口情况看，我国甲醇的进口数量远大于出口数量。2023年我国甲醇进口数量为1 455.3万t，较2022年增加了19.4%；我国甲醇的出口数量为14.97万t，较2022年减少了13%。我国甲醇历年进出口数量见表1.8。

表 1.8　我国甲醇历年进出口数量　万 t

年份	2000 年	2001 年	2002 年	2003 年	2004 年	2005 年	2006 年	2007 年	2008 年	2009 年	2010 年	2011 年
进口	—	152	180	140	135.8	136	112.7	84.51	143.4	528.8	518.9	573.2
出口	—	0.96	0.1	5.1	3.3	5.45	19	56.27	36.78	1.38	1.24	4.4
年份	2012 年	2013 年	2014 年	2015 年	2016 年	2017 年	2018 年	2019 年	2020 年	2021 年	2022 年	2023 年
进口	500.1	485.9	433.2	553.9	880.6	813.4	742.9	1089	1 301	1 119	1 219.3	1 455.3
出口	6.73	77.3	74.93	16.3	3.4	12.7	31.7	17.1	12.1	39.28	17.3	14.97

2.我国甲醇原料占比情况

截至 2023 年底，我国煤制甲醇约占我国甲醇总产能的 81%，焦炉煤气制甲醇约占 11%，天然气制甲醇约占 8%。

(1) 煤制甲醇

煤与氧气在气化炉内制成高一氧化碳体积分数的粗煤气，加入一定比例的氢气，脱除多余的二氧化碳和硫化物得到合成气，再经压缩、合成等工序制得含水粗甲醇，精馏后得到甲醇产品。

(2) 天然气制甲醇

天然气的主要成分甲烷通过与水蒸气发生重整反应生成以一氧化碳和氢气为主要成分的合成气，再经压缩、合成，一氧化碳与水蒸气发生变换反应生成粗甲醇，精馏后得到甲醇产品。

(3) 焦炉煤气制甲醇

焦炭生产过程中煤炭干馏后产生的焦炉煤气是一种含有氢气、一氧化碳、二氧化碳、甲烷及其他杂质的混合气体，经净化后再将其中以甲烷为主的烃类转化为主要包含一氧化碳、二氧化碳和氢气的合成气，再经压缩、合成，一氧化碳与水蒸气发生变换反应生成粗甲醇，精馏后得到甲醇产品。

3.我国甲醇主要生产企业分布

我国甲醇工业以甲醇煤化工为主，且主要分布在西北富煤地区。

我国煤炭资源丰富，但区域分布极不均衡，呈现出典型的“西多东少、北多南少”的特点，向资源地集中成为我国甲醇煤化工产能布局的主导趋势。近年来内蒙古、陕西、宁夏、新疆等西北地区凭借其资源优势，成为甲醇生产企业最为青睐的地区，也是目前我国甲醇产能最大的地区；山东、河南等地属于传统的甲醇煤化工生产大省。

焦炉煤气制甲醇全部依托焦化厂而建，不以生产甲醇为主要目标，而以焦化厂副产品资源化利用为主要目标，其负荷由焦化厂负荷决定，一般规模较小。

由于焦炉煤气是焦化行业的副产物，焦炉煤气制甲醇基本上集中在山西、陕西、山东、河北等焦化行业大省。

天然气制甲醇一般依托天然气田或骨干天然气管网而建，以液化天然气为主要目标，有些是在气田开发初期为消化暂时无法运出的天然气而建，随着外输管网的逐步完善，该类天然气制甲醇项目会变成调峰项目，另一部分依托管网建设的天然气制甲醇项目主要目的就是管网调峰。天然气甲醇市场竞争力弱，全是调峰项目，基本上生产半年歇半年。

大型企业通过扩大生产规模、提高生产效率、优化成本管理等手段，逐渐在市场上占据主导地位。这种集中度的提升有助于行业整合和优化资源配置，提高整个甲醇行业的竞争力和市场稳定性。甲醇生产在装置规模大型化的同时，还表现出集约化发展趋势。国家能源集团、中国石化集团（含中天合创、中安联合）、陕西延长石油集团、晋能控股装备制造集团等十家大型企业集团的甲醇总产能达到5 206万t/a，占全国总产能的53.9%，这几家大型企业2021年的甲醇产量为4 899万t，占全国总产量的72.8%。山东、河南等地属于传统的甲醇生产大省，重庆、四川等西南地区天然气制甲醇企业较多，其甲醇产量也比较可观。

按照2021年数据，以省、自治区为单位统计，排名居前的四个省份甲醇产能如下：内蒙古（1 590万t）、陕西（1 571万t）、山东（853万t）、山西（634万t）。四省份合计约占全国总产能的50%。

我国的甲醇产能集中度正在逐年提高，100万t/a以上企业已经占到我国甲醇总产能的42.61%，而20万t/a以下的企业目前仅占6.5%左右。

我国甲醇产能主要分布在西北地区，包括内蒙古、陕西、甘肃、宁夏、青海和新疆，合计产能5 245万t/a，占总产能的一半以上。

其次为华东地区，包括山东、江苏、安徽、上海和浙江，合计产能1 725万t/a。

华北地区，包括河北、山西、天津和北京，合计产能939万t/a。

西南地区，包括四川、贵州、云南、广西和重庆，合计产能788万t/a。

华中地区，包括湖南、湖北和江西，合计产能639万t/a。

东北地区，包括黑龙江、吉林和辽宁，合计产能158万t/a。

华南地区，包括广东、海南和福建，合计产能150万t/a。

4.我国甲醇未来新增产能

2023年我国甲醇总产能超过1亿t，其中国内新增甲醇产能为622.5万t。2023年新增投放甲醇装置主要包括宁夏宝丰能源集团能源有限公司240万t、华鲁恒升（荆州）有限公司80万t、内蒙古广聚新材料有限责任公司60万t、内蒙古君正能源化工集团股份有限公司55万t、阿拉善盟沪蒙能源集团有限公司40万t等。

我国甲醇主要生产企业产能及分布情况见表1.9。目前我国共有4.8万家甲醇相关企业，山东以7 800余家企业排名第一，浙江、辽宁分列二、三名。近年来，相关企业年注册量在2018年达到8 096家的峰值，2020年新注册企业3 283家，同比下降59%。

表 1.9　我国甲醇主要生产企业产能及分布情况　　万 t

序号	地区	企业名称	年产能	主要原料	地址
1	西北	宁夏宝丰能源集团能源有限公司	590	煤炭 / 焦炉煤气	宁夏银川市
2		中国石化长城能源化工(宁夏)有限公司	60	煤炭	宁夏银川市
3		中天合创能源有限责任公司	360	煤炭	内蒙古鄂尔多斯市
4		兖矿能源集团股份有限公司	180	煤炭	内蒙古鄂尔多斯市
5		新奥集团股份有限公司	120	煤炭	内蒙古鄂尔多斯市
6		内蒙古久泰能源有限公司	100	煤炭	内蒙古鄂尔多斯市
7		内蒙古博源联合化工有限公司	100	天然气	内蒙古鄂尔多斯市
8		内蒙古东华能源有限责任公司	60	煤炭	内蒙古鄂尔多斯市
9		内蒙古中煤蒙大新能源化工有限公司	60	煤炭	内蒙古鄂尔多斯市
10		鄂托克旗新航焦化有限公司	10	焦炉煤气制甲醇	内蒙古鄂尔多斯市
11		内蒙古东日新能源材料有限公司	20	焦炉煤气制甲醇	内蒙古鄂尔多斯市
12		内蒙古广聚新材料有限责任公司	60	焦炉煤气制甲醇	内蒙古乌海市
13		内蒙古君正能源化工集团股份有限公司	55	焦炉煤气制甲醇	内蒙古乌海市
14		内蒙古瑞志现代煤化工科技有限公司	17.5	矿热炉尾气制甲醇	内蒙古乌兰察布市丰镇市
15		阿拉善盟沪蒙能源集团有限公司	40	焦炉煤气制甲醇	内蒙古阿拉善盟
16		中国神华煤制油化工有限公司包头煤化工分公司	180	煤炭	内蒙古包头市
17		大唐(内蒙古)能源开发有限公司	168	煤炭	内蒙古呼和浩特市
18		神华宁夏煤业集团公司	352	煤炭	宁夏宁东基地
19		陕西延长中煤榆林能源化工股份有限公司	360	煤炭 / 天然气	陕西榆林市靖边县
20		中煤陕西榆林能源化工有限公司	200	煤炭	陕西榆林市
21		蒲城清洁能源化工有限责任公司	180	煤炭	陕西渭南市
22		神华榆林能源化工有限公司	180	煤炭	陕西榆林市

续表1.9

序号	地区	企业名称	年产能	主要原料	地址
23	西北	陕西延长石油榆林凯越煤化有限责任公司	70	煤炭	陕西榆林市
24		陕西神木化学工业有限公司	60	煤炭	陕西榆林市
25		陕西长青能源化工有限公司	60	煤炭	陕西宝鸡市
26		陕西渭河煤化工集团有限责任公司	60	煤炭	陕西渭南市
27		陕西润中清洁能源有限公司	60	煤炭	陕西咸阳市
28		陕西延长石油延安能源化工有限责任公司	180	煤炭 / 天然气	陕西延安市
29		兖州煤业榆林能化有限公司	140	煤炭	陕西榆林市
30		国家能源集团新疆能源化工有限公司	180	煤炭	新疆乌鲁木齐市
31		新疆广汇新能源有限公司	120	煤炭	新疆哈密市
32		青海盐湖钾肥股份有限公司	110	煤炭 / 焦炉煤气	青海格尔木市
33		青海桂鲁化工有限公司	80	天然气	青海西宁市
34		青海中浩天然气化工有限公司	60	天然气	青海格尔木市
35	华东	中安联合煤化有限责任公司	170	煤炭	安徽淮南市
36		上海焦化有限公司	160	煤炭	上海市闵行区
37		安徽昊源化工集团有限公司	140	煤炭	安徽阜阳市
38		江苏斯尔邦石化有限公司	10	二氧化碳加氢	江苏连云港市
39	山东	山东华鲁恒升化工股份有限公司	170	煤炭	山东德州市
40		兖矿能源集团股份有限公司	144.5	煤炭 / 焦炉煤气	山东济宁市
41		山东明水集团有限公司	95	煤炭	山东济南市
42		联泓(山东)化学有限公司	92	煤炭	山东滕州市木石镇
43		鲁西化工集团股份有限公司	80	煤炭	山东聊城市
44		山东联盟化工集团有限公司	75	煤炭	山东寿光市
45		万华化学集团股份有限公司	67	煤炭	山东烟台市

续表1.9

序号	地区	企业名称	年产能	主要原料	地址
46	西南	中国石化集团四川维尼纶厂	87	天然气	重庆长寿区
47		重庆卡贝乐化工有限责任公司	85	天然气	重庆长寿区
48		旺苍合众化工有限公司	7	焦炉煤气	四川广元市
49		四川省煤焦化集团有限公司	7	焦炉煤气	四川内江市
50		重庆市万利来化工股份有限公司	12	煤	重庆潼南区工业园区
51		江油市万利化工有限责任公司	15	天然气	四川江油市
52		云南云天化股份有限公司	26	煤	云南昆明市
53		重庆万盛煤炭有限责任公司	30	煤	重庆万盛区
54		四川达州钢铁集团有限公司	40	天然气＋焦炉煤气	四川达州市
55		广安玖源化工有限公司	50	天然气	四川广安市
56	华南	中海石油化学股份有限公司	140	天然气	海南东方市
57	华北	华昱能源化工山西有限责任公司	120	煤炭	山西晋城市
58		山西梗阳新能源有限公司	30	焦炉煤气制甲醇	山西太原市
59		山西蔺鑫煤焦化有限责任公司	20	焦炉煤气制甲醇	山西临汾市
60		同煤广发化学工业有限公司	60	煤炭	山西大同市
61	华中	河南心连心化学工业集团股份有限公司	90	煤炭	河南新乡市
62		河南能源集团鹤煤投资有限公司	60	煤炭	河南鹤壁市
63		华鲁恒升(荆州)有限公司	80	煤炭	湖北荆州市
64	东北	宝泰隆新材料股份有限公司	70	煤炭	黑龙江七台河市
		主要产能合计	6 925		

2024 年预计新增投放产能 785 万 t，包括内蒙古宝丰煤基新材料有限公司 660 万 t、内蒙古君正化工有限责任公司 55 万 t、河南晋开集团延化化工有限公司 30 万 t 和宁夏冠能新材料科技有限公司 40 万 t。2023 年 1—11 月我国甲醇产量为 7 662 万 t，同比 2022 年增加 3.84％。2024 年产量同步提升，甲醇供应量进一步增加。2024 年我国新增甲醇装置及其产能见表 1.10。

表 1.10　2024 年我国新增甲醇装置及其产能　　万 t/a

企业	地区	装置工艺	投产时间	产能
宁夏冠能新材料科技有限公司	宁夏	煤单醇	2024 年 1 月 31 日	40
河南晋开集团延化化工有限公司	河南省	煤单醇	2024 年 4 月 30 日	30
内蒙古君正化工有限责任公司	内蒙古	焦炉煤气	2024 年 12 月 31 日	55
内蒙古宝丰煤基新材料有限公司	内蒙古	煤单醇	2024 年 12 月 31 日	660
合计				785

预计未来5年，我国甲醇产能综合年平均增长率或在3%～5%的范围内。随着产业整合和技术的迭代升级，我国甲醇企业将以百万吨以上的甲醇制烯烃一体化装置为主流，绿碳等新兴工艺作为补充。甲醇制芳烃、甲醇制汽油，也将随着产业规模的扩大，供应的逐步增加而获得新的发展。

1.3　甲醇煤化工发展趋势

1.3.1　甲醇煤化工相关标准政策

1.总体政策环境

甲醇作为一种非常重要的大宗基础化工品，在我国经济发展中起到了非常重要的作用，根据我国“富煤、贫油、少气”的基本能源格局，大力发展甲醇煤化工产业，能够在一定程度上降低我国对海外原油、天然气的依赖。

近几年，国内甲醇生产水平逐步提升，我国有关部门颁布的多项政策如《高能耗行业重点领域节能降碳改造升级实施指南(2022 年版)》中，明确表示了对中国甲醇煤化工行业发展的支持，并给出了行业发展目标，强调行业应进行技术升级，节能降排，绿色低碳发展。

甲醇煤化工的生产原料 —— 煤，主要有褐煤、烟煤、无烟煤，不同的原料路线产生的能耗排放量不同，其中无烟煤的能耗排放更低，我国政府相关政策中，鼓励行业企业使用无烟煤进行生产加工。

在《工业重点领域能效标杆水平和基准水平(2023 年版)》中，明确了甲醇煤化工能效标杆水平和基准水平。相较于《高耗能行业重点领域能效标杆水平和基准水平(2021 年版)》，甲醇煤化工中的“无烟煤”领域能效水平有所调整，2023 年版比 2021 年版基准值提高了 100 kg 标煤，从原来的 1 600 kg/t 基准水平降到了现在的 1 500 kg/t，具体见表 1.11。此举进一步强化了能效标杆引领作用和基准约束作用，鼓励和引导行业企业立足长远发展，高标准实施节能降碳改造升级。

表1.11　石油、煤炭及其他燃料加工业重点领域指标

国民经济行业分类及代码			重点领域		指标名称	指标单位（标准煤）	标杆水平	基准水平	参考标准
大类	中类	小类							
石油、煤炭及其他燃料加工业(25)	煤炭加工(252)	煤制液体燃料生产(2523)	甲醇煤化工	褐煤	单位产品综合能耗	kg/t	1 550	2 000	GB 29436
				烟煤			1 400	1 800	
				无烟煤			1 250	1 500	
			煤制烯烃	乙烯和丙烯	单位产品能耗	kg/t	2 800	3 300	GB 30180
			煤制乙二醇	合成气法	单位产品综合能耗	kg/t	1 000	1 300	GB 32048

在“双碳”背景下，国家从严、从紧管控产能规模和新增煤炭消费量，要求新建煤化工项目应确保煤炭供应稳定，优先完成国家明确的发电供热用煤保供任务。对新建年产超过100万t的甲醇煤化工项目，要经过省级政府审核，确保新项目是建立在用能稳定和水资源保障的基础上。

为了推动现代煤化工产业健康有序发展，防止出现规划设计不到位、资源配置不合理等问题，国家陆续出台相关规划，规范布局，统筹区域资源供给、环境容量、产业基础等因素，优化产业布局，引导甲醇煤化工项目向煤水资源相对丰富、环境容量较好地区集中。

2.国家层面政策

2012年10月，国家发展改革委发布《天然气利用政策》，政策中禁止新建或扩建以天然气为原料生产甲醇及甲醇生产下游产品装置，天然气资源优先用于城市燃气。

2017年3月，国家发展改革委、工业和信息化部共同发布《现代煤化工产业创新发展布局方案》，规划布局内蒙古鄂尔多斯、陕西榆林、宁夏宁东、新疆准东4个现代煤化工产业示范区，推动产业集聚发展，逐步形成世界一流的现代煤化工产业示范区。每个示范区“十三五”期间新增煤炭转化量总量须控制在2 000万t以内（不含煤制油、煤制气等煤制燃料）。明确4个煤化工示范区，以及2 000万t新增煤炭转化总量控制。

2019年3月，工业和信息化部、国家发展改革委、科学技术部、公安部、生态环境部、交通运输部、国家卫生健康委、国家市场监督管理总局等八部门发布《关于在部分地区开展甲醇汽车应用的指导意见》，鼓励甲醇汽车应用。按照因地制宜、积极稳妥、安全可控的原则，重点在山西、陕西、贵州、甘肃等资源禀赋条件较好且具有甲醇汽车运行经验的地区，加快 M100 甲醇汽车的应用。鼓励在有条件地区的公务、出租、短途客运等领域使用甲醇汽车。此外，鼓励在有条件地区的市政车辆、专线物流运输等领域使用甲醇商用车。有关地区应积极为甲醇汽车应用创造条件，给予符合中国第六阶段机动车污染物排放标准和甲醇汽车排放限值要求的甲醇汽车购买、运行等应用优惠政策。甲醇汽车制造企业应提供完善的售后服务。

2021 年 9 月，国务院发布《中共中央 国务院关于完整准确全面贯彻新发展理念做好碳达峰碳中和工作的意见》，明确了未纳入国家有关领域产业规划的，一律不得新建改扩建炼油和新建乙烯、对二甲苯、煤制烯烃项目。合理控制煤制油气产能规模。提升高耗能高排放项目能耗准入标准。加强产能过剩分析预警和窗口指导。该意见的发布，表明甲醇煤化工，甲醇制烯烃路线在国家产业规划范围内，地方发展改革委项目准入审批能耗和排放门槛将提高。

2021 年 10 月，国家发展改革委、生态环境部等十部门发布关于印发《“十四五”全国清洁生产推行方案》的通知，要求开展高效催化、过程强化、高效精馏等工艺技术改造。推进炼油污水集成再生、煤化工浓盐废水深度处理及回用、精细化工微反应、化工废盐无害化制碱等工艺。实施绿氢炼化、二氧化碳耦合制甲醇等降碳工程。

2022 年 3 月，国家发展改革委、国家能源局发布《氢能产业发展中长期规划(2021—2035 年)》，探索开展可再生能源制氢在合成氨、甲醇、炼化、煤制油气等行业替代化石能源的示范，促进高耗能行业绿色低碳发展。

2022 年 2 月，国家发展改革委等四部门发布《高耗能行业重点领域节能降碳改造升级实施指南(2022 年版)》，指出到 2025 年，甲醇煤化工、煤制烯烃、煤制乙二醇行业达到能效标杆水平以上产能的比例分别为 30%、50%、30%，基准水平以下产能基本清零，行业节能降碳效果显著，绿色低碳发展能力大幅提高。

2023 年 1 月，工业和信息化部、教育部、科学技术部、中国人民银行、中国银行保险监督管理委员会、国家能源局发布《关于推动能源电子产业发展的指导意见》。强调加快氢、甲醇、天然气等高效燃料电池研发和应用推广。

2023 年 6 月，国家发展改革委、工业和信息化部、生态环境部、市场监管总局、国家能源局发布《工业重点领域能效标杆水平和基准水平(2023 年版)》的通知，明确甲醇煤化工能效标杆水平和基准水平。相较于《高耗能行业重点领域能效标杆水平和基准水平(2021 年版)》，甲醇煤化工中的“无烟煤”领域能效水平有所调整，2023 年版比 2021 年版基准值提高了 100 千克标煤，从原来的 1 600 kg/t 基准水平降到了现在的 1 500 kg/t。

2023 年 6 月，国家发展改革委、工业和信息化部、自然资源部、生态环境部、水利部、应急管理部等多部门共同发布《关于推动现代煤化工产业健康发展的通知》，严格能效和环保约束，加强项目节能审查和环保监管，拟建、在建项目应全面达到能效标杆水平，主要用能设备能效水平达到能效标准先进值以上；能效低于基准水平的已建项目须在2025年底前完成改造升级，主要产品能效须达到行业基准水平以上，届时能效仍在基准水平以下的项目予以淘汰退出。在资源禀赋和产业基础较好的地区，推动现代煤化工与可再生能源、绿氢、二氧化碳捕集利用与封存(CCUS)等耦合创新发展。该通知明确了总量控制不再延续，确需新建的现代煤化工项目，应确保煤炭供应稳定，优先完成国家明确的发电供热用煤保供任务，不得通过减少保供煤用于现代煤化工项目建设。煤化工项目能耗门槛确立，2025年底为煤化工高能耗项目淘汰时间点。

2023年8月，工业和信息化部、国家发展改革委、财政部、生态环境部、商务部、应急管理部、中华全国供销合作总社联合发布《石化化工行业稳增长工作方案》的通知。提出推进甲醇行业加大节能、减污、降碳改造力度。

2023年9月，国家能源局发布《关于组织开展可再生能源发展试点示范的通知》，其中示范工程内容的开发建设类提到，探索推进具有海上能源资源供给转换枢纽特征的海上能源岛建设，建设包括但不限于海上风电、海上光伏、海洋能、制氢(氨、甲醇)、储能等多种能源资源转换利用一体化设施。

2023年9月，国家能源局发布《天然气利用政策(征求意见稿)》，其中，以天然气为原料生产甲醇及甲醇生产下游产品装置和以天然气代甲醇煤化工项目归为天然气利用顺序的限制类。

2023年12月，国家发展改革委发布《产业结构调整指导目录(2024年本)》，限制100万t/a以下甲醇煤化工生产装置，鼓励电解水制氢和二氧化碳催化合成绿色甲醇。

3.地方层面政策

2023年4月，四川省经济和信息化厅、发展改革委、生态环境厅、应急厅发布《关于全面开展工业企业安全环保节能技术改造的实施意见》，在煤制加工的重点领域，重点应用的先进技术包括节能型甲醇精馏、新一代甲醇制烯烃等。

2023年5月，内蒙古自治区碳达峰中和工作领导小组办公室发布《内蒙古自治区工业领域碳达峰实施方案》，鼓励有条件的地区利用可再生能源制备氢，优化煤化工、合成氨、甲醇等原料结构。

2023年5月，山西省工业和信息化厅等十部门联合发布《关于加快推动全省甲醇汽车推广应用的若干措施》，提出在省属国企率先推动实现甲醇重卡规模化应用，牵引带动甲醇全车型向全社会推广使用。鼓励金融租赁支持甲醇汽车推广及服务体系建设。调整完善甲醇汽车推广应用支持政策，包括执行省级甲醇汽车购置补贴政策、给予甲醇汽车路权优惠政策、推进完善车用甲醇加注体系建设。

2023年8月，河北省邯郸市人民政府印发《邯郸市推进甲醇汽车生产制造和推广应用若干政策措施》。主要包括六个措施：建立协调推进机制，积极引进扶持甲醇汽车及零部件生产企业，完善甲醇生产、加注体系，加大甲醇汽车推广力度，优化甲醇汽车管理，加强科普宣传。

2023 年 9 月，海南省工信厅印发《海南省 2023—2025 年鼓励新能源汽车推广应用若干措施》，提出支持开展甲醇汽车试点示范应用。

2023 年 9 月，浙江省制造业高质量发展领导小组办公室发布关于印发《浙江省推动新能源制造业高质量发展实施意见（2023—2025 年）》的通知。氢能方面，强调加速推进以电解水制氢和甲醇制氢为代表的高效制氢装备的研制与推广应用。

2023 年 10 月，新疆维吾尔自治区克拉玛依市人民政府网站发布《关于克拉玛依市支持氢能产业发展的有关扶持政策》，支持建设加氢站和甲醇加注点，鼓励在现有加油（气）站增加甲醇燃料加注设施。新增及更新重载卡车，率先示范推广采购氢燃料电池汽车和绿色甲醇车。

山西、河北邯郸等地围绕推广甲醇汽车、支持甲醇汽车产业发展、探索绿色甲醇汽车新模式等方面，加大工作力度，出台支持甲醇汽车推广应用的政策。明确了在甲醇汽车消费、基础设施建设等方面给予补贴和税收优惠，这些措施有效地降低了甲醇燃料汽车的成本，提高了甲醇燃料汽车的竞争力，增加了甲醇燃料汽车的市场需求。

与过去一些单项政策不同，山西省《关于加快推动全省甲醇汽车推广应用的若干措施》对整个甲醇汽车生态链都做了具体详尽的工作部署。为了保障此次甲醇汽车推广的切实进展，通知还特别对金融租赁支持和甲醇汽车服务体系建设，如甲醇汽车产销服务网络等提出明确要求；更重要的是，对于甲醇重卡的购置补贴、路权等，给予了和新能源重卡同样的政策支持。

1.3.2 行业发展趋势

我国甲醇行业经过了高速发展阶段，甲醇产量和产能逐年增加，下游应用产品的自给程度不断提升，带来了原料需求的快速增长，甲醇行业的发展呈现以下几个趋势。

（1）目前，甲醇工业正处于扩张期，全球甲醇产能仍会继续大幅增长，预计 2030 年，全球甲醇产能有望达到 3.1 亿 t/a，10 年增幅约 106%，而我国也将继续保持增长态势，产能继续增加。在预测的新增产能中，俄罗斯、伊朗和美国因廉价而充足的天然气、页岩气供应，会激增大量产能，其中俄罗斯新增 4 035 万 t/a，主要的产能增加将来自 Sherwood 能源公司旗下 Maysky 甲醇工厂，其设计产能将达到 720 万 t/a；伊朗将是全球第二大甲醇产能增加国家，2030 年前将新增甲醇产能 2 939 万 t/a，主要产能增加将来自马汉化工扎格罗斯石化甲醇工厂，设计产能将达到 185 万 t/a；美国将成为全球第三大甲醇产能增加国家，2030 年前将新增 2 374 万 t/a 的产能，2030 年前 NW 创新工厂旗下 Kalama 甲醇工厂和 NW 创新工厂 St. Helens 甲醇工厂将增加主要产能，每一家工厂的设计产能将达到 360 万 t/a。

（2）我国甲醇一半以上产能用于 MTO 产业，而烯烃产能连年增加，2021 年甲醇制烯烃的产能已达 1 800 万 t/a，按照约 2.8 倍的吨甲醇耗，需要甲醇 5 000 万 t 以上，烯烃产业的蓬勃发展,势必继续拉动甲醇产能的连续增长。

(3) 未来甲醇的燃料需求有提升的空间,如甲醇汽车应用、工业锅炉燃料。甲醇汽车的优势有清洁、污染少、对环境友好,甲醇产能产量有保障等。但甲醇汽车存在的问题是,目前甲醇汽车由政府主导,市场普遍接受度低;甲醇汽车技术还需要不断更新升级,配套设施不完善。

甲醇作为工业燃料的优势是减少污染、缓解能源紧张、投资小、门槛低;存在的问题是缺乏国家行业标准、安全存在隐患、质量差异大,部分产品热值低。目前甲醇燃料窑炉的使用和推广处于起步阶段,在船用燃料上,甲醇替代现有燃料的潜力巨大,按照全球船用燃料市场规模相当于 6.5 亿 t 甲醇当量,如果按 10% 的替代比例计算,将会增加 6 500 万 t 的甲醇需求。

(4) 甲醇制氢前景广阔。在东部煤化工受限较多的地方,甲醇制氢是化工加氢的主要来源之一,因其投资小、工艺简单、占地小,对中小化工企业具有非常大的吸引力,目前这个市场仍在持续扩大。甲醇作为燃料电池载氢媒介的前景值得期待。

我国甲醇及其下游产业已经发展成为我国化工非常重要的部分,与石油化工产业体系形成了既互补又竞争的关系,未来更向大型化和上下游一体化方向发展,将完成由外延式发展向内涵式发展转变。我国甲醇及其下游产业极大地改善了我国化工区域布局,拓展了我国化工工业发展空间,使全国生产力布局更加均衡,更有利于全国均衡发展。

甲醇的原料、技术、装备和队伍可以全部立足国内解决,甲醇及其下游产业链项目无论在原料和技术自给上,还是在产业规模和产业链完整完善上,都是独步全球的,是独具中国特色、竞争力强、不受外部制约和冲击的产业。作为全球最大的甲醇生产国、进口国和消费国,特殊时期甲醇煤化工完全可以替代进口的石油来保证我国化学工业在一定规模上正常运行,补充液体燃料(甲醇燃料、甲醇制油),保障国家能源安全和产业安全。

第2章　主要生产工艺及产污环节

2.1　主要生产工艺

2.1.1　煤直接气化制甲醇工艺

1.背景及工艺介绍

我国是较早开展甲醇煤化工研究的国家，从21世纪以来，甲醇的需求量大幅增长，因此大量甲醇煤化工装置工厂兴起，甲醇的生产量也迅猛增长。从2000年到2022年，我国的甲醇生产量增长了6 000万t/a，已经成为世界上最大的甲醇生产国。

从目前的发展趋势来看，虽然用天然气制甲醇可以有效地节约成本和设备投资，但是从我国的整体资源结构来讲，甲醇煤化工依然是未来发展的主要方向，其中煤直接气化制甲醇是不可或缺的一部分，因此在完善生产工艺的同时，应达到节能降耗，高效环保。

煤直接气化制甲醇主要包括气化，变换，低温甲醇洗，甲醇精制几个部分。

(1) 气化

在气化过程中，原料和水与高压氧共同作用，在气化炉内发生反应，生成合成气。合成气的主要成分是CO、H_2、CO_2、H_2O和少量CH_4、H_2S等气体。这个反应过程发生在空分装置中。

反应的方程式如下：

$$C_mH_nS_r + m/2O_2 \longrightarrow mCO + (n/2 - r)H_2 + rH_2S \tag{2.1}$$

整个气化反应过程会在瞬间完成，气体离开气化炉后会被冷却，冷却过后会被洗涤、除尘送至转换反应过程。

(2) 变换

在转换过程中，会使CO和水发生反应，生产出所需要的H_2，即经过调整得到合适除杂和产出的氢碳比率。化学反应在化工产业中要求平衡，该反应为放热反应，反应过程中会释放热量。该化学反应会使煤气化后的温度降低，温度适当降低有利于化学反应的平衡，但是如果温度太低，就会导致化学反应时间过长，效率降低，当煤气化工段的生成气体慢慢消耗殆尽时，就浪费了前一道工段的时间和成本。同时，温度还与催化剂的适应性挂钩，如果温度没有调整到位，催化剂的效力就无法发挥到最大值，这就会造成碳氧分离程度不足，必须加大催化剂的剂量，这也会增加生产成本。

反应的方程式如下：

$$CO + H_2O \longrightarrow H_2 + CO_2 \tag{2.2}$$

在完成变换工段的生产任务后，转入到低温甲醇洗工艺流程环节。

(3) 低温甲醇洗

在这个过程中，会除去气相中的 CO_2、硫化物以及其他的杂质。

(4) 甲醇精制

经过净化以后的合成气，再经过气体压缩机的压缩，进入甲醇反应器，在一定的压力和催化剂共同作用下，生产出粗甲醇。合成粗甲醇从分离器出来后，经过甲醇精制器，得到精制的甲醇产品。

具体的工艺流程图如图 2.1 所示。

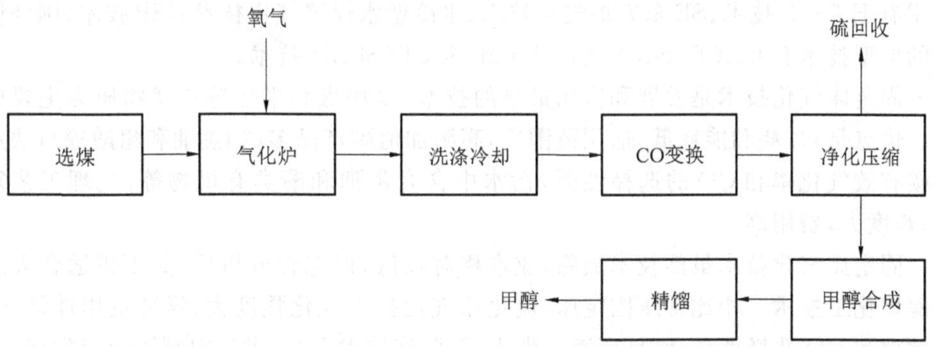

图 2.1　煤直接气化制甲醇主要工艺流程图

2.甲醇煤化工工艺特点

甲醇煤化工工艺特点如下。

(1) 生产量大

与焦炉尾气、天然气制甲醇等生产模式相比，甲醇煤化工的生产量有显著优势。据统计，至 2022 年，我国甲醇煤化工的总产量已占全国甲醇产量的 77% 以上。

(2) 生产效率高

甲醇煤化工工艺在单位时间内的生产效率高，能够迅速满足市场对甲醇原料的需求。

(3) 环境影响

尽管甲醇煤化工工艺在生产上具有优势，但其对环境也带来了一定的影响。在原煤准备、气化、反应与精馏等过程中，存在噪声、颗粒物、水资源浪费等问题，以及潜在的燃烧、爆炸等安全风险。

3.煤气化制醇具体技术环节工艺介绍

(1) 煤气化技术

煤气化是煤清洁转化利用的关键，也是现代煤化工的核心，同样煤气化工艺在以煤为原料制甲醇工艺中占有举足轻重的地位，是以煤为原料制甲醇的核心技术。

煤气化即原料煤在适当的温度和压力条件下与气化剂(O_2 和 H_2O 等) 在气化炉中发生氧化、燃烧和裂解等一系列综合反应，最终产生以 H_2 和 CO 为主的粗合成气。按照炉体的设计结构以及物料在炉内的流动状态不同，一般可将煤气化技术分为固定床、流化床和气流床三大类。

固定床主要原料形态为块煤(6 ～ 50 mm)，我国使用的典型技术为赛鼎工程公司加压固定床气化技术，国外使用的典型技术有鲁奇碎煤加压气化技术与 BGL 碎煤熔渣气化技术；流化床主要原料形态为碎煤(< 6 mm)，我国使用的典型技术为灰熔聚常压技术(CAGG)，国外使用的典型技术有 TRIG 气化技术、SES 气化褐煤技术；气流床主要原料形态为干粉煤(< 0.1 mm) 和水煤浆(< 0.1 mm)，我国使用的典型技术有 HT－L 技术、SE 东方炉气化技术、水冷壁水煤浆气化技术 GSP 技术，国外使用的典型技术有 GE(Texaco) 气化技术和 SCGP(Shell) 技术。

固定床气化技术是发展和应用最早的技术，以块煤和半焦等块状物质为主要原料。优点是 O_2 耗和能耗低，适用范围广，高附加值副产品多(如焦油和粗酚等)；缺点是碳有效气化率和 CO 的选择性低，污水中含有焦油和酚类有机物等，处理工艺复杂，难度大，费用高。

固定床气化技术虽然技术成熟，成本相对较低，但综合分析后，其不再适合大型甲醇煤化工技术。相比常压固定床，流化床气化技术气化强度大、煤种适用性强、燃烧效率和 CO 选择性高，而且环境污染小，因此该技术在 20 世纪得到了快速发展，并逐渐被应用。

我国在引进国外技术的同时，也加大了相关研究力度，在国外技术基础上开发了具有独立自主知识产权的灰熔聚常压技术。该技术与固定床相比具有突出的优势，具有较大的发展空间，但也存在如下缺点：只能在常压下使用，生产强度较低(碳转化率低于 90%)，而且产品气中杂质的排放浓度高，分离操作困难，费用高。因此流化床气化技术在现代化甲醇煤化工应用中仍具有较大的局限性，仍需加大研发力度，继续完善优化。

固定床甲醇煤化工工艺流程如图 2.2 所示，气流床甲醇煤化工工艺流程如图 2.3 所示。

与流化床气化技术相比，气流床气化技术不仅具有气化强度强、煤种适用范围广的优点，在气化过程中碳转化率高达 99%，而且不产生焦油和酚类有机物，产生的合成气含硫形态单一，环境污染小，符合现代煤化工发展要求，是现代煤气化发展的主流方式。

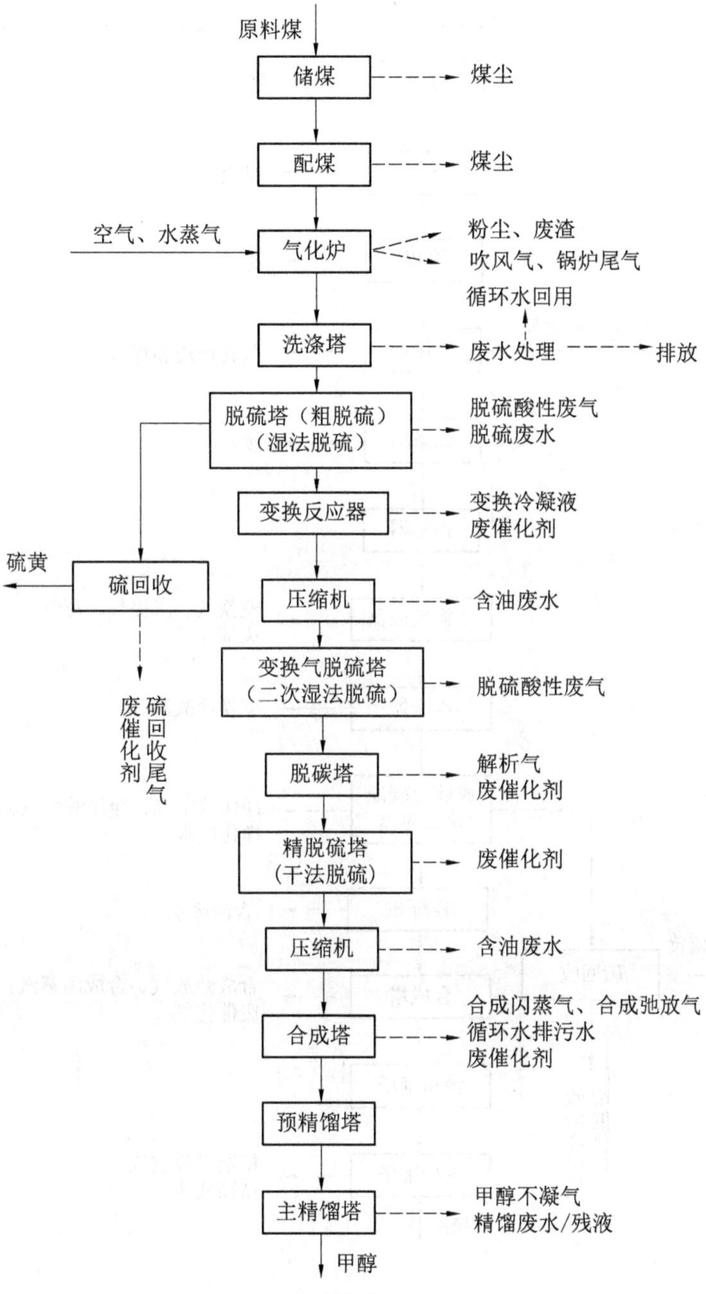

图 2.2　固定床甲醇煤化工工艺流程

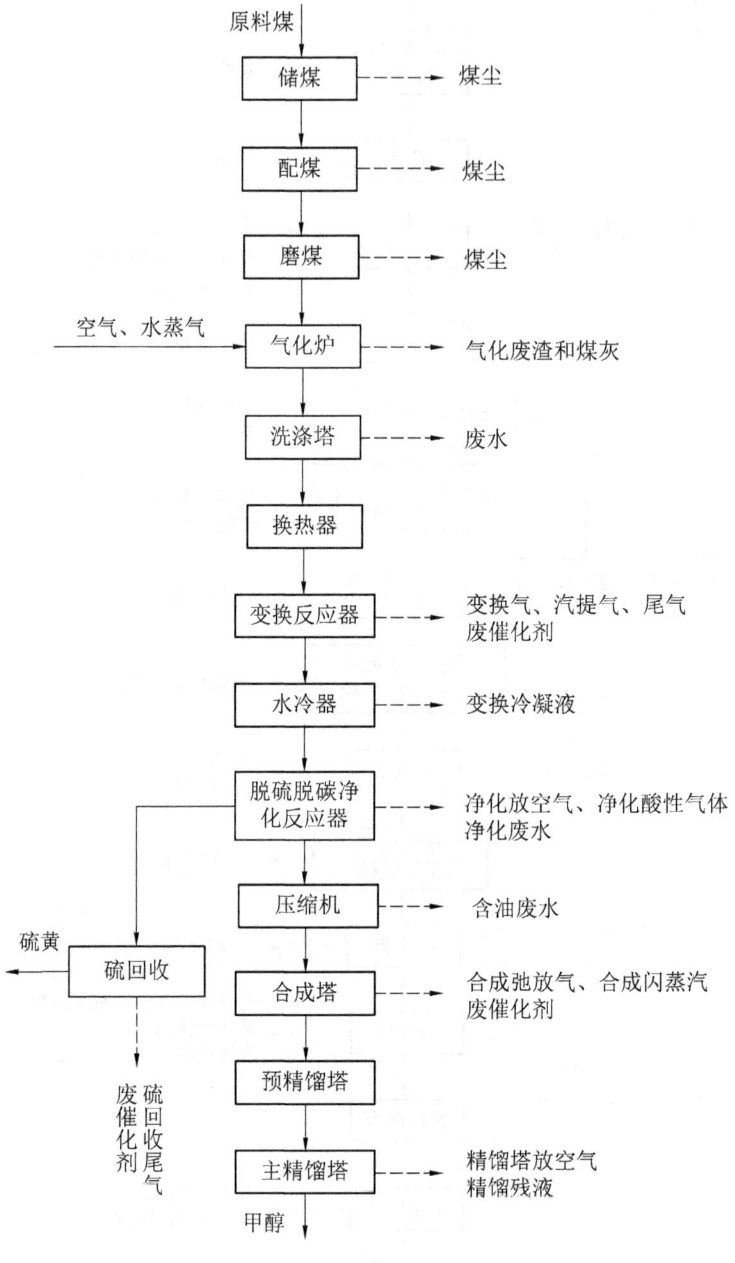

图 2.3　气流床甲醇煤化工工艺流程

技术成熟的气流床气化技术主要有干粉进料和水煤浆进料两种技术。干粉气流床气化是干粉煤在高温高压条件下，在具有水冷壁结构的炉内发生气化反应，生成气中 CO 体积分数高，氢气体积分数低，典型的有 Shell、GSP、HT－L 和两段式四种干粉气流床气化技术，其除了具有气流床的优点外，还具有各自不同的优势。Shell 气化工艺中添加了废锅流程，可回收 15% 的蒸汽热能；GSP 和 HT－L 气化工艺中添加了激冷流程，可提供 90% 以上变换蒸汽；两段式干粉煤气化工艺采用二次进料的方式来降低煤气温度，投资费用低。

水煤浆气流床气化技术是将含煤质量分数 35% 以上的煤浆置于气化炉进行气化，生成气 CO_2 排放浓度大，而且由于受煤成浆特性的影响，对煤种具有一定的要求，典型的技术有 GE 气化技术、四喷嘴对置气化技术、水冷壁水煤浆气化技术和多元料浆气化技术，其除了具有气流床的优点外还具有各自不同的优势。

GE 气化技术添加了废锅流程，可回收多余的蒸汽热能，而且具有丰富的工程经验；四喷嘴对置气化技术属于在引进基础上开发的国产技术，国产化程度高，且气化效率更高，投资低；水冷壁水煤浆气化技术单炉运行时间长，无须备炉，综合效率高，投资低；多元料浆气化技术原料适应性强，不仅可以气化煤，而且可以使用石油焦等其他原料。从技术成熟度、先进性、煤种的适用性和投资费用整体分析来看，干粉进料气流床技术优于水煤浆进料气流床技术，大型甲醇煤化工气化技术优先顺序为 GSP $>$ GE $>$ Shell。

(2)CO 变换工艺技术

在甲醇煤化工生产过程中，由于煤直接汽化后产生的粗合成气氢碳比不满足甲醇合成的要求(2.1 ± 0.05)，因此需要进行 CO 变换反应。CO 变换反应速率较慢，但可以通过催化剂来提高反应速率。常用的变换催化剂按照成分可分为以下几类。

① 低温 Cu－Zn 系催化剂

主要活性组分为 Cu，Zn 为助剂。

适用温度范围为 200 ～ 250 ℃。

② 高温 Fe－Cr 系催化剂

主要活性组分为 Fe_3O_4，Cr 为助剂，能抑制活性组分的团聚和过度氧化。

适用温度范围为 300 ～ 500 ℃。

③ 宽温耐硫 Co－Mo 系催化剂

活性组分为 MoS_2 和 CoS，具有较强的耐 S 和抗毒能力。

适用温度范围广，可宽至 160 ～ 500 ℃。

与高温 Fe－Cr 系催化剂相比，在相同条件下，所需量可减少约 50%。

随着技术的发展，变换工艺已由原来的中温变换和中低温变换扩展为现在的中串低、全低变、中低低三种变换工艺。

(3) 气体净化技术

气化及 CO 变换后，生成的粗合成气中含有 H_2S、CO_2 和有机硫等有害物质，这些物质对合成甲醇催化剂有害。为了保障催化剂的活性及稳定性，必须对粗合成气进行净化。

目前，合成气净化普遍采用的技术为物理溶剂吸收法，主要包括冷法和热法两种。

① 冷法

以低温甲醇洗法为代表，包括 Linde 和 Lurgi 两种低温甲醇洗法。

Linde 法 CO 变换后脱硫脱碳一步完成，采用高效绕管式换热器。

Lurgi 法脱硫和脱碳分两步进行，换热器为管壳式换热器。

② 热法

以聚乙二醇二甲醚溶剂吸收法为代表，国外以 Selexol 工艺为典型，我国以 NHD 工艺为典型。

NHD 工艺与 Selexol 工艺不同在于吸收溶剂，NHD 工艺溶剂吸收 CO_2 和 H_2S 的能力优于 Selexol 工艺溶剂，但解吸能力差，回收处理难，再生耗能高。

综合考虑，低温甲醇洗法和 NHD 工艺更适合我国甲醇煤化工气体净化。其中，NHD 工艺适合中小型煤制甲醇气化净化工艺，而大型煤制甲醇现代煤化工更适合采用低温甲醇洗法。

(4) 甲醇合成

① 甲醇合成反应塔

甲醇合成反应器(塔)目前主要有三大类：冷激式合成塔、冷管式合成塔和多床内换热合成塔。冷激式合成塔：利用冷气带走反应热，研究开发早，结构简单但有效转化率和甲醇收率低，能耗高。冷管式合成塔：内部设置冷气管以带走反应热，较冷激式合成塔碳转化率提高，但低压蒸汽利用价值不高。多床内换热合成塔：结构简单，投资成本低，有效转化率和甲醇收率较高，不能直接副产中压蒸汽。目前广泛采用的国外合成工艺包括 ICI 低压冷激反应器、德国林德 Lurgi 低压管壳式等温反应器等；我国主要有华东理工大学的管壳外冷－绝热复合式甲醇合成反应器等。大型甲醇煤化工更适合采用多床内换热合成塔。

② 甲醇合成催化剂

甲醇合成催化剂按照操作压力分为高压、低压和低温低压三种类型。目前主流催化剂为 $CuO-ZnO-Al_2O_3$ 系列的低压催化剂；大型甲醇合成装置主要使用国外性能优异的催化剂，如庄信 KATALCOJM51.9、德国南方化学公司 MegaMAX700 等；我国小型装置以国产优秀催化剂为主，如 XNC－98 和 C307 等。

③ 甲醇煤化工存在问题及发展展望

存在问题：煤化工行业过快发展导致甲醇过剩，冲击甲醇市场；一些“低标准”甲醇生产企业影响行业发展。政策调整：国家出台《煤炭深加工示范项目规划》等政策，限制小规模甲醇项目审批，加强宏观调控。发展方向：完善甲醇生产产业结构和技术措施，开发甲醇下游产品；研究将甲醇转化为绿色燃料、电池等绿色能源，尤其是车用燃料方向，符合绿色环保理念。

(5) 空分装置

在煤气化过程中需要借助空分装置来获取充分的氧气。一般来说，空分装置的结构包括分子筛、空气增压机以及氧气与氮气内外压缩机等设备。

其中，原料空气自空分装置中获取，经过过滤器除去杂质并进入到离心式空压机中；然后经过压缩机压缩达到一定的压强并进入空气冷却塔中冷却；再经过空气冷却塔处理后使用分子筛进行纯化处理；待二氧化碳、碳氢化合物等物质都吸附干净，将净化后的空气抽出小部分作为仪表以及其他设备的使用空气，其余大部分都作为空气增压机以及膨胀机设备的专用气体，在精馏塔中液化后获取液氧、液氮，并结合工艺需要送入实际需求的场合。

4.甲醇煤化工工艺节能降耗原则及措施介绍

(1) 甲醇煤化工工艺节能原则

为了更好地适应新时代对甲醇制备工艺提出的相关要求，推动化工生产领域实现可持续发展，在基于节能降耗原则对甲醇煤化工装置进行优化设计的过程中，需要符合以下几方面原则。

① 保障装置节能效率

在甲醇煤化工生产工艺的应用过程中，受到工艺流程特点以及装置设计理念等相关因素的影响，其煤粉制备、气化、原料反应、蒸馏、干燥、换热等多个环节和流程都会对环境造成一定的负面影响，同时还会对其节能效果产生一定的冲击。因此，在针对甲醇煤化工装置进行改造的同时，技术人员应当尽可能保障装置的节能效率，提高装置内部副产蒸汽的压力，使蒸汽的压力能够推动装置继续循环生产，有效提升装置热能利用和循环速度，使系统内部节能效果得到进一步保障。

② 实现副产品循环利用

在甲醇制备 GSP 煤气化工艺的应用过程中，可能会生成 CO、H_2、H_2S、N_2 等多种副产品，同时，废液在排放过程中还会携带 Ar、S 等多种元素，这些物质和元素在化工产业中均具备较广泛的应用价值以及应用前景。因此在针对甲醇煤化工装置进行节能改造优化的同时，为了进一步减少装置生产过程中给环境带来的压力和影响，应采取特定的技术手段实现生产副产品的循环利用，进一步提升生产副产品的回收效率，使其能够资源化利用，创造出更高的价值。例如，在煤粉气化生产过程中，技术人员应当加强装置内部循环合成气系统的建设工作，分别通过膜分离、非渗透气等技术手段对 H_2 的循环回收流程进行优化，同时合理控制整个生产过程中温室气体以及不完全反应物的排放，使反应过程中以多种形态呈现的具备一定回收利用价值的物质得到更加有效的利用，保障甲醇煤化工工艺应用过程中节能环保目标的进一步落实。

③ 减少“三废”排放

在以往依托甲醇煤化工装置进行的化工生产过程中，受到回收处置技术的限制和影响，整个装置对生产过程中“三废”排放的控制作用较为有限，以固体废弃物、废气及废水为代表的各类生产废物排放量较大，加剧了甲醇煤化工生产过程中相关生产装置给环境带来的压力和影响，难以有效达到节能减排、降耗控制的发展目标。因此在生产装置改造优化的同时，应当进一步加强对于“三废”排放控制的关注，结合多层次的技术手段与技术措施针对“三废”排放进行控制，减少甲醇煤化工生产过程中对环境造成的冲击。

为使甲醇煤化工生产过程中的装置能够进一步实现节能降耗的技术目标，推动甲醇煤化工生产流程的可持续发展，在化工产业发展进程中，如何推进甲醇煤化工生产节能降耗工作已成为急需解决的关键课题。应立足实际针对装置节能短板进行分析，明确节能降耗设计要求，从而更好地实现化工产业可持续发展目标。

(2) 甲醇煤化工生产节能降耗技术措施

为实现甲醇煤化工生产过程中的节能降耗目标，可采取以下技术措施：

① 优化工艺流程：通过改进和优化工艺流程，减少能耗和排放，提高生产效率。

② 引入先进技术：利用膜分离、非渗透气等先进技术，优化氢气的回收流程，提高资源利用率。

③ 加强“三废”处理：采用高效的“三废”处理系统，减少固废、废气及废水的产生和排放。

④ 提高自动化水平：通过引入先进的自动化控制系统，提高生产过程的稳定性和安全性，减少人为操作失误带来的能耗和排放。

2.1.2 焦炉煤气制甲醇工艺

化石能源是我国能源消耗的重要组成部分，随着工业化与城市化的不断发展，化石能源的储量日益减少，鼓励着我国寻找新能源来代替化石能源消耗。焦炉煤气是焦化过程中的重要产物，煤附着的挥发性物质形成焦炉煤气。焦炉煤气的利用价值高，用处广泛。科学高效地回收利用焦炉煤气不仅可以为环境环保做出贡献，还可以增加经济收入和降低生产成本。焦炉煤气是由 H_2、CO、CH、CO_2 以及 N_2 组成的炼焦副产物，一般用作燃料，其余燃烧排空，直接燃烧容易造成资源浪费。甲醇是一种有机物，由甲基和羟基组成，具有醇的化学性质，因此甲醇在化工合成方面的用途十分宽泛，包括有机合成、医药、涂料、新能源和国防等在内的多个领域。甲醇是合成多种化学产品的关键原材料，在众多化工合成反应中发挥着重要的作用。将焦炉煤气转化为甲醇，不仅可以处理回收对环境有危害的焦炉煤气，降低污染，还能够在制备出经济效益较高的化工原料时将甲醇作为附加产品来提高经济效益。因此将焦炉煤气用来制造甲醇，既能够降低污染，又能够提高经济效益。

焦炉煤气制甲醇工艺简易流程如图 2.4 所示：首先对来自焦化厂的焦炉煤气进行接收，结合实际情况，对焦炉煤气进行简单的预处理，将其输送至储气罐进行稳压存储，之后进入气体压缩机，增压至 2.5 MPa 达到脱硫所需的压力，进行粗脱硫，再进行精脱硫，完成最后的净化。将经过脱硫后的焦炉煤气利用现有的催化剂将气体中的甲烷等成分进行转化，转换为一氧化碳与氢气，进而形成构成甲醇的原材料。加入适量的碳，之后通过煤炭制气补碳以调整氢碳比，保证其符合甲醇合成的比例，并对气体进行压缩，形成粗甲醇，最后对粗甲醇进行精馏，转换为当前工业需求的甲醇并外售。传统的焦炉煤气制甲醇工艺主要包括 4 个部分，分别是焦炉煤气净化部分、焦炉煤气重整转化部分、甲醇合成部分以及甲醇精馏部分。

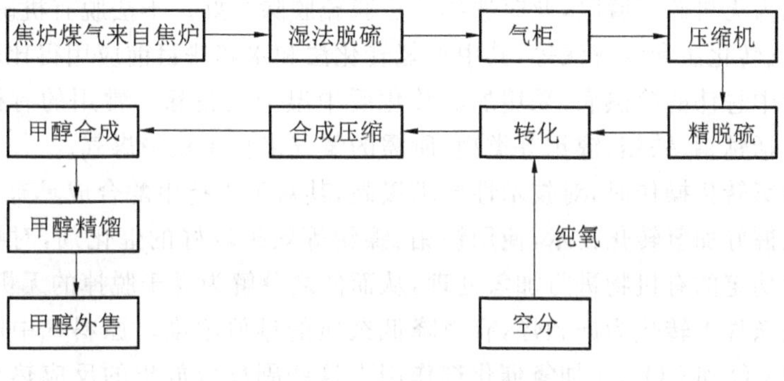

图 2.4　焦炉煤气制甲醇工艺简易流程

1.焦炉煤气净化部分

焦炉煤气的气体净化工段在整个工艺中尤为重要。从焦化厂回收得到的焦炉煤气含有硫化物、硫醚和硫醇等杂质，原料气经过预处理之后依旧有很多杂质未能去除干净，例如氰化氢、不饱和烯烃、COS、噻吩、微量焦油、苯、氨、萘等。尤其不饱和烯烃、焦油、苯、萘等，在焦炉煤气转化、合成甲醇的过程中，其分解碳往往会对催化剂活性带来较大的影响。其中羰基金属、有机无机硫混合物及 Cl 是催化剂的毒物。其中含硫杂质对焦炉煤气合成甲醇工艺产生重大危害：一方面，含硫杂质影响反应体系中催化剂的活性，毒害催化剂，使催化剂中毒失活，阻碍甲醇合成反应进程，降低甲醇收率；另一方面，含硫杂质的存在会使反应体系有较强的腐蚀性，对反应设备造成损害，燃烧含硫杂质还会对环境产生污染。所以焦炉煤气制甲醇装置中精脱硫系统是煤气净化工序的核心，原料气必须进行预处理和进一步的脱硫操作，使参加反应的原料气不含有含硫杂质，这样甲醇合成工艺才能够高效经济地进行下去。

由于杂质种类繁多，净化工艺比较复杂，湿法脱硫和干法脱硫是工业上常用到的脱硫工艺。其中湿法脱硫又可分为催化氧化法、加氢转化法、吸收法、水解法 4 种方法，在实际化工生产中湿法脱硫工艺以催化氧化法和加氢转化法为主。湿法脱硫采用液体脱硫剂，工艺操作简单，主要用于粗脱硫，脱除无机硫，如硫化氢等，适用于大处理量、高硫容的焦炉煤气。湿法脱硫具有生产能力强、可连续操作、技术成熟、生产成本低等优点。干法脱硫是将有机硫和不饱和烃经催化剂转化成硫化氢和饱和烃后，再经过氧化铁、氧化锌脱硫处理。CS_2、硫醇、硫醚、噻吩、COS 等有机硫，H_2S 等无机硫都可以采用干法脱硫去除，脱硫精度高，操作较为复杂。该法脱除硫化物能力较强，但脱硫效率低，处理量小，需要使用很多设备，通常用在硫量小、净化度要求高的生产环境即精细脱硫工段中。干法和湿法两种脱硫方法各有优缺点，在生产中脱硫要求较高时，常常将这两种方法相结合。焦炉煤气经湿法脱硫后可脱去绝大部分的 H_2S 和少量的有机硫。有机硫自身有着较好的化学稳定性，并且有着较为复杂的形态，致使湿法脱硫效果不理想，无法取得预期的效果。噻吩、硫醚、硫醇类有机硫需要加氢转化为无机硫后脱除，此时选择干法脱硫脱除为好。干法脱有机硫有热解法、吸收法、加氢转化法和水解法等，其中加氢转化法和水解法目前应用得比较多。为避免化工装置中忌讳的冷热病，采用加氢转化后中温干法脱除。常用的有机硫加氢转化催化剂包括钴钼、铁钼、镍钼等类型，所需的氢气来自于焦炉煤气。

进行加氢转化操作时，对技术性要求极高，其对于支持甲醇合成具有重要作用。所以必须把握好加氢转化技术，使用铁钼、镍钼等效果较好的催化剂，对噻吩类有机硫等性质较稳定的有机物进行加氢处理，从而使之分解为易于脱掉的无机硫，使不饱和烃在加氢条件下转化为饱和烃，有效降低杂质的排放浓度。原料气中同时含有高排放浓度的 CO 和 CO_2，在加氢催化剂作用下这些副反应放出的反应热会引起催化剂床层温度迅速升高，促使烃类分解，析碳增多，堵塞催化剂孔道和活性点，导致催化剂活性位减少，使催化剂床温失控，引起催化剂过热失活，给甲醇合成带来不利影响。因此，需要对原材料里排放浓度较高的 CO、CO_2 可能产生的副作用做好分析，应采取相应的工艺措施，抑制上述副反应发生，确保催化剂床温在 350 ℃ 以下范围，以防过热老化问题出现。

焦炉煤气的深度净化，就是精脱硫后再脱除 Cl^- 和羰基金属。焦炉煤气中含有的 Cl^- 将会导致催化剂活性大幅度下降，其对转化与合成催化剂的危害更甚于硫。此外，Cl^- 具有很高的迁移性，其造成催化剂中毒往往是全床性的，Cl^- 还会严重腐蚀生产设备与管道。另外，焦炉煤气中微量的羰基金属(羰基铁、羰基镍)等杂质也会导致甲醇合成催化剂失活。因此，焦炉煤气精脱硫后必须深度净化脱除 Cl^- 和羰基金属，防止其对甲醇合成催化剂的毒害。

2.焦炉煤气重整转化部分

在制备甲醇过程中，其参加反应的气体是比较少的，主要有 3 种，分别是 CO、CO_2、H_2。在焦炉煤气的组分中，甲烷占比 20% 以上，但其并不是合成甲醇的有效成分，不参与反应，可通过合适的工艺将其完全转化为甲醇合成的有效成分。除了甲烷外，还存在 2% ～ 3% 的烷烃，反应体系中的烷烃不参与甲醇的合成反应，于是烷烃在反应体系内不会被消耗，始终存在于反应体系中，相当于惰性气体。焦炉煤气中的甲烷和少许多烷烃转化氢气和一氧化碳，是焦炉煤气制备甲醇工艺的核心。其不仅能提高甲烷合成反应效率，还能减少参加甲醇合成反应的气体组分，降低甲醇产品比功耗以及降低生产成本。

现阶段的焦炉煤气制备甲醇工艺中，甲烷转化工艺有蒸汽转化法、纯氧非催化氧化转化法、纯氧催化氧化转化法。其中，纯氧催化氧化转化法在工业上应用最普遍，具有能耗低和排放少等优点。

(1) 纯氧非催化氧化转化法

纯氧非催化氧化转化法主要分为 2 个阶段，其中第 1 阶段为一氧化碳、氢气和甲烷燃烧放热反应；而第 2 阶段为甲烷转化一氧化碳和氢气阶段；整体转化工艺控制步骤反应式为

$$CH_4 + H_2O \longrightarrow CO + 3H_2 \tag{2.3}$$

在合成甲醇的过程中，对于新鲜合成气中 CH_4 体积有着明确的要求，必须保证其体积分数低于 0.4%。甲烷转化为吸热反应，受热力学平衡所制约，导致纯氧非催化氧化转化工艺的转化温度有着较高的要求，必须保证控制在 1 200 ℃ 以上。纯氧非催化氧化转化工艺生成的合成气氢碳比例相对理想；循环气中稀有气体排放浓度低，有利于节能减排；无须添加催化剂，因此也不会出现催化剂中毒问题。此外对于原材料的要求不高，转化前的焦炉煤气不需要深度脱硫净化，精馏过程中可从转化前移到转化后。纯氧非催化氧化转化工艺的不足之处在于，在转化气净化工艺中选择湿法脱硫工艺，必然要进行同时脱碳，这样甲醇合成气中的碳会严重不够，单位甲醇消耗原料气比纯氧催化转化工艺多 30%，纯氧耗量高；转化温度比催化氧化转化温度约高 200 ℃，转化炉顶焦炉煤气烧嘴寿命短。综合考虑，在实际应用当中，不宜采用纯氧非催化氧化转化工艺。

(2) 纯氧催化氧化转化法

纯氧非催化氧化转化工艺需在 1 300 ～ 1 400 ℃ 的高温下进行烷烃的转化反应，原料气消耗和纯氧消耗高。降低转化温度，加入蒸汽参与烷烃转化，加入催化剂加快转化反应速度，就是纯氧催化氧化转化技术。其转化原理是在转化炉上部燃烧室内，焦炉煤气中的部分 CH_4、C_nH_m、H_2 与纯氧蒸气中的氧进行燃烧，放出大量的热，以供给甲烷转化所需热量，上部高温气体进入下部催化剂层，焦炉煤气中 CH_4 及烯烃、炔烃在催化剂作用下，与蒸汽进行转化反应。其采用的圆筒纯氧转化炉是比较理想的转化炉，通过该转化炉生产的合成气的氢碳比例适合甲醇合成，有利于促进甲醇合成反应，提高甲醇收率。主要过程是：来自精脱硫的原料气，与部分蒸汽混合后进入催化部分氧化转化炉烧嘴，氧气经蒸汽预热后与部分蒸汽混合进入转化炉烧嘴，焦炉煤气和氧气在烧嘴中混合并喷出，在转化炉上部进行部分燃烧反应，然后进入转化炉下部的镍催化剂床层进行转化反应，反应后的气体经热量回收后去合成工段。其主要化学反应式为

$$2H_2 + O_2 \longrightarrow 2H_2O \tag{2.4}$$

$$CH_4 + H_2O \longrightarrow CO + 3H_2 \tag{2.5}$$

$$CH_4 + CO_2 \longrightarrow 2CO + 2H_2 \tag{2.6}$$

从目前的反应来看，反应为控制步骤，控制指标为：转化后合成气中甲烷体积分数 φ(甲烷) $\leqslant 0.4\%$，对于总硫体积分数超标的原料气可在催化部分氧化转化后再串接氧化锌脱硫槽，将原料气从氧化锌脱硫槽中通过，以确保合成气总硫体积分数达标。相对于纯氧非催化氧化转化法，纯氧催化氧化转化法燃料气和氧气消耗低，具有自身独特的优势：结构简单，造价低、规模化商业应用业绩高。这致使焦炉煤气烷烃转化方案成为当前较为推广的方案。无论是催化还是非催化转化，焦炉煤气与纯氧都要在烧嘴中混合，烧嘴既要促进焦炉煤气与氧气混合，又要与炉体匹配形成适宜流场，进而形成适宜的温度分布。烧嘴是转化炉系统的关键设备，烧嘴的设计是转化工艺的核心技术。

(3) 蒸汽转化法

焦炉煤气蒸汽转化工艺类似于天然气制甲醇两段转化中的一段炉转化机理，由甲烷和蒸汽反应生产制备甲醇的原料气，以此提高原料气的排放浓度，加快甲醇合成速率，提高甲醇产量。核心反应为

$$CH_4 + H_2O \longrightarrow CO + 3H_2 \tag{2.7}$$

反应为吸热反应，提高温度有利于甲烷的转化。反应中需在反应管外燃烧燃料气间接外供热量，反应管需用耐高温的镍铬不锈钢制造，转化炉喷嘴多，结构复杂，制造要求高，造价高。其常用于天然气的一段转化，焦炉煤气的甲烷体积分数仅为天然气的1/4，一般不采用蒸汽转化工艺。

3.甲醇合成部分

在甲醇合成过程中，其转换原理主要是在一定的条件下(如湿度与温度合理)，一氧化碳与二氧化碳受催化剂的影响形成甲醇，其反应式为

$$CO + 2H_2 \longrightarrow CH_3OH \tag{2.8}$$

$$CO_2 + 3H_2 \longrightarrow CH_3OH + H_2O \tag{2.9}$$

该反应为放热反应，并且其体积逐渐减小，因此，在反应过程中可以通过控制温度下降与压力提升促使反应进行。甲醇合成方法主要有低压法、中压法以及高压法。高压法的成本较高但是工艺技术较为成熟，具体操作要求一般是压力在 30 MPa 以上、温度在 320 ~ 380 ℃，通过 Cu 系催化剂合成甲醇。高压法的缺点是能耗高、设备复杂、产品质量差，现已经淘汰。中、低压法具有较低能耗、成本低、产量高、装置简单的优点。中压法与高压法需要消耗大量的能源，造成能源浪费，逐渐被淘汰。目前甲醇合成装置应用最多的是低压法，其应用高活性铜锌基催化剂，并控制合成压力在 5 ~ 10 MPa、温度在 220 ~ 280 ℃。其具有设备结构简单、操作容易、质量较好、能耗较少、成本较低等优点。

要将氢碳比的分析及控制作为甲醇合成的先行技术。在进行甲醇合成的过程中，氢碳比例的大小直接影响着甲醇合成的效率。具体而言：当氢碳比例过小时，则过小的氢碳比例会直接增加催化剂的活性，从而导致化学反应的能量损耗增加，造成能源的浪费；当氢碳比例过大时，会直接降低催化剂的活性，从而减少主反应的进行，

影响生产效率，还可能发生一些副反应。因此，在生产过程中，应适当调整合成气体中的氢碳比例，增强化学反应的有效性。反应过程中，需要实时关注反应体系中的氢碳比例，适时调整反应体系中氢碳比例，保证氢碳比例处于甲醇合成反应最佳区间。采用合适的方法来调节氢碳比：① 通过向合成塔中注入较多的氢气来增加合成气体中氢气的体积分数，使催化床的温度以及发生副反应的可能性都大大降低，且对各种多碳烃以及其他副反应产物的生成起到了一定的抑制作用，与此同时，还能避免发生催化剂中毒的现象，提高甲醇排放浓度及质量，保证甲醇合成反应的高效性、安全性以及稳定性。② 通常来讲，在甲醇的合成反应中，各类气体在合成气中所占的比例如下：二氧化碳大约 5%、一氧化碳大约 20%、氢气大约 70%。根据这个比例算出的氢碳比大约为 2.98%，相比理论上的最优氢碳比，这一数值明显偏高，该数据说明在实际合成反应中，合成气中含有较多的氢及较少的碳，于是过多的氢气会使甲醇合成回路中产生的循环气体积分数增加，因此增加了压缩机的工作负担以及废气的排放量，这样生产造成的后果是增加了能源的消耗，并且无法实现废气中的可利用气体的使用价值，造成资源的浪费。为了防止这种情况的出现，可以采用补碳法适当地调整合成气中的氢碳比例，补碳方式有 CO_2 补碳法和煤制气补碳法。CO_2 补碳法是通过向合成塔中注入二氧化碳来保持恰当的氢碳比，这样就可以对合成塔中的多种原料气体进行充分利用，提高甲醇的质量及产量。对于焦炉煤气制甲醇工艺，CO_2 需外供，使甲醇的产量受到了制约。焦炉煤气常用的补碳方法是采用块煤制气，然后经压缩、脱硫、脱碳（脱出的 CO_2 返回煤制气炉），制成含 CO 和 H_2 且碳多氢少的水煤气，在进入压缩机之前补入合成气中调整其氢碳比。若能以焦化厂的废弃焦炭粒为原料制气，则比块煤制气补碳更为经济。在氢碳比的设计控制过程中，需要结合分子式的情况，对碳氢合成技术进行全面的考察分析，保证甲醇的制备工艺合理。在进行具体操作的过程中，可以将氢气与一氧化碳的比例按照 2∶1 进行合理的控制处理，保证甲醇合成工艺能够为甲醇合成转化提供技术性支持。

合成甲醇是一个多相催化反应过程，受催化剂选择性的限制以及合成压力、合成温度、合成气组成等合成条件的影响，反应过程中 CO、CO_2 与 H_2 除生成甲醇外，还发生一系列副反应，生成烃、高碳醇、醛、酸、酯、醚及单质碳等逾 40 种副产品，合成产物是甲醇和水及多种有机杂质的混合物，即粗甲醇。粗甲醇经冷却降温至 40 ℃，进入甲醇分离器，冷凝分离出的粗甲醇液体进入甲醇膨胀槽，减压闪蒸除去溶解在粗甲醇中的气体后送入甲醇精馏工段。分离和闪蒸出的气体大部分送合成气压缩工段与新鲜合成气混合加压后进入合成塔循环反应，小部分作为弛放气，主要用作转化加热炉的燃料。

4.甲醇精馏部分

甲醇精馏技术是指除去粗甲醇中水分、溶解气、低沸点组分及高沸点杂质等。甲醇蒸馏时，其应用的原理主要是在相同的温度、湿度、压力等环境下，同一混合物中不同的组分挥发度存在较大的不同，再经过冷凝与汽化过程，保证其组成的纯度提升，实现最终的混合物分离。

通常原料即粗甲醇在蒸馏塔里进行蒸馏，比甲醇沸点低的组分就可以从塔顶蒸馏出去，最后在蒸馏塔底可以得到重组分，以此得到高纯度的甲醇产品。在甲醇合成的过程中，不可避免地会受到外部因素的影响，并伴有许多副反应，产出粗甲醇。粗甲醇中除了甲醇外，还有水和有机杂质如醛、醇、醚、酸等。甲醇精馏工艺可以提高甲醇产品的纯度和价值。这种方法也可以用于除去甲醇中的水分和有机质，得到不同纯度的精甲醇。

精馏方法用于纯化粗甲醇，目前有两种相对成熟的甲醇精馏工艺，即三塔精馏和双塔精馏。双塔精馏工艺是常见的甲醇精馏工艺，在国内得到广泛运用，双塔精馏中的“双塔”是指预精馏塔和主精馏塔，热量由低压蒸汽提供，轻组分可以由预精馏塔进行分离，重组分如水等杂质可以由主精馏塔进行分离，塔底排出废液，塔顶排出精馏后的甲醇。该工艺操作简单，产品质量可靠，但是消耗较多冷却水。双塔精馏法比三塔精馏法少了一个主精馏塔，所以双塔精馏的能源消耗要比三塔精馏的能源消耗高。三塔精馏工艺有预精馏塔、加压精馏塔和常压精馏塔，其中有 2 个主精馏塔，分别进行常压操作和加压操作，降低能源消耗。该工艺具有甲醇产量高、装置能耗低等优点，在精馏过程中得到了广泛的应用。

三塔精馏的过程：首先甲醇会被传输到预精馏塔内，预精馏塔顶端的冷凝器运作，其中的 CH_4 蒸气就会被凝固，其中回流的气体回到塔中再次进行冷凝，之前没有被凝固的残渣会被凝固，再流动到加压塔对其进行正常的加压工作，用加压塔顶端产生的蒸汽对常压塔进行持续供热，再经过常压塔顶部冷凝器使其降温，是对预精馏塔中冷却后的再降温，二次冷却之后的纯甲醇就会回流到罐中。这样可以有效利用资源，不会造成资源浪费。提纯后的甲醇蒸气一部分冷凝后进入精甲醇槽，一部分回流至塔顶继续参与精馏，塔底液体进入常压精馏塔，提纯后塔顶生成甲醇气体，塔底生成废液。为防止精馏塔被腐蚀，需要在预精馏塔上层注入 5% 质量分数的氢氧化钠用以中和粗甲醇中的少量酸。

2.1.3 联醇生产制甲醇工艺

在中小型氮肥厂特殊需求的推动下，我国已成功开发出自己的合成氨生产过程中同时生产甲醇的工艺。这一创新型合成气净化工艺旨在取代我国各地合成氨生产厂利用铜氨液去除微量碳氧化物的传统方法。利用铜基催化剂，合成压力为 10.0 ～ 13.0 MPa，合成温度保持在 235 ～ 315 ℃ 之间。采用这种新工艺，之前在甲醇合成塔铜洗涤过程中排出的一氧化碳和二氧化碳通过氢气反应有效转化为甲醇。因此，大大降低了气体中的一氧化碳体积分数，从而减轻了铜洗操作的负担。在转化过程中调整一氧化碳指数可以减少蒸汽消耗，从而降低将一氧化碳输送到有效气段的压缩机的功耗。这种简化且具有成本效益的方法不仅简化了生产流程，还最大限度地降低了投资成本和施工时间。这种工艺适用于大中小型装置，为我国合成甲醇行业的发展带来显著效益。

1.联醇生产的特点及优势

(1) 联醇生产的工艺流程

联醇生产的大致工艺流程包括煤的气化、气体的脱硫及变换、脱碳、合成气的压缩、甲醇的合成及甲醇精馏，流程图如图 2.5 所示。

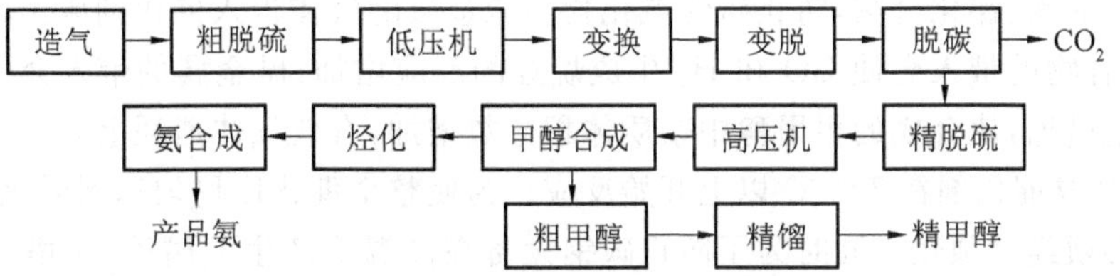

图 2.5　联醇生产制甲醇流程图

(2) 联醇生产的特点

联醇生产是在 10.0～13.0 MPa 压力下，采用铜基催化剂，串联在合成氨工艺中，用合成原料气中的 CO、CO_2、H_2 合成甲醇。与高压法和低压法相比较，联醇法生产甲醇有以下特点：

① 串联在合成氨工艺中，因此既要满足合成氨的工艺条件，又要满足甲醇合成的要求。任何一方工艺条件变化都会影响甲醇与合成氨的生产与操作，所以在生产中要有补充的调整手段，以维持两个合成生产的同时进行。

② 由于串联在合成氨工艺中，合成甲醇后的原料气还需精制，才能进行氨合成反应，因此原料气成分经甲醇合成后必须满足合成氨生产的需要。甲醇合成气是采用部分循环，合成甲醇不是全部生产工艺的终端。

③ 与合成氨工艺相比，联醇采用 C_2O_7 铜基催化剂，其抗毒性较差，所以必须采用特别的净化措施。既要保持合成甲醇所必需的 CO、CO_2、H_2，又要保证总硫体积分数 φ(总硫) < 1.0 mL/m^3。

(3) 联醇生产的优势

联醇生产是一种合成气的净化工艺，是为了替代我国合成氨生产中用铜氨液脱除微量碳氧化物而开发的一种新工艺。联醇生产的工艺条件是在压缩机五段出口与铜洗工序进口之间增加一套甲醇合成的装置，包括甲醇合成塔、循环机、水冷器、分离器和粗甲醇贮槽等有关设备，工艺流程是压缩机五段出口气体先进入甲醇合成塔，大部分原先要在铜洗工序除去的一氧化碳和二氧化碳在甲醇合成塔内与氢气反应生成甲醇，联产甲醇后进入铜洗工序的气体一氧化碳体积分数明显降低，减轻了铜洗负荷；同时变换工序的一氧化碳指标可适量放宽，降低了变换的蒸汽消耗，而且压缩机前几段气缸输送的一氧化碳成为有效气体，压缩机电耗降低。

联产甲醇后能耗降低较明显，可使每吨氨节电 50 kW·h，节省蒸汽 0.4 t，折合能耗为 200 万 kJ。联醇工艺流程必须重视原料气的精脱硫和精馏等工序，以保证甲醇催化剂使用寿命和甲醇产品质量。

2.联醇生产的要求

(1) 联醇生产的一般要求

① 原料气进甲醇合成塔前必须把主要组分排成一定比例,清除对催化剂的有害物质,尤其是设备、管道中的铁、镍所生成的羰基铁 $Fe(CO)_5$ 与羰基镍 $Ni(CO)_4$,以及溶解性的铁、镍化合物,防止碱性氧化物与碱金属随气体带入催化剂床。因为微量铁、镍化合物的带入会使 CO 和 H_2 生成烷烃的反应增加;碱金属的带入会引起高级醇生成量增加,使合成的粗甲醇中杂质体积分数增加,有效气体消耗上升。

② 合成催化剂在 200 ℃ 以上开始反应。为使整个催化床均匀达到活化温度,入塔气体必须经过预热。同时为了防止碳钢设备在高温下产生氢腐蚀,出塔气体必须经过冷却。因此为了满足入塔与出塔气体对温度的要求,采用在塔内进行换热的方法,既提高了进入催化床气体的温度,又降低了出塔气体的温度。

③ 经合成反应生成的甲醇与未反应的 H_2、N_2、CO、CO_2 等气体必须得到及时分离分别,降低反应生成物的排放浓度,以提高合成反应的速度。

④ 为提高催化剂利用效率,一部分气体经合成、分解,可去铜洗进行精制,除去残存的 CO、CO_2 后作为合成氨的原料气,而大部分气体用循环机进行循环,连续合成甲醇。

(2) 联醇生产的特别要求

① 由于联醇工艺是与合成氨生产串联,所以生产能力是以合成氨产量与甲醇产量之和,即所谓"总氨"产量来代表。在"总氨"生产能力不变的状况下,甲醇生产能力用醇氨比(甲醇产量 / 总氨产量)来表示,醇氨比可以在一定范围内调整。调整的方式一般是转变原料气中 H_2/CO 的比例,即 $(y(H_2)-y(CO_2))/(y(CO)+y(CO_2))=f$。所以在联醇工艺中,除了要有合成氨生产时调整氢氮比的手段,还必须有能够调整 f 值的掌握手段。一般来说,联醇生产中经常用转变 CO 在变换反应中的转化率,或在变换炉进出口之间设置一条近路,来调整原料气中 CO 的体积分数,对醇氨比在一定范围内进行调整。

② 联醇生产作为合成氨流程中一个环节,甲醇生产会影响合成氨及整个系统的生产,如催化剂的活性减退、甲醇合成塔的开停及操作条件变化等原因,造成铜洗气中 $CO+CO_2$ 的体积分数变化,使铜洗负荷产生波动,甚至影响氨合成塔的正常生产;甲醇合成塔后的气液分离状况,会影响铜液组成;在甲醇生产不正常或事故状态下,要维持合成氨的生产等。

3.不同原料合成甲醇

(1) 以煤为原料合成氨联产甲醇

以煤作为原料的大型的合成氨装置,主要有两种类型,即冷法的净化流程、非冷法的净化流程。

用煤来作为原料的冷法净化来制合成氨并且联产甲醇的工艺流程中，甲醇的合成是一条循环的回路。循环气在循环压缩机内进行加压，合成的甲醇触媒需要在 5 MPa 的条件下操作，采用的是 C_3O_2 型的铜基触媒，粒度为 ϕ5 mm×5 mm，合成塔采用的是可副产蒸汽的热壁管壳式。

鲁奇加压气化技术发明于 20 世纪 40 年代，鲁奇气化炉具有生产能力大、煤种适应范围广的特点，主要用来生产城市煤气。鲁奇加压气化工艺的气化压力为 3.0 MPa，气化温度是 900～1 050 ℃。此工艺中使用的煤原料的粒度范围是 8～50 mm，特征是活性好、黏结性差，例如烟煤和褐煤。运行方式为固态排渣，粗煤气里（$CO+H_2$）的体积分数高达 85%，CH_4 体积分数为 9%，而且含有炭黑和煤焦油。鲁奇气化法氧气消耗低，且冷煤气效率高。

(2) 以天然气为原料合成氨联产甲醇

方法一：高变后再联产甲醇，并且要取消低变。此方案可以将日产达到千吨的合成氨装置成功改造为日产 870 t 合成氨且联产 150 t 甲醇的联产装置。

方法二：经过二段转化之后全气量联产甲醇。此方法可以将日产达到千吨的合成氨装置成功改造为日产 870 t 合成氨且联产 150 t 甲醇的联产装置。

方法三：低变脱碳后联产甲醇。这是托普索公司 2000 年时在美国化学的工程年会上提出来的工艺方法，被称为“甲醇化－甲烷化”流程，可以将日产达到 1 500 t 的合成氨装置成功改造为日产 1 472 t 合成氨且联产 27.8 t 甲醇，即将日产千吨合成氨装置改造为日产 980 t 合成氨且联产 20 t 甲醇的联产装置。

方法四：经过二段转化之后部分气量加氢来联产甲醇。这种方案是车泰夫在 1999 年举行的“天然气化工”会上提出来的工艺流程，此方法可以将日产达到千吨的合成氨装置成功改造为日产 1 000 t 合成氨且联产 150 t 甲醇的联产装置。

(3) 以渣油为原料合成氨联产甲醇

重油部分氧化制气主要可以分为四个部分：原料油和气化剂（O_2+H_2O）的预热；高温下发生的部分氧化；出口处的高温合成气的热能回收；炭黑的消除以及回收。经过炭黑回收后，气量分为两部分，抽出其中的 1/3 经过部分变换过程、热法脱碳后来联产甲醇。甲醇合成的工序是循环的回路，甲醇合成塔的出塔气需要经过冷却，生成的甲醇冷凝液，要在分离器中分离后得到粗甲醇，未经过冷凝的气体，一部分会作为循环气体经过循环压缩机的加压过程，另外一部分会重回合成氨的系统内。经过炭黑回收后的出口气的 2/3 会沿原合成氨工艺路线向前。

根据热能回收方式的不同有两种工艺流程：① 德士古激冷流程。工艺流程简单，操作极其简便，热能利用完全。② 谢尔废热锅炉流程。利用高温热能产出高压蒸汽，对原料重油含硫量没有限制，下游的工序可以采用先进行脱硫后经过变换的工艺流程。

4.以煤为原料合成氨联产甲醇

(1) 造气

以煤为原料,采用固定床间歇制气法生产煤气。在单独合成氨系统中,造气制得的粗原料气是半水煤气,其气体组成满足 $n(CO+H_2)/n(N_2)=3.1\sim3.2$。当系统中引入联醇生产时,由于合成甲醇的过程是 $CO+2H_2\longrightarrow CH_3OH$,不需要 N_2,所以造气制得的原料气应为低氮煤气。至于如何确定煤气中有效氢($CO+H_2$)的体积分数,与甲醇的产量和合成氨的产量即醇氨比(甲醇产量占总氨产量的比值)直接相关。

醇氨比越大,粗原料气中的氢氮比越大,即原料气中 N_2 体积分数越小。生产中调节醇氨比时,原则上应调节粗原料气中的氢氮比。间歇制气法的一个工作循环包括吹风、一次上吹制气、下吹制气、二次上吹制气和空气吹净 5 个阶段。通过改变加氮空气量或空气吹净时间来调节煤气中的氢氮比,但间歇制气工作循环时间一经确定,制气各阶段的时间也就确定了;若改变任一阶段的时间,就必须重新调整各阶段的时间分配,这给自动控制系统带来麻烦;同时,各阶段时间的改变,必将改变气体组成,又将引起后续各阶段控制条件的改变。如果醇氨比的调整幅度不大,可以通过减少加氮空气量或不加加氮空气来控制,这将使煤气发生炉的产气量减少,削弱其生产能力。由此可知,联醇生产系统醇氨比不宜过大,一般控制在 1∶4 左右。

(2) 脱硫

造气阶段制得的煤气中含有硫化合物,这些物质对氨合成和甲醇合成使用的催化剂活性来说都是有害的,必须除去。采用全低变工艺进行变换时,要求原料气中有一定量的硫化物,如果煤气中硫化物体积分数比较小,可以直接送入变换系统;如果硫化物体积分数比较大,变换后再脱硫,变换气的体积比变换前煤气的体积大,造成变脱系统负荷大、能耗高。因此,在一般情况下,采用在变换之前先进行粗脱硫的工艺设计,变换气再次脱硫。为了保证甲醇合成催化剂具有强的活性,并延长其寿命,在原料气进入甲醇合成之前,要进一步精脱硫,使气体中硫体积分数降到 0.1×10^{-6} 以下。虽然精脱硫工艺带来了投资的增加,但可以实现联醇生产,连续长周期地安全运行,降低了总的生产成本。

(3) 变换

变换反应是 CO 和 H_2O 在催化剂的作用下反应,生成 CO_2 和 H_2,它既是合成氨生产中原料气的净化过程,又是原料气制备的延续。在单独生产合成氨的过程中,变换工段将尽量提高 CO 变换率,变换气中 CO 体积分数越小越好,采用全低变工艺时变换气中 CO 体积分数可以降到 1% 以下;但是引入联醇生产后,变换气中的 CO 要送入甲醇合成系统生产甲醇,因此,必须根据醇氨比来确定变换气中的 CO 体积分数。

醇氨比越大,变换气中 CO 体积分数越大。当醇氨比变化时,一般不通过改变造气工段的操作条件来调节粗原料气中的氢氮比,可以通过控制变换气中的 CO 体积分数调节甲醇产量：① 可以减小变换原料气中的水汽比，降低 CO 的变换率，增加变换气中 CO 体积分数，特别是在全低变工艺中，采用冷凝水冷激的办法进行段间换热，冷凝水汽化吸收热量，一方面使变换气温度降低，另一方面补充了反应需要的水蒸气。这种方法大大减少了蒸汽用量，降低了能耗。但是，如果醇氨比过大，不仅要减少外加蒸汽量，还要减少段间换热的冷凝水用量，这有可能造成段间换热效果差，因此，必须改变换热方式，如采用段间间接换热等。② 可以采用副线将一部分原料气或段间反应气引入变换气，虽然变换气中硫化物体积分数大一些，但经过变脱和精脱硫，可以满足气体组成要求。但是，当醇氨比过大时，将有大量的原料气不经过变换，变换气中 CO 体积分数过大，CO 与 H_2 合成甲醇消耗更多的 H_2，而变换生成中 H_2 又小，这势必造成系统中 H_2 体积分数小，使氨合成原料气组成达不到反应的要求。由此可见，联醇工艺中醇氨比控制不宜过大，一般控制在 1∶4 左右为宜。

(4) 脱碳

脱碳工段采用变压吸附法进行脱碳。在加压的条件下，吸附剂吸附原料气中的 CO_2 等气体，使原料气得到净化；在降压解吸的过程中，回收纯度较高的 CO_2，送入尿素生产系统。脱碳后的气体送入甲醇生产工段，虽然 CO_2 可以转化为甲醇，即 $CO_2+3H_2 \longrightarrow CH_3OH+H_2O$，但是反应生成了 H_2O，使甲醇精馏过程负荷增大；同时，由于 1 mol CO_2 反应需消耗 3 mol H_2，如果甲醇合成原料气中 CO_2 体积分数大，反应中消耗 H_2 过多，就会造成合成氨原料气中氢氮比失调，影响氨的合成。因此，脱碳工段必须尽量将 CO_2 脱除干净。采用脱碳并同时制取纯 CO_2 的变压吸附装置，可以使净化气中 CO_2 的体积分数减小到 0.2% 以下。当系统醇氨比变化时，脱碳系统负荷也将发生变化，但变压吸附过程容易控制，因此，相对而言，变压吸附脱碳易于实现醇氨比的调整。

5.甲醇合成工段

(1) 甲醇合成工段概述

提高压力、降低温度有利于主反应的进行而产生甲醇，早期的合成法为了防止设备腐蚀，反应之前先将二氧化碳移除，后来发现二氧化碳也可以作为原料，因而不需将二氧化碳先行去除。合成甲醇关键在于压力，过去均采用高压法，压力在 30 MPa 以上；1966 年开发出低压法，压力约 5 MPa；之后又有中压法被开发出来，其压力约 20 MPa。

高压法的转化率更高，但为了达到高压，往复式压缩机需要消耗更多的能量。低压法可以使用离心式压缩机，它消耗的能量更少，经济范围更小，并且包含大氢体积分数的压缩机。合成气中压法也可以使用离心式压缩机，不用像低压法那样需要添加二氧化碳，同时也改善了低压法设备大的缺点。

安装塔为立式壳体，管内装满催化剂，用沸水对管外部分进行冷却；也可以是塔装式，将冷原料送入塔内控制反应温度。压缩后的原料气与未反应的循环气混合，与反应气进行热交换后，通过催化剂床层进入合成塔进行反应。反应气体经热交换冷却后冷凝甲醇，甲醇经分离器分离，循环气体与原料气混合。

这样冷凝产生的粗甲醇含有杂质，低压合成法得到的甲醇中杂质的体积分数和种类通常比高压法得到的要小。粗甲醇的优化步骤、工艺和附加设计因合成方法和最终产品的规格而异。如果最终产品的纯度较低，则可以使用单柱蒸馏。当纯度要求较高时，可采用两柱校正。当要求最终产品的纯度更高时，三柱校正更为合适。双塔精馏法中，二甲胺等低沸点杂质从第一塔顶部排出，高沸点醇从第二塔底部排出，从塔顶得到高纯度甲醇。

(2) 甲醇合成工段工艺条件

① 合成反应温度的选择

甲醇反应的合成是可逆的放热反应，因此，控制温度非常重要。下降温度有利于平衡，但不利于反应速率。反应温度也是色谱柱总热平衡的首要目标。当合成塔中的温度稳定时，在该温度下合成甲醇的反应热与气流带走的热量平衡。为了保持这种平衡，反应温度必须要与压力、空速、进料气体的组成等相关。随着催化剂老化，转化率逐步下降，反应释放的热量逐步削减。为了保持热量平衡，不改变空速，削减热量的去除，即增加反应温度以促进转化率。

② 合成反应压力的选择

添加压力有利于组成甲醇的化学平衡，并且有助于提高反应速率并添加每单位时间的甲醇产量。然而，组成压力不仅仅由一个因素决定。它与所挑选的催化剂、温度、空速和烃比有关。此外，甲醇的平衡浓度过高会给设备制造、工艺管理和压力操作带来困难，这不仅增加了建造投资，而且增加了生产中的能源消耗。

③ 氢与一氧化碳的比例

反应气体受催化剂表面吸附等因素的影响，反应气体的含氢量必须大于理论值以提高反应速率。对于水合醇，存在过量的氢气，因为形成甲醇后的气体保留了大量与氨形成相关的氢气。但是，要确定联氨生产中一氧化碳中氢气的份额，有必要考虑甲醇在氨生产中的份额，即原料气中的氢气在甲醇生产和联氨生产过程中的分布情况。

④ 惰性气的体积分数

增加合成气中惰性气体体积分数会导致氢气和一氧化碳分压降低，不利于化学平衡，影响合成反应速度。在一元醇的生产中，所有合成气都被循环用于生产甲醇。甲醇的制造被认为是生产的结束。惰性气体不断地积聚在循环气体中。如果不经常放空，会影响合成系统的转化率并引起压力升高，因此，在生产一元醇时，必须不断放空惰性气体。

⑤ 催化剂的选择

在联醇生产中一般选择铜基催化剂。铜基催化剂的活性变化范围很大，在催化剂的使用初期，它的催化活性很高，合成反应进行得很剧烈，会放出大量的反应热，在设计合成塔时要考虑可以及时地将催化剂使用初期放出的大量反应热移走。在催化剂使用的中后期，催化剂的活性会有所下降，一氧化碳的转化率降低，醇氨比也会下降，这时的合成反应处于一种被抑制的状态，它的反应热不能够维持催化床的热量的平衡，有时需要开启电加热炉来维持温度的稳定。

6.甲醇精馏工段

(1) 甲醇精馏工段概述

甲醇精馏阶段是联醇法生产过程中的关键部分，主要用于从粗甲醇中分离提纯出高纯度的甲醇产品。由于联醇生产选用以铜为主体的催化剂，又在低于 32×10^6 Pa 的压力下进行反应，所以产品粗甲醇中有以下成分：① 还原性物质；② 溶解性杂质；③ 无机杂质；④ 电解质及水。

(2) 甲醇精馏工段工艺流程

① 预处理

原料粗甲醇首先进入预处理阶段，通过加热和钝化处理，去除其中的杂质和有害物质。

② 预精馏

经过预处理的粗甲醇进入预精馏塔。在这一阶段，通过控制操作条件和分离效果，能够脱除二甲醚和其他轻组分有机杂质，为后续精馏提供更有利的条件。

③ 主精馏

预精馏后的甲醇进入主精馏塔。在主塔中，利用不同组分在液相和蒸气相之间的分配差异，通过多段精馏操作，实现对甲醇的进一步分离和提纯。

④ 冷凝与收集

主精馏塔顶部的甲醇蒸气进入冷凝器，经过冷却后转变为液体。冷凝后的甲醇液体通过收集装置进行收集，最终得到高纯度的甲醇产品。

在整个工艺流程中，温度、压力、流量等操作参数的控制至关重要，它们直接影响甲醇的纯度和产量。此外，为了确保生产的安全性和稳定性，还需要对设备进行定期维护和检查，及时发现并处理潜在的问题。

2.2　主要废气污染物及产污环节

目前我国甲醇煤化工企业对于甲醇煤化工多使用以煤为基本原料，利用灰熔聚气化工艺造气、全低温耐硫变换以及膜分享回收氢的技术等来进行甲醇的生产。在甲醇煤化工环节中，存在着原料煤储存与装卸产生的颗粒物、原料准备系统产生的颗粒物、干燥废气挥发性有机物(VOCs) 等，这些污染物将会对生态环境造成影响。

2.2.1　主要产污环节

甲醇煤化工主要环节包括备煤储运、煤气化、变换、低温甲醇洗、硫回收、甲醇合成反应等。备煤储运主要为原煤仓储、输送过程，该过程产生颗粒物。煤气化过程中，原料煤加入一定量的水和添加剂后，送往磨煤系统制成水煤浆，水煤浆和高压氧气送入气化炉，在此反应生成粗煤气，其主要成分有CO、H_2、CO_2、H_2O和少量的CH_4、H_2S等，煤气化煤浆制备环节也产生颗粒物。粗煤气中CO、H_2体积分数较大，根据后续化工产品合成需求，需通过变换反应调整原料气的氢碳比例，变换反应过程主要是在催化剂作用下，原料气中的CO与H_2O反应生成相应量的CO_2和H_2，变换反应过程中不凝气送火炬燃烧系统后，主要污染物为氮氧化物（NO_x）、SO_2。低温甲醇洗净化工段以冷甲醇为吸收溶剂，在低温条件下脱除原料气中的酸性气体，吸收了酸性气的甲醇溶液经过再生、分离后，甲醇循环利用，低温甲醇洗尾气主要成分为CO_2和少量甲醇。酸性气处理工序多采用克劳斯工艺进行硫回收，硫回收尾气主要含SO_2、NO_x。部分企业已通过改造，将硫回收尾气引入企业自有锅炉脱硫设施进行深度脱硫治理。甲醇煤化工行业工艺流程示意图如图 2.6 所示。

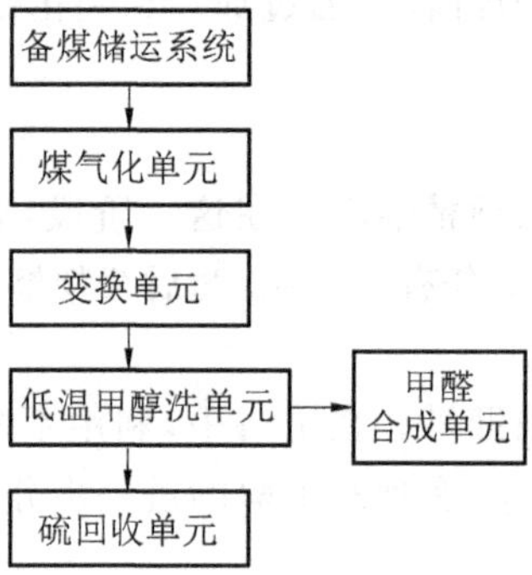

图 2.6　甲醇煤化工行业工艺流程示意图

1.准备阶段

在原料准备阶段，首先需要对原料进行处理和净化，以去除其中的杂质和不纯物质。选煤是一种对煤炭进行物理或化学处理，以分离出煤和其他杂质的过程。在甲醇煤化工中，选煤是一个非常重要的环节，它可以提高煤炭的质量和利用率，减少环境污染。选煤的工作流程通常包括原煤的破碎、筛分、洗选和干燥等环节。

（1）原煤的破碎

原煤经常含有大块的岩石和其他杂质，需要经过破碎过程将其破碎成适当的颗粒大小。煤炭的破碎通常采用煤破碎机进行，煤破碎机通过压力和剪切力将原煤破碎成所需的颗粒大小。

（2）筛分

煤炭破碎后需要进行筛分，以分离出不同粒度的煤和杂质。筛分通常采用振动筛或旋转筛进行，通过筛分可以将煤和杂质分开，为后续的洗选提供基础。

（3）洗选

洗选是选煤的关键环节，通过洗选可以将煤和杂质进行有效分离。洗选通常利用密度差异来进行，常见的方法包括重介质法、浮选法和湿选法等。重介质法是将煤和杂质置于重介质中，通过重力分离煤和杂质；浮选法是利用煤和杂质在水中的浮沉性差异进行分离；湿选法是利用煤和杂质在水中的湿润性差异进行分离。

(4) 干燥

洗选后的煤通常含有一定的水分，需要进行干燥处理。干燥可以提高煤的热值和燃烧效率，常见的干燥方法包括自然风干和机械干燥等。

这些过程会产生大量的废水污染、废渣污染、废气颗粒物污染以及噪声污染。

(1) 废水污染

因为在整个煤炭洗选过程中需要使用大量的水来进行洗涤、脱水等操作，因此会产生大量的废水，其中主要污染物质为泥浆等。在洗选过程中，煤泥逐步进入洗水中，使洗水排放浓度越来越高。选煤厂煤泥回收设备不完善，煤泥水难以管理等问题，使煤泥水不能闭路而外排，造成环境污染。

(2) 废渣污染

煤炭洗选过程中也会产生大量的废渣，包括煤矸石、煤渣等，这些废渣对土地、水体等环境产生了很大的污染，同时也对周边的居民以及野生动物造成了不良的影响。

(3) 废气颗粒物污染

在选煤过程中，煤炭经过破碎、筛分等环节，会产生大量的颗粒物，导致工作环境的污染，不仅影响工人的身体健康，还会对周边环境造成污染。

(4) 噪声污染

煤厂内很多生产和辅助设备，在生产和输送过程中都产生噪声，并且比较严重。选煤厂的噪声按声源可分为三类，即空气动力性噪声、机械性噪声和电磁性噪声。

2.煤气化阶段

煤气化过程发生的反应包括煤的热解、燃烧和气化。

(1) 煤的热解

煤是复杂的有机物质，加热时，煤分子发生热分解反应，生成大量挥发性物质(包括干馏煤气、焦油和热解水等)，同时煤黏结成半焦。

(2) 燃烧

燃烧也可以认为是气化的一部分，煤在气化炉中干燥以后，随着温度的进一步升高，煤分子发生热分解反应，生成以一氧化碳、氢气、甲烷及二氧化碳、氮气、硫化氢、水等为主要成分的气态产物。

(3) 气化

煤热解后形成的半焦在更高的温度下与通入气化炉的气化剂发生化学反应，生成以一氧化碳、氢气、甲烷及二氧化碳、氮气、硫化氢、水等为主要成分的气态产物，即粗煤气。气化反应包括很多的化学反应，主要是碳、水、氧、氢、一氧化碳、二氧化碳相互间的反应，其中碳与氧的反应又称燃烧反应，提供气化过程的热量。

这些过程共同构成了煤气化的完整流程，其中每个步骤都对最终气化产物的质量和产量有着重要影响。这些过程会产生大量的废气污染、废水污染、固废污染以及噪声污染。

(1) 废气污染

煤化工项目产生的废气主要来源于备煤和气化、净化、污水处理等生产装置产生的工艺废气及锅炉烟气，主要污染物为颗粒物、NO_x、H_2S、SO_2、CO、HCN 等。

(2) 废水污染

煤化工项目产生的废水主要来源于气化、净化、合成、精制等生产装置及生活、化验污水等，主要污染物为 COD、BOD、NH_3-N、石油类等。

(3) 固废污染

煤化工项目产生的固废主要为煤矸石、废催化剂、锅炉废渣、生化污泥等。

(4) 噪声污染

噪声主要为压缩机、泵、空分、空压以及火炬产生的噪声，其噪声级在 85 ～ 110 dB(A) 之间。

3.输送过程

甲醇一般以液态形式运输，常用的运输方式有管道运输、铁路运输和公路运输等。在运输中，甲醇通常被封装在特殊的槽车或罐体中，以防止泄漏和溢出。此外，运输过程中会造成各种污染及潜在危险。

(1) 火灾爆炸

设备、管道、阀门泄漏，易燃易爆介质与空气接触并遇火源，超温超压操作，可能会造成火灾爆炸。

(2) 有毒气体泄漏

易燃易爆气体输送、皮带传输摩擦以及超温超压操作过程可能会导致焦油、粗苯挥发进入空气，当其达到一定体积浓度时会引起人员中毒窒息；人员在罐内违章检修作业也会发生中毒窒息。

4.合成反应阶段

接下来是合成反应阶段。常用的甲醇合成反应是通过一系列化学反应将合成气转化为甲醇。合成气主要由一氧化碳和氢气组成，其摩尔比一般为 1∶2。合成气通过催化剂床层，在一定的温度和压力条件下，进行合成反应。常用的催化剂有氧化锌、铜、铝、锰、氧化铝等。反应产物中主要是甲醇、二甲醇和水，同时还会生成少量的一氧化碳、二氧化碳等。

在甲醇合成系统中，由于循环气中惰性气甲烷的累积，需要不间断地排放，而排放气中含有大量的有毒气体一氧化碳和少量有机物甲醇。

5.精馏阶段

甲醇精馏阶段主要涉及通过精馏技术从粗甲醇中提取纯净的甲醇产品。这一过程包括多个步骤，旨在通过物理分离方法去除粗甲醇中的杂质，如水、二甲醚、甲酸甲酯、二氧化碳等，以及通过化学处理去除难以分离的杂质，最终得到高纯度的甲醇。

(1) 精馏过程

精馏是基于混合物中各组分挥发度不同的原理，通过多次部分气化和部分冷凝，实现混合物分离的过程。在甲醇精馏中，这一过程包括预精馏塔、加压精馏塔和常压精馏塔等多个阶段。粗甲醇首先进入预精馏塔，在此通过全回流形式去除低沸点杂质。随后，预精馏后的粗甲醇进入加压精馏塔，加压塔塔顶的气相作为常压塔的热源，气相被冷凝后部分采出，部分回流。最后，从加压塔塔釜出来的粗甲醇液体进入常压塔，常压塔塔顶气相用冷却水冷凝后回流，部分回流，部分采出，塔釜温度控制在稍高于 100 ℃，保证从常压塔塔釜出来的基本都是水。

(2) 化学处理

在精馏过程中，化学处理也是一个重要环节。这包括使用碱破坏在精馏过程中难以分离的杂质，并调节 pH 值。此外，还可能采用次碘酸钠处理以除去丙酮等杂质。

(3) 节能措施

为了减少能源消耗和提高效率，甲醇精馏过程中采用了多种节能措施。例如，三塔流程通过将精馏过程分为加压精馏和常压精馏两个阶段，充分利用加压精馏塔冷凝器的高品位热能作为常压精馏塔再沸器的热源，从而减少蒸汽供应量。

甲醇精馏过程中产生的污染主要为以下两类。

(1) 废水污染

甲醇废水是指在甲醇的生产或使用过程中，由精馏塔底部排出的蒸馏残液，主要含甲醇、乙醇、高级醇和醛及少量长链化合物，低温时有蜡状物质析出。甲醇生产过程中的精馏工序产生的废水 COD 超标问题，主要是由于回流量的控制和塔釜温度的管理。如果回流量过大，会导致塔釜液中的甲醇无法充分冷凝和回流，从而使得塔釜液中的甲醇体积分数增加。其次，塔釜温度也是影响甲醇挥发和分离效果的重要因素。如果塔釜温度过低，可能会使得甲醇无法充分蒸发和冷凝，从而增加了塔釜液中的甲醇体积分数。此外，塔釜液位的波动也是影响废水质量的一个重要因素。如果塔釜液位出现大幅度的波动，可能会破坏精馏或汽提过程的稳定性，导致废水不合格。

如果采用环保型的汽提塔来处理废水，那么废水质量的主要影响因素则在于汽提塔的操作。首先，汽提塔的回流比是影响废水质量的关键参数。如果回流比过大，可能会破坏汽提塔的物料平衡，导致废水中的甲醇体积分数增加。其次，进入汽提塔的物料波动也是影响废水质量的重要因素。如果物料波动过大，可能会破坏汽提塔的物料平衡，导致废水质量不合格。最后，汽提塔的塔釜温度也是影响废水质量的重要因素。在常压操作下，为了使甲醇充分蒸发和冷凝回收，汽提塔的塔釜温度应控制在 97 ℃ 以上。

除此之外，塔板或填料的堵塞、结垢或损坏都可能影响甲醇的蒸发和分离效果，从而造成废水的产生。

(2) 废气颗粒物污染

甲醇精馏过程中的废气主要有精馏时预塔塔顶排出来的不凝气体，其他如精馏塔顶还有少量含醇不凝性气体、锅炉排放烟气中含有的颗粒物。

6.吸收阶段

甲醇吸收阶段主要设备包括高压吸收塔、低压吸收塔和再生塔。高压吸收塔用于处理来自反应系统的高压尾气，低压吸收塔用于处理来自精馏系统的低压尾气，再生塔用于分离回收吸收富液中的碘甲烷。由于吸收剂甲醇是反应原料，醋酸装置正常开车时，高压吸收塔和低压吸收塔的甲醇富液进入富液罐，通过富液泵打回反应系统，再生塔不开，因此甲醇吸收比醋酸吸收节省能耗。此过程会造成有毒有害气体的排放，同时也会产生废水和废气颗粒物。煤制甲醇过程中主要产污环节见表 2.1。

表 2.1　煤制甲醇过程中主要产污环节

产污环节	污染物来源	污染种类
准备阶段	选煤 原煤的破碎 筛分、洗选和干燥	废水污染、废渣污染、废气颗粒物污染、噪声污染
煤气化阶段	热解、燃烧和气化	废渣、废气有害成分、废水污染、噪声污染
输送阶段	易燃易爆气体输送 皮带传输摩擦 超温超压过程	火灾爆炸、有毒气体泄漏
合成反应阶段	反应器风险	有毒有害物质 危险物质挥发
精馏阶段	高温高压环境 回流过程塔釜控制	废水污染、有害废气及颗粒物
吸收阶段	吸收塔和再生塔	有毒气体排放 废水污染、有害气体及颗粒物

固定床甲醇煤化工工艺的产污环节主要有准备阶段原煤破碎、转运、储存等过程，气化阶段的气化炉造气过程，粗脱硫阶段的脱硫装置、烟气管道，合成反应阶段的甲醇合成反应器，精馏阶段的甲醇精馏塔、回流过程塔釜，硫回收阶段的焚烧炉以及锅炉燃烧阶段的锅炉燃烧等。固定床甲醇煤化工工艺的产污环节与污染物产生情况见表 2.2。

表 2.2　固定床甲醇煤化工工艺的产污环节与污染物产生情况

产污环节	污染物来源	污染物种类
准备阶段	原煤破碎、转运、储存等过程	颗粒物
气化阶段	气化炉造气过程	造气吹气风、造气废水、废渣
粗脱硫阶段	脱硫装置、烟气管道	脱硫酸性废气、脱硫废水
合成反应阶段	甲醇合成反应器	合成弛放气、合成闪蒸气、合成废催化剂
精馏阶段	甲醇精馏塔、回流过程塔釜	甲醇精馏不凝气、甲醇精馏残液
硫回收阶段	焚烧炉	硫回收尾气、焚烧炉尾气、硫回收废催化剂
锅炉燃烧阶段	锅炉燃烧	燃烧尾气、锅炉飞灰和炉渣

气流床甲醇煤化工工艺的产污环节主要有准备阶段的原煤破碎、转运、储存等过程，变换反应阶段，净化阶段的甲醇净化塔、脱水塔、再生装置，硫回收过程、合成反应阶段的甲醇合成反应器，精馏阶段的甲醇精馏塔、回流过程塔釜，硫回收阶段的焚烧炉以及锅炉燃烧等。气流床甲醇煤化工工艺的产污环节与污染物产生情况如表 2.3 所示。

表 2.3　气流床甲醇煤化工工艺的产污环节与污染物产生情况

产污环节	污染物来源	污染物种类
准备阶段	原煤破碎、转运、储存等过程	颗粒物
变换反应阶段	变换反应合成气	变换汽提尾气、废催化剂
净化阶段	甲醇净化塔、脱水塔、再生装置	净化酸性气体、净化废水
合成反应阶段	甲醇合成反应器	合成弛放气、合成闪蒸气、合成废催化剂
精馏阶段	甲醇精馏塔、回流过程塔釜	精馏塔放空气、甲醇精馏残液
硫回收阶段	焚烧炉	硫回收尾气、焚烧炉尾气、硫回收废催化剂
锅炉燃烧阶段	锅炉燃烧	锅炉烟气、锅炉飞灰和炉渣

焦炉煤气甲醇煤化工工艺的产污环节主要有焦炉煤气制备阶段的焦炉装煤过程、炭化室，脱硫净化阶段湿法脱硫过程再生塔，硫回收阶段的焚烧炉，转化阶段以及精馏工序的甲醇精馏塔、回流过程塔釜等环节。焦炉煤气甲醇煤化工工艺的产污环节与污染物产生情况见表 2.4。

表 2.4　焦炉煤气甲醇煤化工工艺的产污环节与污染物产生情况

产污环节	污染物来源	污染物种类
焦炉煤气制备阶段	焦炉装煤过程、炭化室、煤气管	荒煤气、煤气管冷凝液、气柜水封排水
脱硫净化阶段	湿法脱硫过程再生塔、烟气管道	脱硫尾气、废脱硫剂
硫回收阶段	焚烧炉	硫回收尾气、焚烧炉尾气、硫回收废催化剂

续表2.4

产污环节	污染物来源	污染物种类
转化阶段	转化预热炉、烟气管道	转化预热炉烟道气、转化气冷凝水、转化废催化剂
合成反应阶段	甲醇合成反应器	合成弛放气、合成闪蒸气、合成废催化剂
精馏阶段	甲醇精馏塔、回流过程塔釜	甲醇精馏不凝气、甲醇精馏残液

2.2.2 主要废气污染物

随着社会经济的高速发展，人们的物质生活水平有了极大的提升，社会各个行业也呈现出了蓬勃发展的态势，煤化工行业作为国民经济的重要支撑，也在社会的发展中获得了长足的进步。然而，在煤化工行业不断成长的同时，环境问题逐渐成为社会的突出问题。现阶段，煤化工企业所产生的废气主要来源于两个方面：① 原材料在物理或化学反应中所产生的气体；② 原材料运输或者存储过程中所散发出来的有害气体。

煤化工企业的废气污染具有排放种类繁多、排放量较大，以及废气中往往包含有毒、有害的物质等特点，对社会经济的整体发展形成了一定阻碍，同时，对人类的生存环境也产生了极大的负面影响。

1.颗粒物

颗粒物是指悬浮在废气中的固体或液体颗粒状物质。习惯上固体颗粒物有多种名称，如灰尘、尘埃、烟尘、矿尘、砂尘、粉末等，这些名词没有明显的界线。通常将粒径小于75 μm的固体悬浮物定义为粉尘。煤化工工艺中主要由备煤工序阶段原煤破碎、转运、储存等过程中产生逸散颗粒物。颗粒物对人体、生产过程、产品质量、经济效益、环境和生态平衡等诸多方面产生不良影响，是诱发多种疾病的主要原因。

(1) 对人体的危害

接触废气颗粒物的作业人员，因长期吸入微细颗粒物，肺内颗粒物的积累逐渐增多，当颗粒物达到一定数量时则会引发尘肺病。尘肺是废气颗粒物对人体的最主要的危害之一，长期吸入含游离二氧化硅颗粒物可引发矽肺，长期吸入金属性粉尘如锰尘、铍尘等，可引发锰肺、铍肺等各种金属肺；长期吸入煤尘可引发煤肺；等等。长期接触颗粒物还可引发鼻炎、咽炎、支气管炎等呼吸道疾病以及皮肤黏膜损害、皮疹、皮炎、眼结膜损害。例如：吸入石灰粉尘可引起鼻黏膜损伤；吸入毛、麻等纤维性粉尘可引起气管炎、支气管炎；在阳光下接触沥青烟尘，可引起光感性皮炎、眼结膜炎等。吸入颗粒物还可引起急性或慢性中毒，例如焊接作业长期吸入锰尘，可引发锰中毒，铅熔炼作业人员易发生铅中毒等。

(2) 对生产的危害

作业场所空气中的颗粒物附着于高级、精密仪器、仪表，可使这些设备的精确度下降；附着于机器设备的传动、运转部位，可使磨损加剧，使用寿命缩短；颗粒物可以使某些化工产品、机械产品、电子产品，如油漆、胶片、微型轴承、电机、集成电路、电容器、电视机、录像机、照相机等质量下降；使人在生产过程中视线受影响，工作效率降低。

(3) 对环境的危害

飘浮于空气中的颗粒物可使其他有害物质附着于其上，形成严重的大气污染，生物体吸入可引起各种疾病，文物、古迹、建筑物表面会被腐蚀、污染。另外，大量颗粒物悬浮于空气中，可降低大气的能见度，促使烟雾形成，使太阳的热辐射受到影响。

(4) 对经济效益的影响

主要表现在：使产品质量降低，产品合格率降低，产品价格降低；机器、设备使用寿命缩短，使固定资产投入增加，产品成本上升，市场竞争力减弱；颗粒物导致的职业病使人丧失工作能力，医药费用、护理费用、保健福利性费用支出增加；在高排放浓度颗粒物作业场所工作，操作者对健康担心，心理负担沉重，相比正常情况较早地失去工作能力，使企业培养技术人员周期缩短，培训费用投入大，同时造成劳动生产率的不稳定。

2.二氧化硫

在煤化工的硫回收工序和锅炉燃烧环节以及其他环节都会产生二氧化硫。二氧化硫是最常见、最简单的硫氧化物。在许多工业过程中也会产生二氧化硫，由于煤和石油通常都含有硫元素，因此燃烧时会生成二氧化硫。二氧化硫为无色气体，有强烈的刺激性气味，侵入人体的主要途径是经呼吸道吸收。二氧化硫进入人体后，首先在呼吸道黏膜表面与水作用生成亚硫酸，再经氧化生成硫酸。因此，二氧化硫对呼吸道黏膜有强烈的刺激作用。动物试验表明：二氧化硫经呼吸道吸收，在组织中分布量以气管为最高，肺、肺门淋巴结及食道次之，肝、脾、肾较少。吸入大量二氧化硫，可使深部呼吸道和肺组织受损，引起肺部充血、肺水肿或产生反射性喉头痉挛而窒息死亡。此外，二氧化硫还能与血液中的硫胺素结合，从而影响酶的产生，导致血液内糖及蛋白质代谢出现障碍，从而引起脑、肝、脾等组织发生退行性变化。长期接触低浓度二氧化硫，工人会出现头痛、头昏、乏力等症状，或者引发慢性鼻炎、咽喉炎、支气管炎，导致嗅觉及味觉功能减退等。少数工人还会患牙齿酸蚀症。2017 年 10 月 27 日，世界卫生组织（WHO）国际癌症研究机构公布的致癌物清单中，二氧化硫被列为3类致癌物。

3.氮氧化物

在炼焦生产过程中，作为炼焦加热的热源，空气要与经过净化后的煤气在燃烧室内混合燃烧。空气中的氧气和氮气在高温状态下，反应生成了大部分的氮氧化物；另外一部分是原料煤中自带的含氮物质，经过高温炼焦过程发生反应生成氨气、吡啶、喹啉等物质，经加热燃烧后，生成了氮氧化物。

氮氧化物(NO_x)是一种重要的大气污染物。当前，我国大气复合污染日益严重，NO_x 是导致酸雨、二次细颗粒物等问题的重要前体物。人为源排放的 NO_x 主要来自于煤等化石燃料的燃烧过程。燃烧生成的 NO_x 可分为三类：第一类为燃料中固定氮生成的 NO_x，称为燃料型 NO_x；第二类由燃烧过程中空气中的 N_2 转化形成，称为热力型 NO_x；第三类是由含碳自由基与 N_2 生成的 NO_x，称为快速型 NO_x。近年来，我国 NO_x 排放总量居高不下，燃煤电厂、交通运输等是 NO_x 排放最多的行业，同时，各地区 NO_x 排放量极不均衡，给我国全面推进 NO_x 排放控制带来了挑战。

NO_x 是指由氮、氧两种元素组成的化合物。常见的氮氧化物有一氧化氮(NO)、二氧化氮(NO_2)和一氧化二氮(N_2O)等。燃烧产生的 NO_x 主要是NO，占排放总量的90%以上，NO_2 的数量很少，占排放总量的0.5%～10%。但是，NO在大气中极易被氧化生成 NO_2，故大气中的 NO_x 普遍以 NO_2 的形式存在。空气中的NO和 NO_2 通过光化学反应，相互转化而达到平衡。大气中的 NO_x 最终转化为硝酸和硝酸盐微粒经湿沉降和干沉降从大气中去除，其中湿沉降是最主要的消除方式。

NO_x 的排放给人类生产生活以及自然环境带来极大的危害。在人体健康方面，NO易于结合血红蛋白，造成人体缺氧；NO_2 主要刺激人体肺部和呼吸道，造成人体器官的腐蚀损害，严重时会导致死亡；此外NO还会导致支气管炎症、哮喘、慢性支气管炎。在生态环境方面，NO_x 会引发酸雨、酸雾及光化学烟雾，促进全球变暖。此外，氮沉降量的增加，会导致地表水的富营养化和陆地、湿地、地下水系的酸化和毒化，进一步对陆地和水生态系统造成破坏。其影响范围已经由局地性污染发展成为区域性污染，甚至成为全球性污染。鉴于 NO_x 对人类和生态环境存在的危害，控制 NO_x 的生成和排放是十分重要的问题。

4.挥发性有机污染物

1989年，世界卫生组织将VOCs定义为熔点低于室温而沸点在50～260 ℃的挥发性有机化合物，相关研究证实，VOCs主要来源于建筑装饰、石油炼制与石油化工、煤炭加工与转化、印刷、工业清洗、汽车尾气等行业的排放。2019年6月，生态环境部印发了《重点行业挥发性有机物综合治理方案》(环大气〔2019〕53号)，该方案明确了石化、化工、工业涂装等重点行业的VOCs综合治理任务。煤化工作为VOCs减排重点行业，涉及气化、液化、炼焦以及低温干馏等诸多化学工艺。大型煤化工项目的污水中均有 VOCs，而据最新环境保护管理要求，煤化工企业须对污水处理设施进行密闭改造，并将污水处理装置的 VOCs 废气收集后进行处理，减少 VOCs 总量，以满足国家和地方对 VOCs 排放浓度的相关要求。以某煤制烯烃项目为例，煤化工 VOCs 主要排放点有两处，即污水处理装置和罐区储罐。

大多数 VOCs 有毒，部分 VOCs 有致癌性，如大气中的某些苯、多环芳烃、芳香胺、树脂化合物、醛和亚硝胺等有害物质对机体有致癌作用，像其他如正己烷、庚烷和辛烷会影响人的中枢神经系统。

第3章　污染物排放状况及相关标准

随着我国生态环境质量标准的提高，传统重工业能源已不能满足环境保护需求，煤炭、石油是当前主要能源类型。因为煤炭、石油在燃烧过程中不仅消耗量大，而且污染环境、破坏生态系统，所以寻找一种高效、洁净的新能源代替化石燃料，对降低能耗、提高环境质量具有重要意义。甲醇煤化工的出现有效解决了当前化石能源存在的弊端，既可以保证工业化生产所需能源量，又可降低经济成本，减少污染排放。

甲醇煤化工技术是一种将煤作为原料，经过一系列的化学反应，制取甲醇的方法。相对于传统的甲醇制备方法，甲醇煤化工技术具有原料资源丰富、成本低廉、技术路线短等优点，受到越来越多的关注和研究。然而，甲醇煤化工过程中会产生大量的污染物，且这些污染物对环境和人类健康均造成严重的影响。因此，如何有效地处理甲醇煤化工过程中产生的污染，一直是甲醇煤化工技术研究的重要课题之一，近年来国家及地方层面相继出台了相关标准、政策等，对甲醇煤化工工艺中污染物处理的技术和方法也在不断进行创新和探索，推动实现甲醇煤化工可持续发展。

3.1　主要污染物排放状况

3.1.1　污染物排放因子、排放特征

以煤为原料制备甲醇已经成为新时期的发展趋势，这既是我国能源安全的基本需要，也顺应了化工行业的发展方向。甲醇煤化工工艺分为煤直接气化制甲醇、焦炉煤气制甲醇、氨醇联产制甲醇三大类。煤气化技术主要分为固定床、流化床、气流床三种，固定床煤直接气化制甲醇和氨醇联产是传统的甲醇煤化工生产工艺，以水煤浆、粉煤气为代表的气流床技术是新型的甲醇煤化工工艺。甲醇煤化工工艺的废气主要包括颗粒物、SO_2、NO_x 和 VOCs 等。

固定床甲醇煤化工工艺产生的废气主要有备煤工序阶段原煤破碎、转运、煤仓储存等过程中产生的逸散粉尘，气化工序的造气吹气风，脱硫工序酸性废气，合成工序的甲醇合成弛放气和闪蒸气，精馏工序的甲醇精馏不凝气等。产生的污染物有粉尘、SO_2、H_2S、CH_3OH、NH_3 等。其中 SO_2 为重点防控对象，SO_2 主要来自硫回收工序和锅炉燃烧，SO_2 产生量的大小与原料煤及燃料煤的含硫量有直接关系。

固定床甲醇煤化工工艺废气的产生环节及排放情况见表3.1。

表 3.1　固定床甲醇煤化工工艺废气的产生环节及排放情况

工序	废气种类	排放状态	甲醇产生量/($m^3 \cdot t^{-1}$)	主要污染物及其产生值		排放去向及处理措施
				污染物	产生值	
备煤	原煤破碎、转运、储存等过程产生的逸散粉尘	连续	0.7 ～ 1.5	颗粒物	30 ～ 120 mg/m^3	(1) 设置防风抑尘网等抑尘设施，抑制煤场扬尘产生量；(2) 将皮带输送廊道及转运站全封闭，同时在破碎机，筛分机，转运站上、下料口处设置集尘设施，将各分散点粉尘收集后，统一送袋式除尘器除尘；或在各产尘点设置喷雾装置，抑制其产尘量；(3) 设置筒仓、全封闭煤库；(4) 经除尘措施处理后排空
气化	吹风气烟气	连续	3 500 ～ 4 000	颗粒物	30 ～ 500 mg/m^3	(1) 经回收装置回收后送二烧炉燃烧；(2) 送“三废”混燃炉燃烧
				H_2S	30 ～ 500 mg/m^3	
粗脱硫	脱硫酸性废气	连续	0 ～ 140	H_2S	15 mg/m^3	去锅炉房烟囱
				CO	3 500 mg/m^3	
合成	甲醇合成弛放气、甲醇闪蒸气	连续	100 ～ 250	H_2	47% ～ 50%	用作燃料或者用于回收氢
				CO	5% ～ 7%	
				CH_4	10% ～ 12%	
				甲醇	2% ～ 5%	
精馏	甲醇精馏不凝气	连续	5 ～ 15	甲醇	31%	送焚烧炉做燃料
				CO_2	42%	
				CO	3%	
				甲酯	10%	
硫回收	硫回收工序尾气、焚烧炉尾气	连续	300 ～ 1 000	SO_2	100 ～ 600 mg/m^3	(1) 达标高空排放；(2) 硫回收工序尾气送锅炉掺烧

续表3.1

工序	废气种类	排放状态	甲醇产生量/($m^3 \cdot t^{-1}$)	主要污染物及其产生值		排放去向及处理措施
				污染物	产生值	
锅炉燃烧	锅炉燃烧尾气	连续	2 000 ~ 3 500	颗粒物	30 ~ 200 mg/m^3	采用炉内喷钙法、双碱法、氨法等方法脱硫
				SO_2	30 ~ 5 800 mg/m^3	
				NO_x	50 ~ 500 mg/m^3	

气流床甲醇煤化工工艺废气排放主要来自备煤工序、净化工序、硫回收过程以及锅炉燃烧等环节，产生的污染物主要包括粉尘（煤尘）、SO_2、H_2S、NO_x、CH_3OH、NH_3，其中，SO_2 为重点防控对象。SO_2 主要来自硫回收工序和锅炉燃烧，硫回收尾气的处理方式通常是送往锅炉掺烧，锅炉烟气经相应的除尘脱硫措施之后高空排放。SO_2 的排放量大小与原料煤及燃料煤的含硫量有直接关系，也与所采用硫回收技术有较大关联。气流床甲醇煤化工工艺主要废气产生排放情况见表 3.2。

表 3.2　气流床甲醇煤化工工艺主要废气产生排放情况

工序	废气种类	排放状态	甲醇产生量/($m^3 \cdot t^{-1}$)	主要污染物及其产生值		排放去向及处理措施
				污染物	排放浓度/($mg \cdot m^{-3}$)	
备煤	原煤破碎、转运、储存等过程产生的逸散粉尘	间歇	1 300 ~ 2 500	颗粒物	80 ~ 100	(1) 设置喷雾装置，抑制其产尘量； (2) 将皮带输送廊道及转运站全封闭，同时在破碎机，筛分机，转运站上、下料口处设置集尘设施，将各分散点粉尘收集后，统一送袋式除尘器除尘；或在各产尘点设置喷雾装置，抑制其产尘量； (3) 设置筒仓、全封闭煤库、防风抑尘网等抑尘设施，抑制煤场扬尘产生； (4) 经除尘措施处理后排空

续表3.2

工序	废气种类	排放状态	甲醇产生量/($m^3 \cdot t^{-1}$)	主要污染物及其产生值		排放去向及处理措施
				污染物	排放浓度/($mg \cdot m^{-3}$)	
变换	变换气提尾气	连续	0.5 ~ 1.0	CO	100 000 ~ 200 000	送硫回收装置
				H_2S	4 500 ~ 20 000	
净化	净化放空气	连续	1 050 ~ 1 250	H_2S	5 ~ 18.4	高空排放
				CH_3OH	40 ~ 70	
	净化酸性气体	连续	0 ~ 150	H_2S	约 460	送硫回收装置
				COS	约 10	
				CO_2	约 1 250	
硫回收	硫回收尾气	连续	150 ~ 200	SO_2	480 ~ 550	送锅炉燃烧
合成	合成闪蒸气	连续	0.5 ~ 8	CO	120 000 ~ 230 000	送燃料气管网作为燃烧气，燃烧后排放
				NH_3	25 000 ~ 40 000	
	合成弛放气	连续	50 ~ 300	CO	约 130	送锅炉作为燃料气
				CH_4	约 20	
				H_2	约 60	
精馏	精馏塔放空气	连续	20 ~ 250	甲醇	约 300	送锅炉作为燃料气
				H_2O	约 600	
锅炉燃烧	锅炉烟气	连续	7 500 ~ 8 600	SO_2	200 ~ 250	脱硫除尘后高空排放
				烟尘	40 ~ 50	
				NO_x	200 ~ 300	

焦炉煤气煤制甲醇工艺排放量较大的两类废气是转化预热炉烟道气与合成弛放气，其中转化预热炉烟道气是燃料燃烧后产生的废气，无回收利用价值，可采取高空放散处理。合成弛放气中氢和一氧化碳体积分数高，可作为燃料气回用，目前企业常采用以下两种做法：一种是送往转化预热炉，另一种是送往邻近焦化厂综合利用。焦炉煤气煤制甲醇工艺废气产排污情况见表 3.3。

表 3.3　焦炉煤气煤制甲醇工艺废气产排污情况

工序	废气种类	排放状态	甲醇产生量 /($m^3 \cdot t^{-1}$)	主要污染物	排放去向及处理措施
脱硫净化	湿法脱硫再生塔尾气	连续	65 ~ 90	H_2S	直排
硫回收	硫回收工序尾气	连续	100 ~ 200	SO_2	硫回收工序尾气送锅炉掺烧
转化	转化预热炉烟道气	连续	500 ~ 2 700	CO_2、H_2O 等	直排
合成	合成弛放气	间断	640 ~ 1 000	H_2 约占 80%，其他主要组分有 CO、CO_2、CH_4、甲醇等	(1) 直接作为燃料回收；(2) 回收甲醇后再作为燃料回收
	甲醇闪蒸废气	连续	3.2 ~ 6.2	H_2 约占 40%，其他主要组分有 CO、CO_2、CH_4、甲醇等	(1) 直接作为燃料回收；(2) 回收甲醇后再作为燃料回收
精馏	精馏塔不凝气	连续	3.6 ~ 12.5	CO_2 约占 40%，其他主要组分有 CO、甲醇、二甲醚、H_2、CH_4 等	直接作为燃料回收

氨醇联产工艺废气种类主要有输煤系统粉尘、造气炉造气吹风烟气、甲醇弛放气、甲醇精馏预塔放空气等，主要污染物包括 SO_2、粉尘、CO、H_2S 等。氨醇联产废气排放量和处理措施见表 3.4。

表 3.4　氨醇联产废气排放量和处理措施

工序	废气种类	排放状态	甲醇产生量 /($m^3 \cdot t^{-1}$)	主要污染物及其产生值		排放去向及处理措施
				污染物	产生值	
备煤	煤场破碎、筛分粉尘	间断	4.8	煤尘	30 ~ 50 mg/m^3	盖篷布或小棚遮挡

续表3.4

工序	废气种类	排放状态	甲醇产生量/($m^3 \cdot t^{-1}$)	主要污染物及其产生值		排放去向及处理措施
				污染物	产生值	
气化	吹风烟气	连续	3 800	粉尘	500 mg/m^3	经静电除尘或布袋除尘后高空排放
				SO_2	200 mg/m^3	
	造气炉渣破碎、筛分粉尘	间断	0.2	粉尘	30 ～ 50 mg/m^3	盖篷布或小屋遮挡
粗脱硫	脱硫酸性废气	连续	0 ～ 150	H_2S	15 mg/m^3	去锅炉房烟囱
				CO	3 600 mg/m^3	
合成	甲醇闪蒸气	连续	8.8	H_2	39.4%	燃料管网
				CO	9.09%	
				CH_4	3.03%	
				甲醇	6.06%	
精馏	甲醇精馏不凝气	连续	15.8	H_2	0.5%	燃料管网
				CO	30.3%	
				CH_4	0.6%	
				甲醇	22.8%	
				DME	4.1%	
硫回收	硫回收工序尾气	连续	300 ～ 1 000	SO_2	100 ～ 600 mg/m^3	硫回收工序尾气送锅炉掺烧
锅炉燃烧	锅炉燃烧尾气	连续	2 000 ～ 3 500	粉尘	30 ～ 200 mg/m^3	采用炉内喷钙法、双碱法、氨法等方法脱硫
				SO_2	30 ～ 5 800 mg/m^3	
				NO_x	50 ～ 500 mg/m^3	

此外，甲醇煤化工工艺过程中，原材料在一定的温度、压力环境下，有机成分会有所挥发或裂解，产生大量 VOCs，对人体和环境造成极大危害。

石油化工行业中将 VOCs 主要污染源分为以下十二大类，其同样适用于煤化工及甲醇煤化工企业。

(1) 机泵、阀门、法兰等设备动静密封点的泄漏；

(2) 有机液体储存与调和挥发损失；

(3) 有机液体装卸挥发损失；

(4) 废水及固体废弃物收集、输送、储存、处理处置过程中的废气逸散；

(5) 冷却塔、循环水冷却系统的释放；

(6) 炉窑燃烧废气排放；

(7) 工艺废气的有组织排放；

(8) 工艺废气的无组织排放；

(9) 采样过程中的泄漏排放；

(10) 非正常过程(含开停车、检维修) 的废气排放；

(11) 火炬燃烧排放；

(12) 事故状况下的废气排放。

相比石油化工行业，甲醇煤化工企业涉及VOCs的生产环节虽然较少，但有其特殊性。

甲醇煤化工企业的 VOCs 排放主要来自于甲醇装车站物料装卸过程废气，甲醇储罐大小呼吸气，装置区阀门、管线、泵等运行中因跑、冒、滴、漏逸散到大气中的废气及污水处理厂设施逸散废气，主要成分为甲醇、非甲烷总烃(二甲醚以及其他烷烃类)。

3.1.2 甲醇煤化工行业排放状况

根据排污许可相关要求，甲醇煤化工企业排污环节主要来自于锅炉燃烧烟气及工艺废气，其中锅炉烟囱为主要排放口，其他工艺废气排放为一般排放口。随着燃煤电厂超低排放控制技术的应用，锅炉烟气污染物治理技术水平进步较快，通过借鉴燃煤电厂超低排放控制技术，可实现对锅炉烟气污染物的深度治理，实现超低排放控制。

3.2 国内外的相关政策、标准

3.2.1 国内相关政策、标准

我国十分重视包括甲醇煤化工在内的煤化工产业发展，目前我国甲醇煤化工产能整体能效仍低于基准水平。为推动国家清洁能源产业建设，国家发展改革委等部门历年来发布了一系列政策、法规、标准，如《高耗能行业重点领域节能降碳改造升级实施指南(2022 年版)》《氢能产业发展中长期规划(2021—2035 年)》《“十四五” 全国清洁生产推行方案》等，提升国内甲醇煤化工产能利用率，促使企业向集约化、规模化方向发展。

1.产业相关政策、标准

我国的煤炭资源较为丰富，资源储备相对集中。在煤炭的供应情况上，由于发电用煤的需求较大，对环境造成了一定的影响。因此国家为了发展解决煤炭消耗问题，大力发展煤炭深度加工产业，煤化工的发展也随着政策的推行不断前进。

对煤化工产业来说，2014年是个转折点，2014年以后的政策越来越细，越来越严。

2014年12月，国家能源局、环境保护部以及工业和信息化部联合印发《关于促进煤炭安全绿色开发和清洁高效利用的意见》(简称《意见》)，目标是低阶煤炭资源的开发和综合利用研究取得积极进展，新型煤化工产业实现高效、环保、低耗发展。《意见》要求加快煤炭由单一燃料向原料和燃料并重转变。

2015年2月，工业和信息化部、财政部印发《工业领域煤炭清洁高效利用行动计划》，鼓励企业根据市场需求，加大煤炭资源加工转化深度，提高产品精细化率，大力发展清洁能源、新材料等新型煤化工。

2015年4月，国家能源局印发《煤炭清洁高效利用行动计划(2015—2020年)》，提出了煤炭清洁高效利用目标和七个方面的重点任务。在煤化工方面，提出了改造提升传统煤化工产业、稳步推进现代煤化工产业发展的任务，通知要求重点在煤炭资源丰富、水资源有保障、生态环境许可、运输便捷的地区，根据生态环境、水资源保障情况，布局现代煤化工示范项目。

2015年5月，国家发展改革委发布关于做好《石化产业规划布局方案》贯彻落实工作的通知，通知要求单系列甲醇制烯烃装置年生产能力在50万t及以上，整体能效高于44%，吨烯烃耗标煤低于4 t，吨标煤转化耗新鲜水低于3 t，废水实现近零排放，固体废弃物实现资源化利用。

2015年12月，环境保护部发布了《现代煤化工建设项目环境准入条件(试行)》(简称《准入条件》)，作为现代煤化工建设项目开展环境影响评价工作的依据。在规划布局方面，《准入条件》要求现代煤化工项目应布局在优化开发区和重点开发区，优先选择在水资源相对丰富、环境容量较好的地区布局，并符合环境保护规划。京津冀、长三角、珠三角和缺水地区严格控制新建现代煤化工项目。《准入条件》要求，严格限制将加工工艺、污染防治技术或综合利用技术尚不成熟的高含铝、砷、氟、油及其他稀有元素的煤种作为原料煤和燃料煤。《准入条件》还对现代煤化工建设项目选址、废水处理、污染物排放、固体废物处置、地下水污染防治、环境风险防范措施、环境监测等方面提出相应的要求。

2015年12月，环境保护部发布《建设项目环境影响后评价管理办法(试行)》，自2016年1月1日起施行。文件指出，冶金、石化和化工行业中有重大环境风险，建设地点敏感，且持续排放重金属或者持久性有机污染物的建设项目，运行过程中产生不符合经审批的环境影响报告书情形的，应当开展环境影响后评价。对其实际产生的环境影响以及污染防治、生态保护和风险防范措施的有效性进行跟踪监测和验证评价，并提出补救方案或者改进措施。

整个“十二五”期间，现代煤化工是石油和化工行业最大的亮点之一，环保问题一直是国家煤化工产业政策重要的出发点和落脚点。

2016年7月，《工业绿色发展规划(2016—2020年)》提出实施煤炭清洁高效利用行动计划，在焦化、煤化工、工业锅炉、窑炉等重点用煤领域，推进煤炭清洁、高效、分质利用。焦化、煤化工行业重点推动产品结构优化，加大资源加工转化深度，推广整体煤气联合循环发电技术(IGCC)、焦炉煤气制合成氨、甲醇或天然气及煤粉气流床加压气化等技术。

2016年8月1日，新的《国家危险废物名录》施行，明确了煤化工相关危险废物名录。

2016年8月，国务院办公厅发布了《关于石化产业调结构促转型增效益的指导意见》(简称《指导意见》)。《指导意见》指出，现代煤化工必须要遵照“在中西部符合资源环境条件的地区，结合大型煤炭基地开发，按照环境准入条件要求，有序发展现代煤化工产业”的要求，有序发展。

2016年11月，国务院办公厅发布了《控制污染物排放许可制实施方案》(简称《实施方案》)。根据《实施方案》规定，新建项目必须在发生实际排污行为之前申领排污许可证。排污许可证中明确许可排放的污染物种类、排放浓度、排放量、排放去向等事项，载明污染治理设施、环境管理要求等相关内容。国务院关于印发《“十三五”控制温室气体排放工作方案》的通知提出，在煤基行业和油气开采行业开展碳捕集、利用和封存的规模化产业示范，控制煤化工等行业碳排放。

2016年12月，我国发布《能源发展“十三五”规划》，指出有关煤化工发展的内容可以归纳为四点：控制产能，升级示范，发展技术，建设重点。控制产能方面，“规划”提出“十三五”期间，煤制油、煤制天然气生产能力达到1 300万t和170亿m^3左右。国务院关于印发《“十三五”生态环境保护规划》的通知指出，黄河流域重点控制煤化工、石化企业排放，持续改善汾河、涑水河、总排干、大黑河、乌梁素海、湟水河等支流水质，降低中上游水环境风险；开展石化企业挥发性有机物治理，实施有机化工园区、医药化工园区及煤化工基地挥发性有机物综合整治，推进加油站、油车、储油库油气回收及综合治理。

2017年2月，国家能源局印发了《煤炭深加工产业示范“十三五”规划》，对“十三五”期间的煤炭深加工产业示范项目再次提出了技术和环境等方面的要求，提出要“量水而行”，执行最严格的环境保护标准。

2017年3月，国家发展改革委联合工业和信息化部印发了《现代煤化工产业创新发展布局方案》(简称《方案》)。《方案》对煤化工提出了八项重点任务：深入开展产业技术升级示范；加快推进关联产业融合发展；实施优势企业挖潜改造；规划布局现代煤化工产业示范区；组织实施资源城市转型工程；稳步推进产业国际合作；大力提升技术装备成套能力；积极探索二氧化碳减排途径。

2017 年 7 月，《关于加强长江经济带工业绿色发展的指导意见》提出实施能效提升计划。推动长江经济带煤炭消耗量大的城市实施煤炭清洁高效利用行动计划，以焦化、煤化工、工业锅炉、工业炉窑等领域为重点，提升技术装备水平、优化产品结构、加强产业融合，综合提升区域煤炭高效清洁利用水平，实现减煤、控煤、防治大气污染。

2018 年 7 月，又一个致力于打好打胜污染防治攻坚战的重磅文件——由国务院印发的《打赢蓝天保卫战三年行动计划》实施，提出严控“两高”行业产能，加大落后产能淘汰和过剩产能压减力度，严格执行质量、环保、能耗、安全等法规标准，京津冀及周边地区实施“以钢定焦”。对于现代煤化工行业来说，又是一次重大考验。

2020 年 9 月，《关于印发〈环评与排污许可监管行动计划（2021—2023 年）〉〈生态环境部 2021 年度环评与排污许可监管工作方案〉的通知》提出，生态环境部按季度对地方审批的环境影响报告书（表）开展复核，对煤化工等高污染、高风险、生态影响大的行业加大抽查比例；生态环境部对重点区域、重点流域内本级和地方审批的石化、化工、煤化工、水利水电、煤炭等行业环境影响报告书（表）项目进行抽查。

2021 年，国内以煤为原料生产甲醇的产量占比已经超过了 85%，占据主导地位。同时，甲醇煤化工也受到国家能源消费结构调整、能耗水平准入等政策的约束。

2021 年 5 月，《关于加强高耗能、高排放建设项目生态环境源头防控的指导意见》提出，推动煤电能源基地、现代煤化工示范区、石化产业基地等开展规划环境影响跟踪评价，完善生态环境保护措施并适时优化调整规划。严格“两高”项目环评审批，石化、现代煤化工项目应纳入国家产业规划，对炼油、乙烯、钢铁、焦化、煤化工等环境影响大或环境风险高的项目类别，不得以改革试点名义随意下放环评审批权限或降低审批要求。

2021 年 9 月，中共中央、国务院发布了《中共中央 国务院关于完整准确全面贯彻新发展理念做好碳达峰碳中和工作的意见》，指出未纳入国家有关领域产业规划的，一律不得新建改扩建炼油和新建乙烯、对二甲苯、煤制烯烃项目；合理控制煤制油气产能规模；提升高耗能高排放项目能耗准入标准；加强产能过剩分析预警和窗口指导。

2021 年 11 月，国家发展改革委等五部门发布了《高耗能行业重点领域能效标杆水平和基准水平（2021 年版）》的通知，明确提出甲醇煤化工根据不同原料路线设置不同的能效水平，采用褐煤为原料的能耗标杆水平为 1 550 kgce/t，基准水平为 2 000 kgce/t；采用烟煤为原料的能耗标杆水平为 1 400 kgce/t，基准水平为 1 800 kgce/t；采用无烟煤为原料的能耗标杆水平为 1 250 kgce/t，基准水平为1 600 kgce/t。

2021 年 12 月，国家发展改革委等十部门联合发布了《关于印发“十四五”清洁生产推行方案》的通知，明确提出开展高效催化、过程强化、高效精馏等工艺技术改造，推进炼油污水集成再生、煤化工浓盐废水深度处理及回用、精细化工微反应、化工废盐无害化制碱等工艺，实施绿氢炼化、二氧化碳耦合制甲醇等降碳工程。

2022 年 2 月，国家发展改革委等四部门发布《高耗能行业重点领域节能降碳改造升级实施指南(2022 年版)》，提出到 2025 年，甲醇煤化工、煤制烯烃、煤制乙二醇行业达到能效标杆水平以上产能比例分别为 30%、50%、30%，基准水平以下产能基本为零，行业节能降碳效果显著，绿色低碳发展能力大幅提高。

2022 年 3 月，国家发展改革委、国家能源局发布了《氢能产业发展中长期规划(2021—2035 年)》，明确提出探索开展可再生能源制氢、甲醇、炼化、煤制油气等行业替代化石能源的示范，促进高耗能行业绿色低碳发展。

2023 年 7 月，国家发展改革委、工业和信息化部等六部门印发《关于推动现代煤化工产业健康发展的通知》(简称《通知》)。《通知》从建设管理、布局引导、创新力度、绿色低碳、环保监管和责任分工六个方面做了明确部署。提出应严格能效和环保约束，加强项目节能审查和环保监管，拟建、在建项目应全面达到能效标杆水平，主要用能设备能效水平达到能效标准先进值以上；能效低于基准水平的已建项目须在 2025 年底前完成改造升级，主要产品能效须达到行业基准水平以上，届时能效仍在基准水平以下的项目予以淘汰退出。在资源禀赋和产业基础较好的地区，推动现代煤化工与可再生能源、绿氢、二氧化碳捕集利用与封存(CCUS) 等耦合创新发展。

2023 年 12 月，国家发展改革委发布《产业结构调整指导目录(2024 年本)》，仍将“100 万吨 / 年以下甲醇煤化工生产装置”列为限制类。将“电解水制氢和二氧化碳催化合成绿色甲醇”列为鼓励类。

2.大气污染治理相关政策

2017 年 9 月出台的《“十三五”挥发性有机物污染防治工作方案》(环大气〔2017〕121 号)(简称《方案》)是 VOCs 治理的一个标志性指导文件。《方案》分析了当时条件下我国大气污染防治的总体形势：全国 SO_2、NO_x、烟粉尘控制取得明显进展，但 VOCs 排放量仍呈增长趋势，对大气环境影响日益突出；同时，《方案》明确提出了“推进 VOCs 与 NO_x 协同减排”的总体要求及“到 2020 年，建立健全以改善环境空气质量为核心的 VOCs 污染防治管理体系，实施重点地区、重点行业 VOCs 污染减排，排放总量下降 10% 以上”的主要目标。

为深入实施《“十三五”挥发性有机物污染防治工作方案》，2019 年生态环境部颁布《重点行业挥发性有机物综合治理方案》(环大气〔2019〕53 号)(简称《方案》)，进一步指出：相对于颗粒物、SO_2、NO_x 污染控制，VOCs 管理基础薄弱，已成为大气环境管理短板。《方案》比较具体地明确了 VOCs 治理中存在的问题，提出了控制思路与要求，详细给出了石化、化工、工业涂装、包装印刷、油品储运销、工业园区和产业集群等行业的治理任务。

2018 年，国务院关于印发《打赢蓝天保卫战三年行动计划》的通知，旨在明确 2018—2020 年大气污染防治工作的总体思路、基本目标、主要任务和保障措施，提出了打赢蓝天保卫战的时间表和路线图。以京津冀及周边地区、长三角地区、汾渭平原等区域为重点，持续开展大气污染防治行动，要求进一步明显降低 $PM_{2.5}$ 浓度和实施 VOCs 专项整治，明显减少重污染天数，明显改善环境空气质量，明显增强人民的蓝天幸福感。

2019 年，《2019 年全国大气污染防治工作要点》旨在确定 2019 大气污染防治目标，全面落实《打赢蓝天保卫战三年行动计划》。《关于推进实施钢铁行业超低排放的意见》指出推进实施钢铁行业超低排放是推动行业高质量发展、促进产业转型升级、助力打赢蓝天保卫战的重要举措。

2020 年是"十三五"收官之年，为确保完成"十三五"环境空气质量改善目标任务，生态环境部于 2020 年 6 月发布了具有"突击攻关"特性的《2020 年挥发性有机物治理攻坚方案》(环大气〔2020〕33 号)，要求"通过攻坚行动，VOCs 治理能力显著提升，VOCs 排放量明显下降，夏季 O_3 污染得到一定程度遏制"。

2021 年，作为"十四五"开局之年，生态环境部于当年 8 月份印发《关于加快解决当前挥发性有机物治理突出问题的通知》(环大气〔2021〕65 号)(简称《通知》)。《通知》列出了 VOCs 治理的十大问题，对每一个问题都给出了排查、检查重点，提出了具体治理要求，具有极强的针对性和可操作性。

2021 年，《关于深入打好污染防治攻坚战的意见》旨在进一步加强生态环境保护，深入打好污染防治攻坚战，提出到 2025 年地级及以上城市 $PM_{2.5}$ 浓度下降 10%、到 2035 年生态环境根本好转等主要目标，从加快推动绿色低碳发展、深入打好蓝天保卫战等 7 方面明确了坚决遏制高耗能高排放项目盲目发展、着力打好重污染天气消除攻坚战等 40 余项工作内容。《"十四五"全国清洁生产推行方案》旨在加快推行清洁生产，促进经济社会发展全面绿色转型，提出了到 2025 年 NO_x 和 VOCs 排放总量比 2020 年分别下降 10% 与 10% 以上等主要目标，从突出抓好工业清洁生产等 6 方面明确了加强高耗能高排放项目清洁生产评价、大力推进重点行业清洁低碳改造等 19 项工作内容。《关于深化生态环境领域依法行政 持续强化依法治污的指导意见》旨在全面推进生态环境领域依法行政，深入推进依法治污，提出到 2025 年依法行政的环境治理体系日益健全等总体目标，明确了持续推动完善国家生态环境法律法规、依法深入打好蓝天保卫战等 22 项措施。《"十四五"生态环境科普工作实施方案》旨在增强生态环境保护意识，助力深入打好污染防治攻坚战，提出我国生态环境科普工作的 2025 年目标，明确了丰富拓展生态环境科普内容创作等 8 项主要任务。在积极推进生态环境科技资源科普化方面，明确了推进大气重污染成因与治理攻关、细颗粒物和臭氧污染协同防控等科技项目成果科普化等。

2022年,《"十四五"节能减排综合工作方案》旨在深入打好污染防治攻坚战,提出到2025年NO_x排放总量比2020年下降10%以上等目标,并从实施节能减排重点工程等三方面提出实施重点区域污染物减排工程、坚决遏制高耗能高排放项目盲目发展等21项措施。《新污染物治理行动方案》旨在加强新污染物治理,切实保障生态环境安全和人民健康,从建立健全新污染物治理体系等6个方面提出18项行动举措,包括建立健全新污染物治理管理机制、加强清洁生产和绿色制造、加强有毒有害大气污染物环境治理,制定相关污染控制技术规范等。《生态环境卫星中长期发展规划(2021—2035年)》提出构建生态环境卫星体系的2025年与2035年发展目标,形成全球大气污染物协同监测能力,实现国土范围内细颗粒物及大气污染物观测频率达到每小时1次、重点区域达到分钟级,空间分辨率颗粒物优于50 m,臭氧、甲醛等气态污染物优于2 km,具备氨气、乙二醛等污染物监测能力。

2022年,《深入打好重污染天气消除、臭氧污染防治和柴油货车污染治理攻坚战行动方案》包括1个总体文件,3个行动方案(《重污染天气消除攻坚行动方案》《臭氧污染防治攻坚行动方案》《柴油货车污染治理攻坚行动方案》)。

《重污染天气消除攻坚行动方案》:明确到2025年全国重度及以上污染天数比率控制在1%以内、70%以上的地级及以上城市全面消除重污染天气等主要目标,提出实施大气减污降碳协同增效行动,京津冀及周边地区、汾渭平原攻坚行动,其他区域攻坚行动,重污染天气联合应对行动,强化监管执法攻坚行动5项攻坚行动。

《臭氧污染防治攻坚行动方案》:明确到2025年VOCs、NO_x排放总量比2020年分别下降10%以上等主要目标,提出实施含VOCs原辅材料源头替代行动、VOCs污染治理达标行动、NO_x污染治理提升行动、臭氧精准防控体系构建行动、污染源监管能力提升行动5项攻坚行动。

《柴油货车污染治理攻坚行动方案》:明确到2025年全国柴油货车排放检测合格率超过90%、全国柴油货车NO_x排放量下降12%等主要目标,提出推进"公转铁""公转水"行动、柴油货车清洁化行动、非道路移动源综合治理行动、重点用车企业强化监管行动、柴油货车联合执法行动5项攻坚行动。

2023年,国务院审议发布《空气质量持续改善行动计划》,传承延续了"大气十条"和三年蓝天保卫战行之有效的经验做法,明确了推动空气质量持续改善的总体思路、改善目标、重点任务和责任落实。文件对大气污染防治重点区域范围做出调整,将大气污染防治重点城市调整为82个,京津冀及周边地区从"2+26"城市扩为"2+36"城市等;明确到2025年全国地级及以上城市$PM_{2.5}$浓度比2020年下降10%,北京市$PM_{2.5}$浓度控制在32 $\mu g/m^3$以内等目标;围绕优化产业结构、能源结构、交通结构、强化面源污染治理等9方面细化提出36项具体任务。

2024年,《关于推进实施焦化行业超低排放的意见》明确到2025年底前、2028年底前,力争重点区域焦化产能改造分别完成60%和基本完成等目标;提出有组织排放控制指标（焦炉烟囱废气颗粒物、氮氧化物、氨排放浓度小时均值分别不高于 10 mg/m^3、150 mg/m^3、8 mg/m^3）等要求；部署优化调整产业结构等 4 方面重点任务和 3 项政策措施。

3.相关标准

（1）技术规范

① 焦炉煤气的组成

《焦炉煤气制取甲醇技术规范》(GB/T 38927—2020)，焦化过程产生的未经处理的焦炉煤气的典型组成见表 3.5。

表 3.5　典型焦炉煤气的成分及其体积分数

成分	H_2	CO	CO_2	氮气	CH_4	苯族烃(C_nH_m)	O_2
体积分数/%	55 ～ 59	6 ～ 8.5	1.5 ～ 2.5	3 ～ 3.5	24 ～ 26	2 ～ 2.5	0.3 ～ 0.8

未经处理的焦炉煤气的逸出温度为 650 ～ 750 ℃，并且含有水蒸气、氰化物、硫化物、氨、焦油及苯等各种杂质，排放浓度见表 3.6。经过冷却、净化和化产回收等过程，未经处理的焦炉煤气将转化为净煤气。

表 3.6　焦炉煤气中的杂质及其排放浓度

杂质	水蒸气	焦油气	粗苯	硫化氢	氨	萘	氰化物	吡啶盐基	其他
质量浓度/($g\cdot cm^{-3}$)	250 ～ 450	80 ～ 120	6 ～ 30	2 ～ 2.5	8 ～ 12	10	1 ～ 2.5	0.4 ～ 0.6	2 ～ 2.5

② 净煤气杂质排放浓度要求

焦炉煤气经冷却、净化后的净煤气回收入气柜。净煤气中的杂质排放浓度要求见表 3.7，热值宜为(17 600 ± 418)kJ/m^3。

表 3.7　净煤气杂质排放浓度要求

种类	硫化氢	有机硫	氰化物	焦油	苯族	氨
排放浓度/($g\cdot m^{-3}$)	≤ 20	≤ 400	≤ 100	≤ 20	≤ 4.0	≤ 30

（2）产品耗能标准

《甲醇、乙二醇和二甲醚单位产品能源消耗限额》(GB 29436—2023) 分别针对褐煤、烟煤和无烟煤提出甲醇单位产品综合能耗限额等级，见表 3.8，其中 1 级能耗最低。

表 3.8 甲醇能耗限额等级

原料分类①	甲醇单位产品综合能耗(kgce·t^{-1})		
	能耗限额等级		
	1 级	2 级	3 级
褐煤	≤1 750	≤1 800	≤2 000
烟煤	≤1 380	≤1 400	≤1 800
无烟煤②	≤1 200	≤1 250	≤1 500

注:① 原料煤质量应符合《中国煤炭分类》(GB/T 5751—2009) 的要求。

② 该指标是指采用常压间歇固定床煤气化技术甲醇生产工艺,以无烟煤为原料、采用连续加压煤气化技术生产甲醇,执行烟煤的能耗限额指标。

(3) 排放标准

我国对甲醇煤化工生产所使用的锅炉制定了相关的排放标准,其中火电厂锅炉执行超低排放标准。具体可参照表 3.9。

表 3.9 部分国家和组织排放标准 mg/m³

国家和组织	颗粒物排放限值	二氧化硫排放限值	氮氧化物排放限值
美国	20	184	135
日本	50 ～ 100	200	200
欧盟	30	200	200
澳大利亚	100	200	460
加拿大	130	740	460
菲律宾	160 ～ 220	760	1 090
中国①	50/30	300/200	300/200
中国②	30/20	100/50	100/100
中国③	10	35	50

注:① 燃煤锅炉大气污染物排放标准限值;② 火电厂大气污染物排放标准限值;③ 火电厂超低排放标准限值。

甲醇罐区装卸系统油气回收装置非甲烷总烃去除率执行《石油化学工业污染物排放标准》(GB 31571—2015) 特别排放限值的要求,甲醇合成预热炉排放的 NO_x 执行特别排放限值 100 mg/m³,见表 3.10。

表 3.10 《石油化学工业污染物排放标准》(GB 31571—2015) 要求

污染物排放环节	污染物	标准限值 /($mg \cdot m^{-3}$)
甲醇罐区装卸系统油气回收装置	非甲烷总烃	去除效率 ≥ 97%
	甲醇	50
甲醇合成预热炉	NO_x	100

目前，我国的煤炭资源主要集中在内蒙古、陕西、新疆、宁夏等地，为了达到产业集群，煤电化一体的建设，这些地区集中了我国大部分的煤化工项目，其中包括大部分产业示范项目等。并且在我国的煤化工产业规划中，规划、在建的煤化工项目也多集中在这些地区。这些地区的政策、标准等也将会对煤化工产业产生深远的影响。

3.2.2 国外相关标准

国外针对甲醇化工行业的相关标准较少，仅有部分国家针对大型燃煤电厂制定了相关排放标准，除表 3.9 所述外，其他具有可参考意义的环境空气质量相关标准如下。

1.美国环境空气质量标准

美国《清洁空气法》规定，必须为基准污染物制定《国家环境空气质量标准》(NAAQS)，并且按照规定，每五年进行一次评估和审查，这基于对空气污染对人类健康影响的持续科学研究，以确定是否需要对标准进行更新。

至今，美国环境保护局(EPA) 已经对主要污染物进行了多次评估和修订：有些污染物的限值标准保持相对稳定，例如 CO 经过三次定期评估后并未进行修订；而有些污染物的限值标准则经历了较为频繁的修订，如 O_3 经过六次评估后修订了四次，颗粒物(包括总悬浮颗粒物 TSP、可吸入颗粒物 PM_{10} 和细颗粒物 $PM_{2.5}$) 经过了五次评估后修订了四次。

目前，美国的 NAAQS 涵盖了七种主要污染物(SO_2、CO、NO_2、O_3、PM_{10}、$PM_{2.5}$ 和 Pb)，并为这些污染物设定了一级和二级限值标准。一级标准是基于环保局局长的判断，确保在考虑到基准和适当安全缓冲的基础上，保护公众健康所必需的标准；二级标准则是基于环保局局长的判断，确保在考虑到基准的基础上，保护公共福利，包括动植物、建筑、能见度等，避免因这些空气污染物在环境中的存在而产生的已知或可预见的不利影响。部分污染物限值具体见表 3.11。

2023 年 1 月，美国 EPA 宣布了拟将基于健康的 $PM_{2.5}$ 年均一级标准限值从目前的 12.0 $\mu g/m^3$ 修订为 9.0 ～ 10.0 $\mu g/m^3$。

表 3.11　国内外基本污染物排放浓度指标比较

污染物	平均时间	中国		WHO(2021 年版)					美国		欧盟
		二级	一级	IT－1	IT－2	IT－3	IT－4	AQG	一级	二级	
$\rho(PM_{2.5})$/($\mu g \cdot m^{-3}$)	年平均	35	15	35	25	15	10	5	12	15	25
	24 h 平均	75	35	75	50	37.5	25	15	35	35	—
$\rho(PM_{10})$/($\mu g \cdot m^{-3}$)	年平均	70	40	70	50	30	20	15	—	—	40
	24 h 平均	150	50	150	100	75	50	45	150	150	50
$\rho(O_3)$/($\mu g \cdot m^{-3}$)	峰季值(6 个月)	—	—	100	70	—	—	60	—	—	—
	8 h 平均	160	100	160	120	—	—	100	137	137	120
	1 h 平均	200	160	—	—	—	—	—	—	—	180
	示警值	—	—	—	—	—	—	—	—	—	240
$\rho(NO_2)$/($\mu g \cdot m^{-3}$)	年平均	40	40	40	30	20	—	10	100	100	40
	24 h 平均	80	80	120	50	—	—	25	—	—	
	1 h 平均	200	200	—	—	—	—	200	188	—	200
	示警值	—	—	—	—	—	—	—	—	—	400
$\rho(SO_2)$/($\mu g \cdot m^{-3}$)	年平均	60	20	—	—	—	—	—	—	—	
	24 h 平均	150	50	125	50	—	—	40	—	—	—
	3 h 平均	—	—	—	—	—	—	—	—	1 310	125
	1 h 平均	500	150	—	—	—	—	—	196	—	350
	10 min 平均	—	—	—	—	—	—	500	—	—	
	示警值	—	—	—	—	—	—	—	—	—	500

续表3.11

污染物	平均时间	中国		WHO(2021 年版)					美国		欧盟
		二级	一级	IT－1	IT－2	IT－3	IT－4	AQG	一级	二级	
$\rho(CO)$/($mg \cdot m^{-3}$)	24 h 平均	4	4	7	—	—	—	4	—	—	—
	8 h 平均	—	—	—	—	—	—	10	10	—	10
	1 h 平均	—	10	—	—	—	—	35	40	—	—
	15 min 平均	—	—	—	—	—	—	100	—	—	

2.欧盟环境空气质量指令

欧盟的空气质量标准与该组织的发展历程紧密相连，其核心优势体现在“一体化管理”策略上。这一策略充分考虑了各成员国的具体情况，通过制定统一的污染物排放规范，有效避免了因标准不一致而引发的冲突，共同促进了欧盟各国的生态环境保护。

目前实施的欧盟空气质量标准主要包括《环境空气质量指令》(2004/107/EC) 和《环境空气质量与清洁空气指令》(2008/50/EC)。前者针对空气中的砷、镉、汞、镍和多环芳烃(如苯并芘)设定了目标值和评估限值。后者则明确了 8 种旨在保护人类健康的污染物(SO_2、CO、NO_2、O_3、$PM_{2.5}$、PM_{10}、Pb 和苯)的限值，以及 3 种旨在保护植被的污染物(SO_2、NO_2 和 O_3)的限值。这些标准为欧盟各成员国在制定本国的空气质量标准时提供了参考依据，以满足当地的环境保护需求。

2022 年 10 月，欧盟公布了最新的《环境空气质量和清洁空气指令》建议稿，规定预期到 2030 年 1 月，建议基于保护人体健康的 $PM_{2.5}$ 的年均标准限值由 25 $\mu g/m^3$ 收严至 10 $\mu g/m^3$，并新增 $PM_{2.5}$ 的日均标准限值为 25 $\mu g/m^3$。

3.世界卫生组织空气质量指导值

世界卫生组织(WHO) 的《全球空气质量指南》所提供的环境空气质量指导值，是基于最新的科学研究成果，以保护人类健康为出发点所制定的建议性限值。这些建议并未考虑技术、经济、文化和政治等其他因素，旨在为政府机构在制定环境政策时提供参考信息。

早在 20 世纪 50 年代，WHO 就开始关注空气污染对人体健康的影响；到了 70 年代，一些欧洲的工业化国家开始评估空气质量并制定典型的城市空气污染物的空气质量标准或目标。但在当时的情况下，评估污染物对人群健康影响是一项既耗时又费力的任务，而且全球范围内很少有国家具备足够的资源和专业技能来独立完成这项工作。因此，WHO 整合了各种资源，于 1987 年首次发布了《欧洲空气质量准则》，为 12 种有机污染物和 16 种无机污染物设定了标准值。随后，WHO 在 2000 年、2005 年和 2021 年对这些准则进行了 3 次修订和更新。2000 年版增加了 35 种污染物项目，而 2005 年版则将欧洲的颗粒物、臭氧、二氧化氮和 SO_2 的标准值提升为全球适用，其他污染物则继续沿用 2000 年的标准。2005 年版发布后，WHO 全面分析了全球空气污染对人群健康影响的最新证据，并基于避免空气污染对健康造成影响的角度，提出了空气质量管理的最新建议，发布了《全球空气质量指导值(2021)》(AQG 2021)。

AQG 2021 针对 $PM_{2.5}$、PM_{10}、O_3、NO_2、SO_2、CO 这 6 种主要空气污染物，分别提出了空气质量的指导值(AQG)，同时根据不同污染物的特性，设定了不同的过渡阶段目标值(IT)，其限值见表 3.11。这些指导值是基于科学研究得出的，用以判断使人群暴露于空气污染中可能导致健康风险的空气污染最低排放浓度值；过渡阶段目标值则是针对不同空气污染排放浓度下健康风险水平的评估，为制定空气质量管理的阶段性目标提供指导。

4.国外其他相关标准

(1)《清洁空气法案》(EPA－456/K－07－001)；

(2)《居民区大气中有害物质的最大容许浓度》(CH245－71)；

(3)《环境空气中二氧化硫、二氧化氮、氮氧化物、PM_{10}、铅的限值指令》(1999/30/EC)；

(4)《战略环境评估指令》(2001/42/EC)；

(5)《大型燃烧企业大气污染物排放限制指令》(2001/80/EC)；

(6)《环境空气中有关臭氧的指令》(2002/3/EC)；

(7)《环境责任指令》(2004/35/EC)；

(8)《环境空气中苯和一氧化碳的限值指令》(2004/107/EC)；

(9)《环境空气中砷、镉、汞、镍和多环芳烃指令》(2004/107/EC)；

(10)《环境空气质量指令》(2008/50/EC)；

(11)《关于欧洲空气质量及更加清洁的空气指令》(2008/50/EC)；

(12)《废物框架指令》(2008/98/EC)；

(13)《工业排放指令》(2010/75/EU)；

(14)《环境影响评估指令》(2011/92/EU)；

(15)《阿尔伯塔空气质量目标和指导概要》(AEP，Air Policy，2016，No.2)。

第 4 章　主要的大气污染物治理技术

基于我国“富煤、缺油、少气”的能源禀赋，当前和今后相当一段时间，煤炭仍然是我国的能源和化工主体原料。甲醇煤化工是促进煤炭清洁高效利用和煤炭产业转型升级的重要途径，对于提升国家能源战略安全保障能力、促进化工原料多元化发挥着重要作用。

甲醇煤化工企业可产生多种污染物，如颗粒物、二氧化硫、氮氧化物及挥发性有机化合物（VOCs）。2015 年以来，我国开展了全国范围的燃煤电厂超低排放改造，已经形成了成熟的深度除尘、脱硫和脱硝技术体系。此外，甲醇煤化工行业甲醇废气 VOCs 成分较复杂，单一的常规 VOCs 废气控制技术较难达到排放标准。

4.1　颗粒物控制技术

理论上大气污染中的颗粒物一般指直径大于分子的颗粒物，但实际上的最小界限为 0.01 μm，一般也把颗粒物称为粉尘。

随着社会的进步和发展，节能环保意识逐渐深入人心，企业也逐渐将环保治理作为头等大事来对待。《国家“十四五”规划和 2035 年远景目标纲要》指出，要深入打好污染防治攻坚战，协同推进减污降碳，不断改善空气环境质量。在当今很多的工业生产过程中会产生大量的粉尘，给现场运行人员的身体健康造成巨大的影响，同时可燃性颗粒与气体混合形成气溶胶极易爆炸，严重影响工厂的安全生产，进行除尘技术的研究和设备的研发迫在眉睫。

甲醇煤化工工艺废气颗粒物主要来自煤料制备、燃烧和煤气净化过程。煤料制备过程产生的污染来自原煤的储存、破碎和输送过程产生的粉尘。煤料燃烧过程产生的污染是煤在燃煤锅炉、气化炉、焦炉等设备燃烧过程排出的微小灰粒，粒径在1 ～ 100 μm。

4.1.1　静电除尘技术

静电除尘也即电除尘，是气体除尘方法的一种，静电就是高压。静电除尘器（ESP）是在收尘极和电晕极之间通上高压直流电，所产生的强电场使气体电离、粉尘荷电，带有正、负离子的粉尘颗粒分别向电晕极和收尘极运动而沉积在极板上，使积灰通过振动装置落进灰斗。静电除尘器与其他除尘器的根本区别在于除尘过程的分离力直接作用在粒子上，而不是作用于整个气流上。这就决定了它具有分离粒子耗能小、气流阻力小的特点。

1.工艺原理

在高压电场内，使悬浮于含尘气体中的粉尘或颗粒物受到气体电离的作用而荷电，荷电颗粒在电场力的作用下，向极性相反的电极运动，并吸附在电极上，通过振打、冲刷等使其从电极表面脱落，同时在重力的作用下落入灰斗的除尘技术。

静电除尘原理如图 4.1 所示。

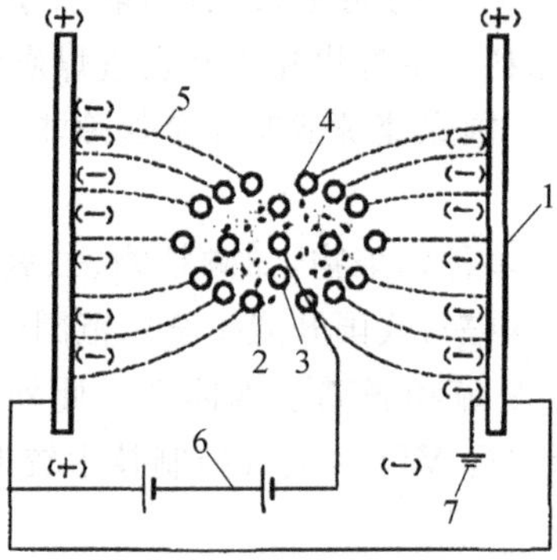

图 4.1　静电除尘原理

1— 静电正极板；2、3、4— 气体被电离的粉尘荷电

5— 不均匀高压电场；6— 若干节电池；7— 接地体

进入电除尘器的含尘排放浓度宜控制在 50 g/m^3 以下，高于上限时应设置预除尘设施，电场风速宜低于 0.75 m/s，漏风率宜低于 3%，比集尘面积不低于 110 m^2/(m^3 · s)，入口含尘气体温度应不高于 400 ℃，当含尘气体温度过高时，可采用降温措施。静电除尘技术对于粒径 0.05 ～ 50 μm 的粉尘，除尘效率为 90% ～ 99%，净化后外排气体中烟(粉)尘排放浓度可控制在 30 mg/m^3 以下，当出口烟尘排放浓度限值为 20 mg/m^3 时，比集尘面积不宜低于 130 m^2/(m^3 · s)。除尘器的卸灰、输灰装置根据粉尘的状态、卸灰周期、粉尘性质、排灰量进行选择；输灰装置可选择螺旋输送机或者埋刮板输送机；收集的粉尘回收后利用。由于运行和基建费用较高，静电除尘技术适用于捕集比电阻在 1×10^4 ～ 1×10^{13} Ω · cm 范围内的粉尘。当粉尘比电阻过高时，可对含尘气体继续调质处理，或增加比集尘面积、提高电气性能、采用旋转极板新技术等措施来保证除尘效率。

2.技术特点

电除尘技术除尘效率高、适用范围广、经济性好、使用维护方便且无二次污染。除尘效率一般为 99.2% ～ 99.85%，出口烟尘排放浓度可达到 20 mg/m^3 以下，当采用低低温电除尘、湿式电除尘技术时，颗粒物排放可控制在 10 mg/m^3 甚至 5 mg/m^3 以下。

静电除尘技术净化效率高，能够铺集 0.01 μm 以上的细微颗粒物；阻力损失小，一般为 200 ～ 500 Pa；处理烟气量大，处理能力可达 10^5 ～ 10^6 m^3；能耗低，一般为 0.2 ～0.4 W/m^3；能在高温或强腐蚀性气体下操作，并可以完全实现操作自动控制。

静电除尘技术主要缺点是一次性投资费用高、占地面积较大，除尘效率受粉尘比电阻等影响较大，运行工况变化对除尘效率也有较大影响。不适宜直接净化高浓度含尘气体，此外对粉尘有一定的选择性，由于静电除尘器基于荷电收尘机理，静电除尘器对飞灰性质（成分、粒径、密度、比电阻、黏附性等）十分敏感，尤其对高比电阻粉尘、细微烟尘捕集困难，且不能捕集有害气体；结构复杂，安装、维护管理要求严格；对制造和安装质量要求很高，需要高压变电及整流控制设备。但值得一提的是，静电除尘器设备使用 3 ～ 5 年的总投资比大多数其他除尘设备低。

对现有静电除尘器提效改造技术有三种可行方向：改进静电除尘器（包括静电除尘器扩容、采用电除尘新技术及多种新技术的集成）、电袋复合除尘技术、湿式电除尘技术。

3.技术应用

静电除尘技术是一种用于捕集细微颗粒物的高效除尘技术，因其具有高效、低阻等特点，所以已被广泛应用于电力、冶金、有色、化工、水泥、火电站、建材以及轻工（如纺织）等工业烟气治理领域，常用于以煤为燃料的工厂、电站，收集烟气中的煤灰和颗粒物，冶金行业中用于收集锡、锌、铅、铝等氧化物。

随着工业企业的大型化和自动化，对环境质量控制日益严格，静电除尘器的应用数量仍不断增长，新型高性能的静电除尘器仍在不断地研究、制造并投入使用。近年来，一些新型的静电除尘技术得到了广泛的应用，如高频电源静电除尘技术和移动电极静电除尘技术等。这些新技术通过改变电场分布、提高电场强度等方式，进一步提高了静电除尘器的除尘效率，降低了能耗。

4.1.2　袋式除尘技术

袋式除尘器为过滤式除尘器，是一种干式高效除尘器，它是利用纤维编织物制作的袋式过滤元件来捕集含尘气体中固体颗粒物的除尘装置。其作用原理是尘粒在绕过滤布纤维时因惯性力作用与纤维碰撞而被拦截。

除尘布袋的面料和设计应尽量追求高效过滤、易于粉尘剥离及经久耐用效果。除尘布袋的选用至关重要，它直接影响除尘器的除尘效果，除尘布袋从下列几个方面选择：气体的温度、潮湿度和化学性、颗粒大小、含尘浓度、过滤风速、清尘方式等。

1.工艺原理

袋式除尘是一种干式除尘工艺，它适用于捕集细小、干燥非纤维性粉尘。滤袋采用纺织的滤布或非纺织的毡制成，利用纤维织物的过滤作用对含尘气体进行过滤，当含尘气体进入布袋除尘器，颗粒大、比重大的粉尘，由于重力的作用沉降下来，落入灰斗，含有较细小粉尘的气体在通过滤料时，粉尘被阻留，使气体得到净化。袋式除尘示意图见图4.2。

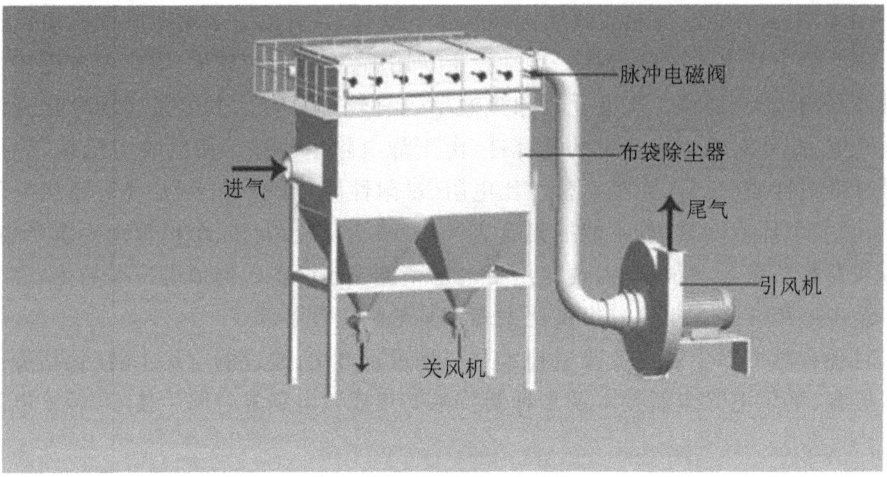

图 4.2　袋式除尘示意图

袋式除尘器的处理风量应按照生产设备所需处理风量的1.1倍计算，漏风率不高于3%；烟气需要控制在滤料可承受的温度范围内，且高于气体露点温度10 ℃以上，一般不高于300 ℃；反吹袋式除尘器的过滤风速宜控制在0.6～1.0 m/min，脉冲袋式除尘器的过滤风速宜控制在1.0～1.2 m/min，玻璃纤维袋式除尘器的过滤风速宜控制在0.5～0.8 m/min，当入口含尘排放浓度超过500 g/m^{3}时，净过滤风速应不超过1.0 m/min。对于粒径大于0.1 μm的微粒，去除效率可达99%以上，出口粉尘排放浓度可控制在30 mg/m^{3}以下。除尘器的卸灰、输灰装置根据粉尘的状态，卸灰周期、粉尘性质、排灰量选择；输灰装置可选择螺旋输送机或者埋刮板输送机，运行和基建费用较低。

一般新滤料的除尘效率是不够高的。滤料使用一段时间后，由于筛滤、碰撞、滞留、扩散、静电等效应，滤袋表面积聚了一层粉尘，这层粉尘称为初层，在此后的运动过程中，初层成了滤料的主要过滤层，依靠初层的作用，网孔较大的滤料也能获得较高的过滤效率。随着粉尘在滤料表面的积聚，除尘器的效率和阻力都相应地增加，当滤料两侧的压力差很大时，会把有些已附着在滤料上的细小尘粒挤压过去，使除尘器效率下降。另外，除尘器的阻力过高会使除尘系统的风量显著下降。因此，除尘器的阻力达到一定数值后，要及时清灰，一般要求袋式除尘器系统压差不超过1 500 Pa，个别要求不超过1 200 Pa。清灰时不能破坏初层，以免效率下降。

袋式除尘工作原理图如图4.3所示。

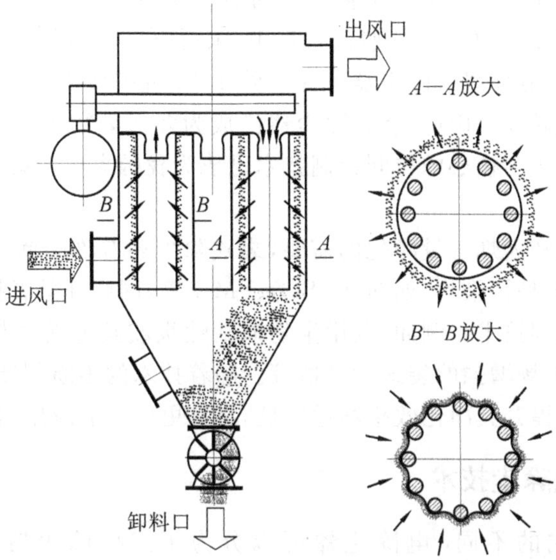

图 4.3　袋式除尘工作原理图

2.技术特点

袋式除尘器主要有以下优点：占地面积小，除尘效率高，除尘效率可达到 99% 以上；适应性强，可以捕集不同性质的粉尘，如高比电阻的粉尘等；使用灵活；结构简单，一次投资较小；工作稳定，便于回收干料，无污泥处理、腐蚀等问题，维护简单；投资和运行费用均较低。

袋式除尘器主要有以下缺点：应用范围受滤料限制，在耐温、耐腐蚀方面有较大的局限；不适宜于黏结性强及吸湿性强的粉尘，烟气温度不得低于露点，否则会产生结露现象，导致滤袋堵塞；处理风量大时，一般体积庞大、占地面积大；此外，还存在过滤速度较低、耗钢量大、滤袋材质差、寿命短、压力损失大、运行费用高等问题。

3.技术应用

袋式除尘器已被广泛应用于炼铁厂、炼钢厂、铁合金厂、耐火厂、铸造厂、发电厂等的烟气治理除尘系统，用于烧结机、高炉、转炉、电炉、焦炉、石灰窑等工业过程中，也用于垃圾焚烧炉、燃煤锅炉、流化床锅炉等烟气过滤，适用于甲醇煤化工企业原料处理系统和锅炉粉尘控制。由于其卓越的除尘性能，袋式除尘器已成为实现工业烟气细颗粒物超低排放的主流技术装备。

袋式除尘技术具有高效的过滤性能，对于粒径大于 0.1 μm 的微粒，去除效率可达 99.9% 以上，净化后烟气中颗粒物排放浓度可降至 10 mg/m^3 以下，甚至可达 5 mg/m^3 以下。袋式除尘器可以适应各种大小风量的含尘气体净化和气固分离，能够很好地适应烟气量、烟气温度、粉尘比电阻等烟气工况波动，并保持稳定的净化性能。

袋式除尘器对 PM_{10}、$PM_{2.5}$ 微细粒子的有效去除表现出色，同时也可以去除 SO_2、汞等其他污染物。在半干法脱硫过程中，未反应完全的脱硫剂可附着在布袋上继续进行脱硫反应，致使袋式除尘器可提高约 10% 脱硫效率，体现了袋式除尘从单一除尘向协同控制转变。因此，袋式除尘器已成为多污染物协同控制工艺的重要组成部分。以袋式除尘为核心的协同控制技术已成为我国大气污染治理技术发展方向之一。

为了适应高温和大烟气量净化的需要，袋式除尘还有许多问题有待解决。近年来，针对烟气中的各种污染物，如 NO_x、SO_2、$PM_{2.5}$ 等，国内外学者提出了许多新型袋式除尘器和协同控制技术。例如，利用生物质活性炭或其他新材料改进袋式除尘器的净化效率，采用电场增强的袋式除尘器等。随着技术的不断创新和发展，袋式除尘器将在未来进一步提升其净化效率和适应性，将有更广阔的应用前景。

4.1.3 湿电除尘技术

按照清灰方式的不同，电除尘器可以分为干式电除尘器和湿式电除尘器（WESP）。湿式电除尘器是利用荷电水雾、电场力从气流中分离悬浮粒子（尘粒或液滴）的装置。通常用于饱和烟气中颗粒物的脱除，如用于易爆气体、煤气净化，或用于烟气温度过高、设有泥浆处置时才采用，在燃煤电厂中通常布置于脱硫塔后。

湿式静电除尘器最早在1907年开始应用于硫酸和冶金工业生产中，1975年美国 Joy 公司首先在宾夕法尼亚电力照明公司燃烧无烟煤的 Sudbury 电站上安装了一套中试装置，并于 1979 年成功在 Getty 石油 Delaware 市精炼厂投入商业运行。1986年，美国 AES Deepwater 电厂最早在电站上安装使用 WESP，该电厂采用“干式 ESP＋WFGD＋WESP”三级尾气净化系统，其中 WESP 自投运以来一直运行良好。在欧洲，1997年由三菱公司制造的一套WESP安装于Werndorf电厂2# 锅炉，是欧洲锅炉工厂第一套安装于 FGD 后的 WESP。日本湿式静电除尘器工程应用比较成熟，其国内大型燃煤电厂已有 30 多年的使用经验。在我国，WESP 早期主要应用于化工、冶金等行业，尤以冶金行业应用居多。2012 年，首台 WESP 在上海长兴岛第二热电厂 1# 锅炉投运成功，使得 WESP 在火电行业逐步得到推广应用。目前，国内大容量燃煤电厂采用 WESP 已取得了良好的效果。

1.工艺原理

湿电除尘技术将水雾喷向集尘板，水雾在放电极形成的强大的电晕场内荷电后分裂进一步雾化；电场力、荷电水雾的碰撞拦截、吸附凝并，共同对细颗粒物起捕集作用，最终颗粒物在电场力的作用下到达集尘极而被捕集。图 4.4 为典型湿电除尘技术原理示意图。

具体而言，在电场形成的高压区域内，荷电水雾分裂并进一步雾化，形成微粒子和荷电离子。当这些微粒子和荷电离子与烟气中的颗粒物相遇时，将会发生电晕效应，即在颗粒物表面形成一个电晕层。电晕层会吸引周围的荷电离子和微粒子，使其

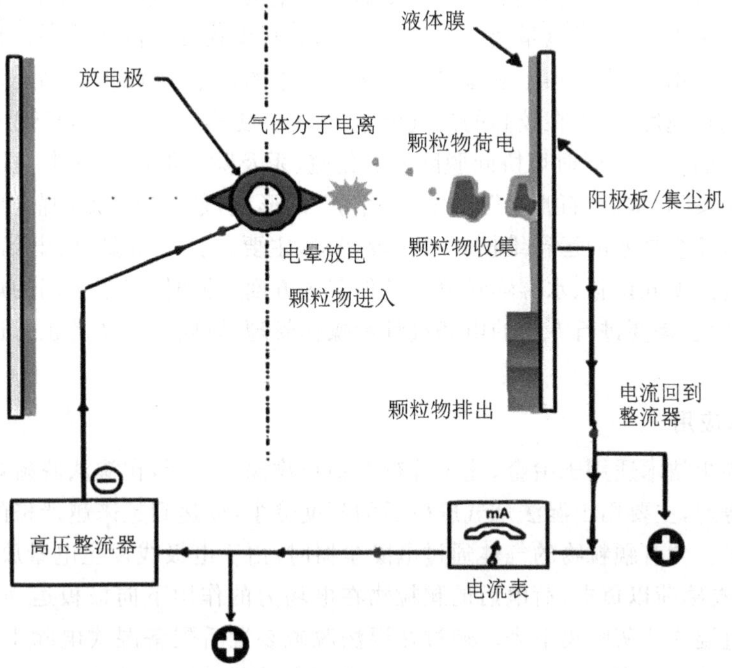

图 4.4　典型湿电除尘技术原理示意图

在颗粒物表面逐渐聚集形成更大的颗粒，最终沉积在集尘极上。同时，在水雾的作用下，颗粒物也会被拦截、吸附、凝并和冲刷，进一步促进其沉积在集尘极上。

湿式除尘在去除粉尘的同时，可以协同去除部分 SO_2，一般要求入口烟气温度控制在 40 ～ 70 ℃，板式湿式电除尘器电场内烟气流速应不大于 3.5 m/s。管式湿式电除尘器电场内烟气流速应不大于 3.0 m/s。该技术对粒径在 1 μm 以上的颗粒，去除效率可达 90% ～ 95%，净化后外排气体中粉尘排放浓度可控制在 20 mg/m^3 以下。除尘器的卸灰、输灰装置根据粉尘的状态、卸灰周期、粉尘性质、排灰量进行选择；输灰装置可选择螺旋输送机或者埋刮板输送机；收集的粉尘回收后利用。可以去除部分气体污染物，设备高度较大，布置较为困难。

2.技术特点

湿电除尘技术采用水雾作为助剂，可有效去除烟气中的微小颗粒物、有害气体等污染物。该技术的主要优点是除尘效率高、可克服高比电阻产生的反电晕现象、无运动部件、无二次扬尘、运行稳定、压力损失小、操作简单、能耗低、维护费用低、生产停工期短、可工作于烟气露点温度以下、由于结构紧凑而可与其他烟气治理设备相互结合、设计形式多样化等。同时，其采用液体冲刷集尘极表面来进行清灰，可有效收集细颗粒物（一次 $PM_{2.5}$）、SO_3 气溶胶、重金属（Hg、As、Se、Pb、Cr）、有机污染物（多环芳烃、二噁英）等，协同治理能力强。

与干式ESP的振打清灰相比，WESP通过集尘极上形成连续的水膜高效清灰，不受粉尘比电阻影响，无反电晕及二次扬尘问题，且放电极在高湿环境中使得电场中存在大量带电雾滴，大大增加了亚微米粒子碰撞带电的概率，大幅度提高亚微米粒子向集电极的趋近速度，可以在较高的烟气流速下，捕获更多的微粒。WESP不仅可有效去除烟气中的$PM_{2.5}$，同时可协同脱除三氧化硫、汞及除雾器后烟气中携带的脱硫石膏雾滴等污染物，抑制“石膏雨”和“烟囱白雾”的形成，是一种高效的静电除尘器。

湿式电除尘技术的运行维护要求比较严格，主要包括水质要求、电场参数控制、雾化喷头的选型和调整、水雾输送管道的保养等方面。同时，对于不同的烟气组成和颗粒物特性，也需要进行专门的电场设计和操作管理，以确保设备的正常运行和高效净化。

3.技术应用

湿电除尘技术适用于冶金、化工等行业颗粒物深度治理，在湿法脱硫烟气颗粒治理应用较普遍，主要用于湿法烟气脱硫后的深度除尘，以达到越来越严格的颗粒物排放标准要求。含有颗粒物的气体通过电除尘器时，由于电极线发生电晕放电、气体被电离，使颗粒物荷以负电，荷电后的颗粒物在电场力的作用下向极板运动，沉积于极板上并通过湿式清灰收集下来。通过在湿法脱硫装置后配备湿式电除尘器，对湿法脱硫后烟气除尘效率达50%～80%，可实现颗粒物排放浓度低于5 mg/m^3。

4.1.4 滤筒式除尘技术

滤筒式除尘器是一种高效、节能的除尘设备，广泛应用于工业粉尘治理领域。设备主要通过滤筒过滤粉尘、烟尘，从而达到净化空气的目的。滤筒式除尘器最早由美国的唐纳森公司研发，以新型的滤筒为滤料，具有体积小、使用便捷、管理简单、阻力低、效率高、性能高、结构紧凑等优势。

1.工艺原理

滤筒式除尘器为负压运行，含尘气流从位于除尘器上部的进风口下行进入箱体，箱体内的导流板迫使气流向下穿过滤筒，由于气流断面突然扩大，气流中一部分颗粒粗大的尘粒在重力和惯性力作用下沉降下来，粒度细、密度小的尘粒进入过滤室后，通过布朗扩散、筛滤、碰撞、钩挂、静电等综合效应，使粉尘沉积在滤料表面，而被净化后的空气透过滤料进入清洁室从出风口排出。根据入口粉尘排放浓度以及粉尘特性，过滤风速一般在0.3～1 m/min范围内，漏风率低于2%。

随着运行时间的增加，滤筒表面截留的粉尘越来越多，从而导致除尘器的阻力增加，处理风量减小，因此需要定期进行清灰。

2.滤筒滤材

滤筒滤材类型选择多样，每种滤材都有其独特性，适用于捕捉不同种类粉尘颗粒。

(1) 聚酯纤维：采用聚酯纤维作为滤料，筛孔能够阻挡大部分微米级的尘粒，实现中效过滤。此外，聚酯纤维滤材还可以与其他材料结合制造复合纤维滤筒、阻燃滤筒、覆膜滤筒等。

(2) 纳米纤维：在纤维素基材上，采用特殊工艺附着纳米级纤维形成网状结构。在过滤过程中，空气中细小的颗粒物被纳米纤维层拦截，如细菌、病毒和纳米级颗粒物等，可以被有效地去除。

(3) 聚四氟乙烯涂层(PTFE)：PTFE涂层滤筒是一种特殊的滤筒，其表面涂覆有一层 PTFE 薄膜。由于 PTFE 涂层的低摩擦系数和自润滑性，这种滤筒还具有出色的耐磨性和耐摩擦性，可以长期保持其性能。

3.技术特点

(1) 高效过滤：滤筒式除尘器通常采用纳米纤维覆膜滤材过滤技术，过滤精度高，对于 0.3 μm 级别的粉尘也能有效捕集，过滤效率可达 99.9%，实现高效过滤。适用于对空气质量要求较高的场合，是工业加工中的理想烟气净化设备。

(2) 过滤面积大，阻力低：滤筒采用褶皱的方式制作，使得单位体积过滤面积更大，相同的风量，过滤风速更低，降低阻力，使得气流更容易通过。

(3) 紧凑结构低能耗：滤筒小巧、密集布置，使得整体设备体积较小，节省空间，尤其适合于有限的空间内安装。相比其他类型的空气污染控制设备，滤筒式除尘器通常能以较低的能耗实现高效的粉尘捕集。

(4) 适应性强：可根据不同工业过程的需要进行定制设计，以适应不同颗粒物的捕集和处理要求。

(5) 维护便捷稳定性高：每个滤筒都可能配备单独的脉冲清灰装置(如电磁阀)，可实现逐个或分组清理，缩短了停机时间，且更换滤筒相对简单快捷。经过合理设计和维护，滤筒式除尘器能够稳定运行，维护方便，且可以根据需要进行模块化组合，并保持长期的高效过滤能力。

(6) 成本及运行费用：虽然初期投入成本相较于布袋除尘器更高，但由于滤筒单位体积内的过滤面积大，因此在处理相同风量的情况下，滤筒式除尘器所需的滤筒数量较少，长期运行维护成本可能会有所降低。

(7) 使用寿命长：滤筒采用优质材料制作，具有较高的机械强度和耐腐蚀性，使用寿命长。

4.技术应用

滤筒式除尘器是一种干式除尘装置，它适用于捕集细小、干燥非纤维性粉尘。

滤筒式除尘器起源于日本和欧美一些国家，具有效率高、投资省、易维护等优点，但因其设备容量小，难组合成大风量设备，过滤风速偏低。应用范围窄，仅在粮食、焊接等行业应用，所以多年来未能大量推广。近年来，新技术、新材料不断地发展，对除尘器的结构和滤料进行了改进，使得滤筒式除尘器整体容量增大数倍，逐步推广应用到水泥、电力、冶金、化工等工业领域。对于传统袋式除尘器改造而言，高效滤筒式除尘器可以在不改变原有箱体外形的情况下，通过褶皱滤筒来增加过滤面积，减小过滤风速，从而解决传统除尘器对超细粉尘收集难、清灰效果差、滤袋易磨损破漏、运行成本高的问题。

滤筒式除尘器广泛应用于钢铁、食品、冶金、化工等工业领域中。在焊接烟尘治理方面取得了良好的成效。此外，它还被应用在切割粉尘治理、喷涂粉尘治理、烟草行业中的粉尘治理、陶瓷洁具行业中的粉尘治理、轮胎橡胶塑料行业的粉尘治理、稀有金属的回收、粉尘行业回收装置等。在制造业中，如汽车制造、机械加工等，它能够有效地收集生产过程中产生的粉尘；在制药和食品行业，它能保证生产环境的洁净，符合严格的卫生标准；在建筑施工等场所，它也能有效控制粉尘污染。

与传统的除尘器相比，滤筒式除尘器在处理高浓度粉尘、应对复杂工况等方面具有明显的优势。它能够适应不同的风量需求，通过灵活的配置满足各种规模的应用场景。

滤筒式除尘器以其高效的过滤能力、低能耗的运行特性以及广泛的应用领域，不仅有效改善了工业排放的环境影响，也提升了工业生产过程的安全性和稳定性。随着环保意识的增强和技术的进步，滤筒式除尘器在未来将继续发挥重要作用，为实现清洁、可持续的工业发展贡献力量。

4.2 二氧化硫控制技术

烟气脱硫技术(FGD)是从燃烧后的烟气或工业生产过程排放的废气中脱除硫氧化物，是应用最为广泛、技术也最为成熟的脱硫方法。其化学原理是，SO_2 实质上是酸性物质，因此烟气中 SO_2 可通过与碱性物质反应来脱除。目前，脱硫技术已在世界范围内得到大规模商业应用，并取得了工业化国家的普遍认可。按照脱硫方式和产物形态的不同，烟气脱硫技术主要有干法、半干法、湿法三大类。

4.2.1 干法烟气脱硫技术

干法烟气脱硫技术是利用粉状或粒状吸附剂、吸收剂或催化剂脱除烟气中 SO_2 的方法，脱硫剂以干态直接进入脱硫反应器与 SO_2 反应，脱硫终产物呈“干态”的烟气脱硫方法。

典型干法烟气脱硫工艺图如图 4.5 所示。

干法烟气脱硫技术与除尘器适应性强，对原有除尘器影响较小；在接近烟气绝热饱和温度下运行，且高于酸露点温度 15 ℃ 以上，酸腐蚀小；流程短，能耗低；无废水或废酸液排放等二次污染问题；脱硫后烟气温度降低幅度大，利于烟囱排烟扩散检修，维护量小；运行费用低；等等。但其脱硫效率较低，设备庞大、投资大、占地面积大，操作技术要求高，且对于焦化企业来说，炉体串漏很难避免，由于串漏进入烟气的

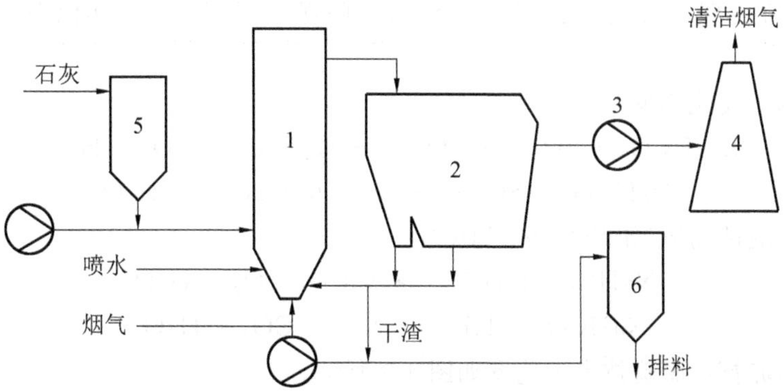

图 4.5　典型干法烟气脱硫工艺图

1—CFB 反应器；2— 静电除尘器；3— 引风机

4— 烟囱；5— 石灰石储仓；6— 灰仓

大分子有机化合物容易附着在除尘器上，不容易去除，影响系统的正常运行。

干法烟气脱硫技术在焦炉、锅炉、加热炉和熄焦烟气治理等方面发挥着关键的技术作用。干法脱硫技术同时还具有很好的脱硝效果，因此常作为同时脱硫脱硝技术使用，干法脱硫脱硝工艺在温降低、无废水、系统阻力低等方面较其他工艺有无可比拟的优势。

1.SDS 小苏打法

SDS 小苏打法脱硫技术是比利时索尔维（SVY）公司开发的烟气脱硫技术，是一种利用碱性化学物质（小苏打）将烟气中的 SO_2 进行化学反应脱除的方法，还可以通过物理吸附一些有机和无机微量物质。

（1）工艺原理

小苏打法是采用自带分级系统的研磨机与输送风机组合为成套研磨喷粉装置，将碳酸氢钠送入研磨机进行研磨，磨制成粉状的小苏打经风机喷入锅炉尾部烟道与烟气充分接触，受热发生激活反应，呈层状或多孔状结构，颗粒大小均匀，具有良好的分散性，然后以固态超微粉末通过多个喷嘴直接喷射到炉膛或反应塔内。$NaHCO_3$ 超细粉与烟气充分混合、接触，在催化剂和促进剂的作用下，与烟气中 SO_2 快速反应。在反应器、烟道及袋式除尘器内，脱硫剂超细粉一直与烟气中的 SO_2 发生反应。反应快速、充分，在 2 s 内即可生产副产物硫酸钠（Na_2SO_4）。反应后脱硫粉状颗粒产物随气流进入布袋除尘器进行脱除，并由除尘器下部集中排出，对副产物进行集中存放。

小苏打法包含两个化学反应过程：一是热激活及吸收 SO_2。热激活过程为，碳酸氢钠与热烟气接触，快速转换成碳酸钠，从而获得大的比表面积及多孔性物质。二是碳酸氢钠经激活转化成多孔性“活性碳化物”，可提高 SO_2 与脱硫剂的接触面积，加快化学反应速度，适合中和 SO_2 等酸性气体（盐酸、氟酸等）。同时，多孔性的脱硫灰，具有很强的吸附能力，可吸附重金属、二噁英 / 呋喃，以及其他挥发性有毒有机物。

完成的主要化学反应为

$$2NaHCO_3 + SO_2 + 1/2O_2 \longrightarrow Na_2SO_4 + 2CO_2 + H_2O \tag{4.1}$$

$$2NaHCO_3 + SO_3 \longrightarrow Na_2SO_4 + 2CO_2 + H_2O \tag{4.2}$$

与其他酸性物质(如 SO_3 等) 的反应：

$$NaHCO_3 + HCl \longrightarrow NaCl + CO_2 + H_2O \tag{4.3}$$

$$NaHCO_3 + HF \longrightarrow NaF + CO_2 + H_2O \tag{4.4}$$

典型小苏打法脱硫技术工艺图如图 4.6 所示。

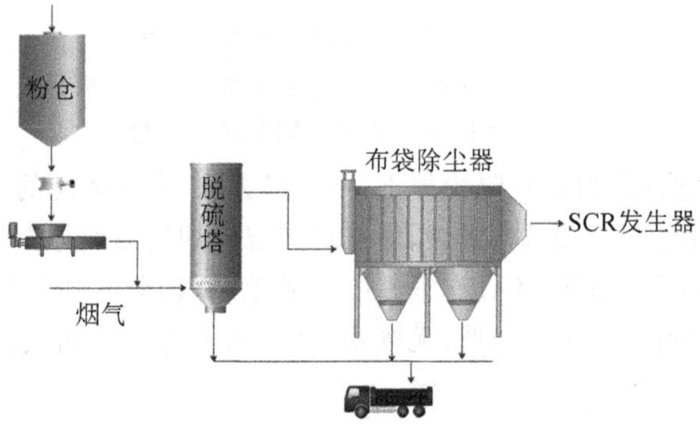

图 4.6　典型小苏打法脱硫技术工艺图

(2) 技术特点

采用小苏打法脱硫不仅能达到环保方面苛刻的要求，而且与其他烟气净化方式相比，能有效降低投资和运营成本。小苏打法脱硫工艺有以下优势：

① 没有主体反应设备，反应发生在烟气管路中，也不需要喷入浆液，系统简单，运行阻力低，操作维护方便，调节灵活。

② 脱硫、除尘效率高，合理的脱硫剂均布装置，满足超低排放要求。

③ 一次性投资少，占地面积小，运行成本低，有竞争力。

④ 脱硫系统全干态运行，没有废水产生，无须额外的设备处理脱硫废水，不仅节约了水资源，同时避免了二次污染。

⑤ 脱硫系统基本不产生温降，排烟温度高，可直接由原烟囱排放。

⑥ 对焦炉、玻璃窑炉、燃气锅炉烟气脱硫工况适应性强。

⑦ 所产生的副产品，即硫酸钠，可以被广泛应用于化肥、玻璃、制盐等领域，具有极高的经济价值。

但小苏打法也存在诸多问题：

① 要求有足够的反应时间，小苏打法与烟气充分掺混后需要维持 3 s 以上的反应时间，部分现场符合条件的烟气管路距离不够长，不一定能够保证有足够的反应时间，如果小苏打法喷粉系统喷射点位布置不合理或者混合装置不恰当，容易导致脱硫

效率大打折扣。

② 小苏打的喷淋控制比较复杂，喷嘴容易堵塞，对水质要求较高。

③ 该工艺需要增加除尘装置，运行费用高，缺少长期运行工程实绩。

(3) 技术应用

小苏打法脱硫技术应用广泛，不仅可用于煤电厂、垃圾或替代燃料焚烧厂，也可以广泛应用于玻璃、水泥、冶金、耐火材料、焦化等行业中的工业废气中，含有酸性物质的气体，如 SO_2、HCl 等。小苏打法在焦炉、锅炉、加热炉等方面发挥着关键的技术作用。例如，在焦化行业，小苏打法干法脱硫脱硝工艺在温降低、无废水、系统阻力低等方面较其他工艺有无可比拟的优势。在锅炉中，小苏打法脱硫技术可以有效地降低烟气中的 SO_2 浓度，满足环保排放要求。此外，在钢铁、电力、化工等行业的加热炉中，小苏打法脱硫技术也被广泛采用。

2.活性炭 / 活性焦干法

活性炭 / 活性焦干法脱硫技术，是利用活性炭 / 活性焦孔隙吸附烟气中 SO_2，吸附后的活性炭 / 活性焦通过加热再生，释放富集 SO_2 资源化回收，再生后的活性炭 / 活性焦循环利用的脱硫技术。

活性炭 / 活性焦干法是一种较为先进的脱硫工艺技术，是目前世界范围内应用广泛的技术之一，其在拥有较高脱硫效率的同时，对烧结烟气中如重金属、NO_x、HF、HCl 等多种污染物起到协同脱除作用，日本在 2000 年后的烟气脱硫项目中均采用活性炭吸附法。活性炭吸附法工艺主要由三部分组成：吸附工程、再生工程、副产品回收工程。

(1) 工艺原理

活性炭 / 活性焦干法的工艺原理如下：含硫烟气通过除尘器除尘后经鼓风机和升压鼓风机送入移动层吸收塔并在吸收塔入口处喷入氨作为脱硝还原剂。吸附了硫酸和铵盐的活性炭被送入解吸塔，经加热至 400 ～ 450 ℃，加热 2 h 以上即可解吸出高浓度 SO_2，送往派生品回收装置，可利用它生产高浓度硫黄或浓硫酸；再生后的活性炭经冷却筛去杂质后送回吸收塔进行循环使用，脱硫过程中的脱硫解析加热烟气、副产物制备系统含硫尾气等可返回治理设施前的烟道进行循环脱硫，减少污染排放。

(2) 技术特点

该方法的主要特点是可实现 NO_x、SO_x 和粉尘等多污染物一体化脱除，节省大量水资源，副产品可生产硫黄、硫酸等，实现硫的资源化和循环经济。

活性炭 / 活性焦干法脱硫的优点较为明显，如下：

① 活性炭 / 活性焦来源广泛，吸附性能好，比表面较大，有利于 SO_2 的吸附和去除；

② 活性炭 / 活性焦耐压、耐磨损、耐冲击，机械强度高，性质稳定，易再生；

③ 资源化利用率高，副产物如 SO_2 可回收利用，且不消耗工艺水，节省大量水资源，有一定经济效益；

④ 运行管理简单、占地面积小；

⑤ 可以高效协同脱除 NO_x、SO_x 和粉尘等多种污染物，达到烟气净化的目的；

⑥ 副产品可生产硫黄、硫酸等，实现硫的资源化和循环经济。

活性炭/活性焦法脱硫技术也存在一些缺点：

① 工艺投资大，对管理水平、自动化水平要求高，运行成本高；

② 在实际工程中所需成本及维护费用较高；

③ 为避免颗粒物进入吸收塔内堵塞活性炭表面而导致活性炭活性降低，该工艺需要设置前端除尘设备，且对除尘效率要求较高，一般要求进口烟气粉尘排放浓度不高于 30 mg/m^3（标态）；

④ 运行过程中活性炭存在磨损、吸附性能下降等物理与化学损耗现象，长时间运行可导致装置烟气出口粉尘排放浓度偏高，可在后面安装除尘设施，避免因运维不及时带来粉尘排放浓度超标；

⑤ 为实现重复利用，还需进行活性炭/活性焦再生，能源消耗较大；

⑥ 需要对烟气温度进行一定控制，防止活性炭/活性焦发生高温自燃；

⑦ 制酸废水的处理亟待解决等；

⑧ 根据活性炭自燃的特点，烟气中 SO_2 排放浓度不应高于 3 000 mg/m^3，烟气温度不应高于 150 ℃，一般在 100～140 ℃，活性炭床层温度不应高于 145 ℃，否则存在一定的技术风险。

(3) 技术应用

活性炭/活性焦干法是一种高效的烟气净化技术，在日本、韩国、澳大利亚等国家的钢铁厂已有广泛应用，并且在我国太原钢铁公司等企业也成功应用，实现了 SO_2 和 NO_x 的同步净化处理。

活性炭/活性焦干法在当今各种领域中都有广泛应用，且具有很好的发展空间。

① 活性炭/活性焦干法特别适用于钢铁厂烧结尾气的净化处理，不仅可以脱除 SO_2 和 NO_x，还可以脱除其他污染物如二噁英和汞等，实现烟气的多污染物协同控制。

② 活性炭/活性焦干法也适用于火电厂尾气的处理，特别是对于新建火电厂，可以满足更为严格的排放标准。

③ 对于大型锅炉尾气的净化，活性炭/活性焦法同样适用，能够提供一种有效的烟气净化解决方案。

④ 活性炭/活性焦干法在化工冶炼工业中也有应用，可以去除烟气中的有害物质，减少环境污染。

3.氢氧化钙颗粒床法

氢氧化钙颗粒床法是采用氢氧化钙颗粒干法(表面微孔)脱硫剂对烟气进行吸附脱硫,系统设置一个脱硫反应器。反应器采用固定床 / 移动床式填料塔,并设置进料口和出料口。

(1) 工艺原理

氢氧化钙颗粒床法原理是在特定的温度范围内,脱硫剂中的$Ca(OH)_2$颗粒和烟气中的 SO_2 进行气固反应达到脱硫目的。

先物理吸附(快):脱硫剂具有微孔结构,能够吸附烟气中的 SO_2 从而达到脱硫目的。

再化学反应(较慢),以下为主要反应式:

$$Ca(OH)_2 + SO_2 \longrightarrow CaSO_3 + H_2O \tag{4.5}$$

$$Ca(OH)_2 + SO_3 \longrightarrow CaSO_4 + H_2O \tag{4.6}$$

$$Ca(OH)_2 + HF \longrightarrow CaF_2 + H_2O \tag{4.7}$$

$$Ca(OH)_2 + HCl \longrightarrow CaCl_2 + H_2O \tag{4.8}$$

$$Ca(OH)_2 + SO_2 + 1/2O_2 \longrightarrow CaSO_4 + H_2O \tag{4.9}$$

脱硫剂通过给料系统输送至脱硫塔顶部,并通过调节脱硫塔底部的旋转阀使其在脱硫塔内从上往下缓慢移动。烟气通过水平管道进入脱硫塔,穿过脱硫剂,脱硫剂中的有效组分与 SO_2 发生化学反应,实现烟气净化的目的,净化后的烟气从脱硫塔出口排出。脱硫塔中的脱硫剂从上往下移动,即保持脱硫塔上部的脱硫剂为新鲜脱硫剂,经使用一段时间后去往脱硫塔下部。反应后的废脱硫剂通过出料系统排出。

(2) 技术特点

氢氧化钙颗粒床法脱硫系统工艺流程短,只有一个系统,设备设施简单,无须除尘设备,不用水,故不产生废水及设备腐蚀,几乎无运动部件,故不易出故障。脱硫效果稳定并容易调节,对于烟气温度不太敏感,对于瞬间硫氧化物增大也不太敏感。如果选择适宜的脱硫剂,还可以确保脱硫效率稳定在超低排放水平。如果与自动浓度监测装置相匹配,在监测装置上设置合理的预警限,并与合理的固定床结构相协调,还具有升级为全自动智能化加药的潜力。

其缺点是床料属于成型颗粒性产品,长期运行后,可能出现脱硫剂颗粒破损,烟气排放超标的现象,且废弃催化剂属于危废。

氢氧化钙颗粒床法符合国家节能减排、清洁生产、绿色发展方向,对推动行业技术进步、减少环境污染、提升资源利用率具有示范作用。

(3) 技术应用

氢氧化钙颗粒床法采用主要成分为氢氧化钙的颗粒为脱硫剂,反应温度窗口宽,可适用于 150 ～ 350 ℃ 之间的烟气治理,在轧钢加热炉、轧钢退火炉、小型燃气锅炉等低硫烟气治理上应用较多。脱硫系统只需要建设脱硫塔,无须布袋除尘器,几乎适用于所有的烟气条件。该技术在多个领域得到了应用,并且显示出了良好的应用效果。

4.2.2 半干法烟气脱硫技术

半干法烟气脱硫技术是指脱硫剂以增湿状态进入脱硫塔与 SO_2 反应，脱硫终产物呈“干态”的烟气脱硫方法。半干法脱硫技术通过吸收剂再循环增湿，可以最大限度地利用循环吸收剂。

典型半干法烟气脱硫工艺图如图 4.7 所示。

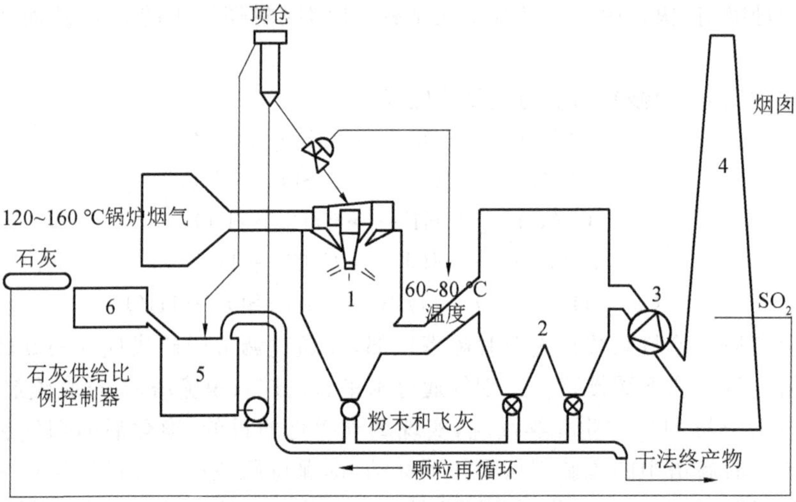

图 4.7 典型半干法烟气脱硫工艺图

半干法烟气脱硫技术特点：用烟气在脱硫塔中的停留时间来衡量烟气与脱硫剂的接触时间，停留时间主要取决于液滴的蒸发干燥时间，一般为 10 ～ 12 s；反应塔内飞灰和脱硫灰大部分通过除尘器收集，只有 5% ～ 10% 的干燥固体物从吸收塔底部排出；降低脱硫塔的空塔流速，延长停留时间，有利于提高脱硫率，通常空塔速度为 0.2 ～0.5 m/s；半干法脱硫工艺的钙硫比通常在 1.2 ～ 2.0 之间，循环倍率达到 5 倍以上，脱硫率可达到 90% ～ 97%；反应温度一般高于酸露点温度 10 ～ 15 ℃，脱硫后烟气温度为 65 ～ 70 ℃。与干法烟气脱硫技术相比，半干法脱硫技术具有较高的脱硫效率和较低的钙硫比；与除尘器适应性强，对原有除尘器影响较小。

半干法脱硫技术在焦炉、锅炉、加热炉和熄焦烟气治理等方面发挥着关键的技术作用。半干法脱硫工艺的脱硫反应速度快，脱硫效率也可达到 90% 以上，在脱硫的同时，还能去除烟气中的一些重金属类的污染物，并且整个工艺相对简单。由于脱硫剂的循环利用，所以一定程度上降低了运行成本，此脱硫技术目前应用较为广泛。同时，此工艺也存在一定的缺点，如脱硫的副产物无法利用，对锅炉负荷变化的适应性不高，而且需要配备除尘系统，对整个工艺流程中运行控制要求都较高。

半干法烟气脱硫工艺包括常规的喷雾干燥烟气脱硫工艺以及循环流化床烟气脱

硫工艺(CFB－FGD)、气体悬浮吸收烟气脱硫工艺(GSA)、增湿灰循环脱硫工艺(NID)、旋转喷雾干燥法(SDA) 等。本节主要介绍 SDA。

SDA 是美国 Joy 公司和丹麦 Niro 公司联合研制出的工艺。目前,国内大多采用丹麦 Niro 公司的旋转雾化器,使用寿命一般可在 30 年以上。

1.工艺原理

SDA 是利用喷雾干燥的原理,旋转喷雾烟气反应过程包含四个步骤,即:吸收剂制备;吸收剂浆液雾化;雾粒和烟气混合,吸收 SO_2 并被干燥;废渣排出。烟道气从脱硫塔入口进入 SDA 吸收塔中,与被雾化的脱硫剂(Na_2CO_3 或 CaO) 浆液接触,发生物理、化学反应,烟气中的 SO_2 被吸收净化。经吸收 SO_2 并干燥的含粉料烟气出吸收塔进入袋式除尘器进行净化及进一步的脱硫反应,袋式除尘器除下的灰部分经过空气斜槽进入循环灰仓循环利用,以提高脱硫剂的利用率,另一部分灰由仓泵打入灰库外排,如图 4.8 所示。

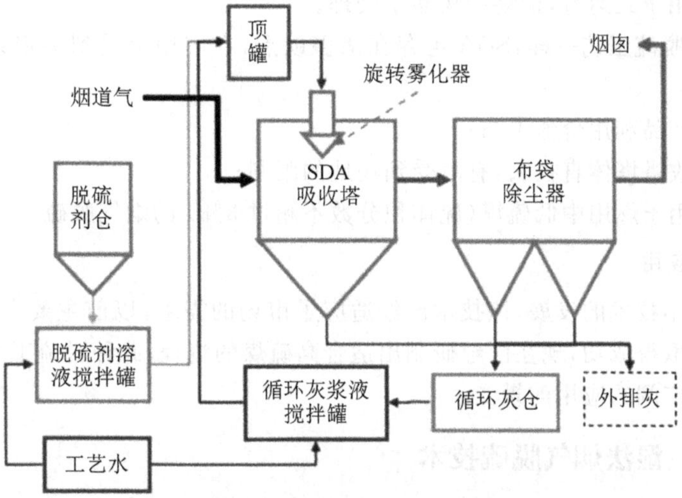

图 4.8　SDA 烟气脱硫工艺图

2.脱硫剂

SDA 通常采用生石灰或熟石灰作为脱硫剂,粒度不大于 50 μm。生石灰经过熟化处理后,会转化成具有较好反应能力的熟石灰浆液,其主要成分是 $Ca(OH)_2$。这种熟石灰浆液会被装在吸收塔顶部的高速旋转雾化器中,在喷射时形成均匀的雾滴,其雾粒直径可小于 100 μm。这些微小的分散颗粒具有很大的比表面积,一旦与烟气接触,就会发生强烈的热交换和化学反应,迅速蒸发绝大部分水分,形成含水量少的固体灰渣,一般入口烟气温度不低于 100 ℃。如果吸收剂颗粒没有完全干燥,那么在吸收塔之后的烟道和除尘器中仍然可以继续发生吸收 SO_2 的化学反应,一般要求脱硫塔系统损失不高于 1 000 Pa,脱硫塔内烟气停留时间宜大于 5 s,塔内烟气流速宜控制在 3 ～ 7 m/s，以满足脱硫指标要求。

3.技术特点

SDA 具有一定的技术优势：

(1) 系统相对简单、流程短、易于操作、易于维护、可利用率高；

(2) 流程简单，系统设备少，投资低、运行费用低，占地面积小以及副产品可以综合利用；

(3) 工艺操作弹性大，灵活性高，能适应很宽的操作参数范围，易于快速实现操作参数的全自动调节以适应运行条件的波动，对不同的烟气流量、烟气温度和烟气成分能进行快速响应、能够很好地适应系统的起停与负荷变化；

(4) 无污水排放，烟气可不加热；

(5) 运行可靠，不会产生结垢和堵塞，只要控制好干燥吸收器的出口烟气温度，就可以有效降低设备的腐蚀性，无须防腐；

(6) 采用干式运行，最终产物易于处理。

和所有脱硫工艺一样，SDA 也存在诸多缺点，在应用上受到一定条件的限制。主要缺点有：

(1) 副产品利用价值不高；

(2) 吸收塔塔体直径大，有时受到场地的限制；

(3) 适用于燃用中低硫煤(硫体积分数不超过 3%) 的烟气脱硫。

4.技术应用

随着科学技术的发展，该技术已经适应了市场的需求，以前主要在中、低硫煤的脱硫应用上取得成功，现在已经研制出适合高硫煤的流程，此种脱硫工艺在我国的环保领域有着广阔的应用前景。

4.2.3 湿法烟气脱硫技术

湿法烟气脱硫技术(WFGD) 是用液体或浆状吸收剂在湿状态下脱硫和处理脱硫产物，通过吸收剂采用石灰、石灰石、氨、氧化镁、氢氧化钠等。WFGD 脱硫效率主要受浆液 pH 值、液气比、停留时间、吸收剂品质及用量的影响。

典型湿式氨法烟气脱硫工艺图如图 4.9 所示。

当前，湿法烟气脱硫技术已在世界范围内工业领域实现大规模推广应用，如美国、德国、日本、中国等国家燃煤电厂烟气脱硫技术均以湿法为主。湿法脱硫技术可用在 SO_2 排放浓度较高的钢铁烧结、球团、焦炉、水泥窑、玻璃窑、碳素焙烧窑等烟气治理工艺中。湿法脱硫技术比较成熟、先进的湿法烟气脱硫技术主要有石灰石 / 石灰 — 石膏法、氨法、双碱法、单碱法、镁法和海水法等。

1.石灰石 / 石灰 — 石膏法

石灰石 / 石灰 — 石膏法是最早发展的烟气脱硫技术之一，是目前世界上使用的

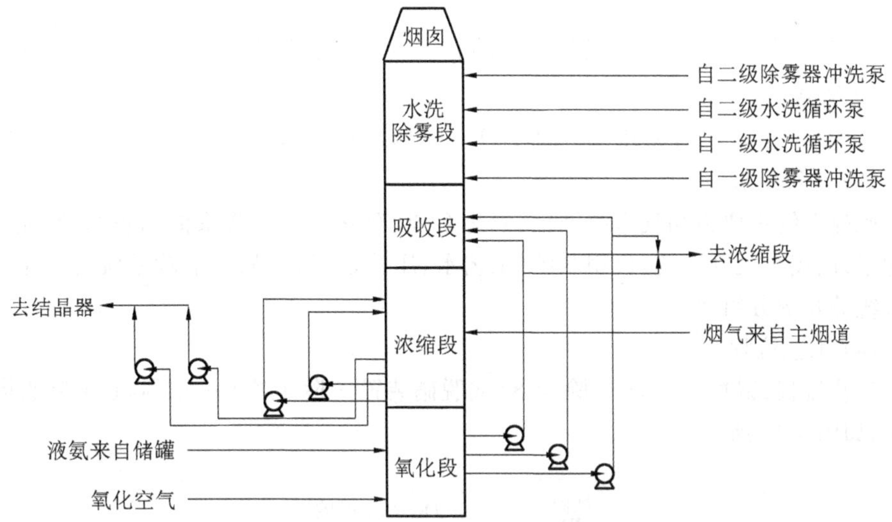

图 4.9　典型湿式氨法脱硫工艺图

技术最成熟可靠、运行情况最稳定、应用最广泛的 SO_2 控制技术。

(1) 工艺原理

石灰石 / 石灰－石膏法烟气脱硫采用石灰石或石灰作为脱硫吸收剂，石灰石经破碎磨细成粉状与水混合搅拌成吸收浆液，当采用石灰为吸收剂时，石灰粉经消化处理后加水制成吸收剂浆液。在吸收塔内，吸收浆液与烟气接触混合，烟气中的 SO_2 与浆液中的碳酸钙以及鼓入的氧化空气进行化学反应从而被脱除，最终反应产物为石膏。脱硫后的烟气经除雾器去水、换热器加热升温后进入烟囱排向大气。脱硫石膏浆经脱水装置脱水后回收，脱硫废水经处理后达标排放。一般要求装置入口烟气 SO_2 排放浓度(干基折算) 不高于 12 000 mg/m³，烟气温度宜为 80 ～ 170 ℃，颗粒物排放浓度不高于 200 mg/m³，燃煤电厂超低排放要求不高于 30 mg/m³。吸收系统钙硫比宜控制在 1.03 以内，采用石灰石作为吸收剂时，浆液 pH 值宜控制在 5.2 ～ 5.8 之间，采用石灰作为吸收剂时，浆液 pH 值宜控制在 5.2 ～ 6.2 之间。

(2) 反应过程

① 吸收

$$SO_2 + H_2O \longrightarrow H_2SO_3 \tag{4.10}$$

$$SO_3 + H_2O \longrightarrow H_2SO_4 \tag{4.11}$$

② 中和

$$CaCO_3 + H_2SO_3 \longrightarrow CaSO_3 + CO_2 + H_2O \tag{4.12}$$

$$CaCO_3 + H_2SO_4 \longrightarrow CaSO_4 + CO_2 + H_2O \tag{4.13}$$

$$CaCO_3 + 2HCl \longrightarrow CaCl_2 + CO_2 + H_2O \tag{4.14}$$

$$CaCO_3 + 2HF \longrightarrow CaF_2 + CO_2 + H_2O \tag{4.15}$$

③ 氧化

$$2CaSO_3 + O_2 \longrightarrow 2CaSO_4 \tag{4.16}$$

④ 结晶

$$CaSO_4 + 2H_2O \longrightarrow CaSO_4 - 2H_2O \tag{4.17}$$

(3) 系统组成

脱硫系统主要由烟气系统、吸收氧化系统、石灰石／石灰浆液制备系统、副产品处理系统、废水处理系统、公用系统(工艺水、压缩空气、事故浆液罐系统等)、电气控制系统等几部分组成。

(4) 工艺流程

工艺流程:锅炉／窑炉 → 除尘器(或脱硝装置＋除尘器) → 引风机 → 吸收塔 → 烟囱,如图 4.10 所示。

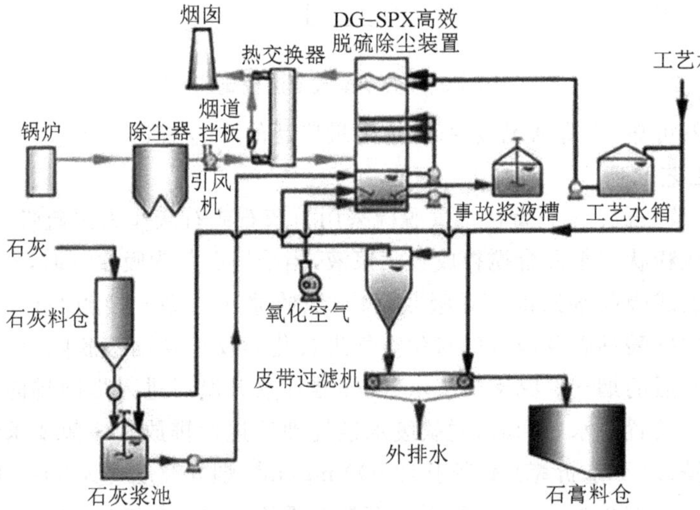

图 4.10　工艺流程图

来自于锅炉或窑炉的烟气经过脱硝、除尘后在引风机作用下进入吸收塔,吸收塔为逆流喷淋空塔结构,集吸收、氧化功能于一体,上部为吸收区,下部为氧化区,经过除尘后的烟气与吸收塔内的循环浆液逆向接触。

系统一般装 3 ～ 5 台浆液循环泵,每台循环泵对应一层雾化喷淋层。当负荷较小时,可以停运 1 ～ 2 层喷淋层,此时系统仍保持较高的液气比,从而可达到所需的脱硫效果。

吸收区上部装除雾器,除雾器出口烟气中的雾滴排放浓度可不超过 50 mg/m^3(干基折算)。吸收 SO_2 后的浆液进入循环氧化区,在循环氧化区中,亚硫酸钙被鼓入的空气氧化成石膏晶体。同时,由吸收剂制备系统向吸收氧化系统供给新鲜的石灰石浆液,用于补充被消耗掉的石灰石,使吸收浆液保持一定的 pH 值。反应生成物浆液达到一定密度时排至脱硫副产品系统，经过脱水形成石膏。

(5) 技术特点

石灰石－石膏法具有脱硫效率高、脱硫剂廉价易得、脱硫石膏可综合利用等优点。我国虽是一个天然石膏较为丰富的国家，但对石膏仍以回收为主，将石膏用于建材、土壤固磷、路基材料等方面可以抵消脱硫装置的部分运行成本，具有环境与经济上的双重效益。石灰－石膏法具有诸多优势：

① 脱硫效率高，可保证 95% 以上；

② 应用最为广泛、技术成熟、运行可靠性好；

③ 对煤种变化、负荷变化的适应性强，适用于高硫煤；

④ 脱硫剂资源丰富，价格低廉，工艺运行费用低；

⑤ 所得的副产品既可以回收，也可以抛弃；

⑥ 可起到进一步除尘的作用。

但该法也存在诸多问题：初期投资费用太高、运行费用高、占地面积大、系统管理操作复杂、磨损腐蚀现象较为严重，脱硫过程中产生的大量废水较难处理，此外，该技术有脱硫废液产生，脱硫后排气筒湿烟气拖尾现象较为严重，部分设施还会携带脱硫浆液，造成“石膏雨”现象，增加湿烟气中的颗粒物排放浓度，一般采用湿电除尘器配合使用。此外，最终产物石膏的综合利用也受到多方面因素制约，目前仅被水泥、砖瓦等建材行业应用，需开发其他高附加值应用路径。

(6) 技术应用

石灰－石膏湿法适用于任何含硫量煤种的烟气脱硫，经多年工程应用及不断完善，目前脱硫效率可稳定在 97% 左右，甚至可达 98% 以上。该技术是目前最有效的烟气脱硫技术，被广泛应用于燃煤发电锅炉、热电联产锅炉、集中供热锅炉、烧结机、球团窑炉、焦化炉、水泥窑炉、玻璃窑炉、碳素焙烧窑炉、有色金属冶炼窑炉等烟气脱硫。

2.氨法

氨法脱硫工艺与石灰－石膏法脱硫工艺类似，它是以液氨或氨水作为脱硫剂的一种先进、高效、经济的脱硫系统。

(1) 工艺原理

氨法是一种古老的方法，可以追溯到 20 世纪 30 年代。其基本原理是用 $(NH_4)_2SO_3$、NH_4HSO_3 溶液来吸收 SO_2，然后用不同方法处理吸收液。

在吸收塔内，吸收溶液与烟气接触混合，烟气中的 SO_2 与溶液中的 $(NH_4)_2SO_3$ 和 NH_4HSO_3 进行化学反应从而被脱除，最终反应产物为硫酸铵晶体。

一般氨法脱硫装置入口烟气 SO_2 排放浓度(干基折算)宜不高于30 000 mg/m^3，烟气温度宜为 80～170 ℃，颗粒物排放浓度不高于 50 mg/m^3，燃煤电厂超低排放要求不高于 30 mg/m^3。氨逃逸排放浓度小时均值应低于 3 mg/m^3，氨回收率不小于98%。

(2) 反应过程

氨导入洗涤系统后，发生下列反应：

$$NH_3 + H_2O + SO_2 \longrightarrow NH_4HSO_3 \quad (4.18)$$

$$2NH_3 + H_2O + SO_2 \longrightarrow (NH_4)_2SO_3 \quad (4.19)$$

亚硫酸铵对 SO_2 有更好的吸收能力，它是氨法中的主要吸收剂。吸收反应如下：

$$SO_2 + (NH_4)_2SO_3 + H_2O \longrightarrow 2NH_4HSO_3 \quad (4.20)$$

氨法实质上是以循环的 $(NH_4)_2SO_3$、NH_4HSO_3 水溶液吸收 SO_2 的过程。随着亚硫酸氢铵比例的增大，吸收能力降低，须补充氨水将亚硫酸氢铵转化为亚硫酸铵。

中和反应：

$$NH_3 + NH_4HSO_3 \longrightarrow (NH_4)_2SO_3 \quad (4.21)$$

氧化反应：

$$2(NH_4)_2SO_3 + O_2 \longrightarrow 2(NH_4)_2SO_4 \quad (4.22)$$

亚硫酸铵含量高的溶液，则从系统中排出。

(3) 系统组成

脱硫系统主要由烟气系统、吸收塔系统、吸收剂制备系统、浓缩塔系统、副产品处理系统、废水处理系统、公用系统(工艺水、压缩空气、事故浆液罐系统等)、电气控制系统等几部分组成。

(4) 工艺流程

工艺流程：锅炉/窑炉→除尘器(或脱硝装置+除尘器)→引风机→浓缩塔→吸收塔→烟囱，如图4.11所示。

来自于锅炉或窑炉的烟气经过脱硝、除尘后在引风机作用下进入浓缩塔、吸收塔，吸收塔为逆流喷淋空塔结构，集吸收、氧化功能于一体，上部为吸收区，下部为氧化区，经过除尘后的烟气与吸收塔内的循环浆液逆向接触。

系统一般装2～3台浆液循环泵，每台循环泵对应一层雾化喷淋层。当负荷较小时，可以停运1层喷淋层，此时系统仍保持较高的液气比，从而可达到所需的脱硫效果。吸收区上部装除雾器，除雾器出口烟气中的雾滴排放浓度可不超过50 mg/m^3(干基折算)。

吸收 SO_2 后的浆液进入循环氧化区，在循环氧化区中，亚硫酸氨被鼓入的空气氧化成硫酸铵晶体。同时，由吸收剂制备系统向吸收氧化系统供给新鲜的氨水或液氨(利用液氨蒸发通过氧化风管进入吸收塔)，用于补充被消耗掉的氨水，使吸收溶液保持一定的pH值。反应生成物溶液达到一定密度时先排至吸收塔前的浓缩塔，经浓缩后进入脱硫副产品系统，经过蒸发结晶、离心脱水后形成硫酸铵晶体，进一步干燥、包装成袋后商业化利用。

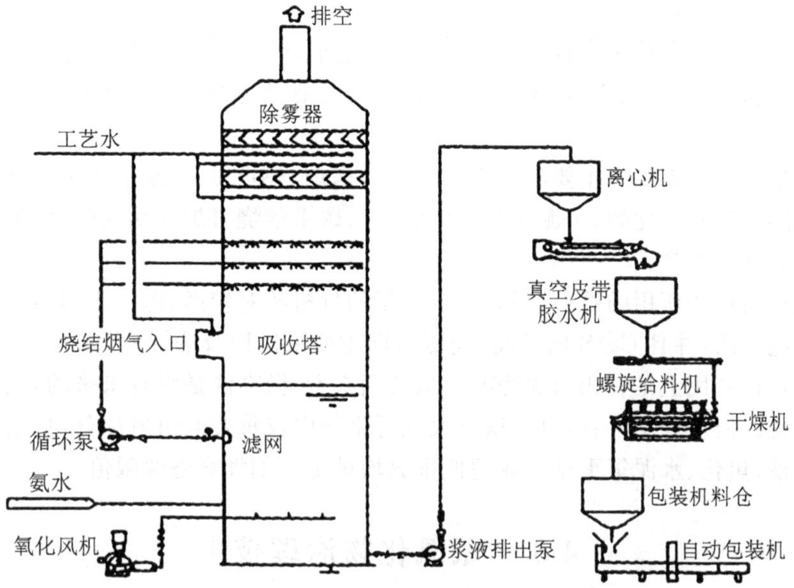

图 4.11　工艺流程图

(5) 技术特点

因氨基的碱性优于钙基，所以氨法具有比钙法更高的脱硫效率及脱硫剂利用率，且该法的吸收剂可来源于化工、钢铁等行业的废氨，能够达到以废治废、变废为宝的目的，可作为具有稳定氨源的脱硫行业的首选技术。

① 脱硫效率高，可保证 98% 以上；

② 系统能耗低；

③ 对煤种变化、负荷变化的适应性强，适用于高硫煤；

④ 副产品回收的经济效益高；

⑤ 具有一定的脱硝功能。

氨法的主要问题包括：

① 氨的供应、运输技术。氨是一种强腐蚀的较危险的化学品，在系统设计上要做相应的考虑。

② 防止氨泄漏的技术。由于温度较高(50 ～ 60 ℃)，控制尾气中的氨体积分数十分重要。

③ 亚硫酸根的氧化，如何经济高效地将亚硫酸铵转为硫酸铵是氨法脱硫工艺实现工业化的关键。

④ 回收产物的市场。由于主要的产物是亚硫酸铵，过去常作为造纸厂的漂白剂，但目前市场已经萎缩。而硫酸铵的化肥在我国容易造成土壤板结，应用受到限制。

(6) 技术应用

氨法烟气脱硫技术是世界上商业化应用的脱硫方法之一。该工艺副产物为硫酸铵,可实现资源回收利用,是控制酸雨和 SO_2 污染最为有效和环保的湿法烟气脱硫技术。

氨法烟气脱硫技术主要应用于燃煤发电锅炉、热电联产锅炉、集中供热锅炉、烧结机、球团窑炉、焦化炉、水泥窑炉、玻璃窑炉、碳素焙烧窑炉等烟气脱硫,但要控制好氨逃逸和烟气夹带。

虽然与钙法所用的石灰石相比,合成氨的价格相对较高,但由于国内采用的钙法主要是抛弃法,并且 Ca/S 比较高,而氨法则主要采用回收法,综合来看,氨法在投资成本和运行费用上是有相当优势的。从长远来看,抛弃法是没有未来的,故氨法逐渐受到重视。但从现实来看,由于氨是大气污染物中较重要的组成部分,目前多个行业例如钢铁、焦化、水泥等重点行业超低排放均设定了烟气氨逃逸限值。

4.3　氮氧化物治理技术

烟气中的氮氧化物控制,一方面是加强焦炉本体的燃烧系统进行治理,从源头上降低氮氧化物的产生;另一方面是通过对焦炉烟气进行脱硝工艺操作。

甲醇煤化工企业所用锅炉多为燃煤锅炉,烟气氮氧化物控制技术主要采用选择性非催化还原(SNCR) 技术和选择性催化还原(SCR) 技术。

4.3.1　低氮燃烧技术

低氮燃烧技术是指根据一定的燃烧学原理,通过各种技术手段改变燃烧条件或燃烧工艺来降低燃烧产物(烟气) 中 NO_x 生成量的技术。燃烧生成的 NO_x 主要是 NO 和 NO_2。

低氮燃烧技术一直是应用最广泛的措施,即使是为满足排放标准的要求不得不使用尾气净化装置,仍须采用它来降低净化装置入口的 NO_x 排放浓度,以达到节省费用的目的。

低氮燃烧主要的工作原理是通过对燃烧条件的改变,进而改变燃烧过程中生成的产物,减少 NO_x 的排放量,降低空气污染。以焦化为例,焦炉烟气低氮燃烧技术中已应用的类似技术有分段燃烧和废气循环,但对于已建成的焦炉,无法进行改造。其中分段燃烧技术主要通过控制燃烧温度、改变燃料结构来减少 NO_x 的生成;废气循环技术则采用立火道循环烟气循环和烟道气回配来减少氮氧化物的生成。焦炉低氮燃烧技术系统示意图如图 4.12 所示。

1.分段燃烧技术

改变燃烧方式控制空气中氧气、氮气反应生成氮氧化物,主要手段就是控制燃烧室温度,保证立火道的温度从上而下温差不大,防止出现局部温度过高的现象。当立火道温度小于 1 350 ℃ 时，NO_x 生成量很低，但当立火道温度高于 1 350 ℃ 时，NO_x 的排放浓度会随着温度升高迅速增加。立火道温度每升高 10 ℃，NO_x 排放浓度增大 30 mg/m^3，当温度达到 1 600 ℃ 以上时，NO_x 排放浓度则成倍增加。因此适当降低炼焦结焦时间内的标准温度即降低燃烧室的温度，能控制 NO_x 的生成，但控制不当会对焦炭的质量产生影响。此外可以通过减少炭化室与燃烧室之间的温度梯度，来间接降低立火道温度从而控制 NO_x 生成。在焦炉加热过程中，控制燃烧室立火道温度，同时缩短烟气在高温区停留时间，以及合理控制空气供入量，控制燃烧后的空气过剩系数 α 值。具体措施和方法包括废气循环、分段加热、制定合理的加热制度、加强焦炉本体的综合治理等。

分段加热技术主要通过分段加热和控制合适的空气过剩系数 α 值来降低焦炉烟气中 NO_x 的排放浓度。韩国浦项焦化利用现有焦炉煤气烧嘴供入二次空气，形成空气两段燃烧系统，当第二段供风量为 32% 时，可减少 45% 的 NO_x 排放；当第二段供风量为 20% 时，可减少 22% 的 NO_x 排放。河钢唐钢焦炉通过在立火道中部增加燃烧喷嘴分段进行加热，通过三段供风方式设计，以保证炭化室的高向加热，从而使立火道内温度均匀，减少 NO_x 的生成。

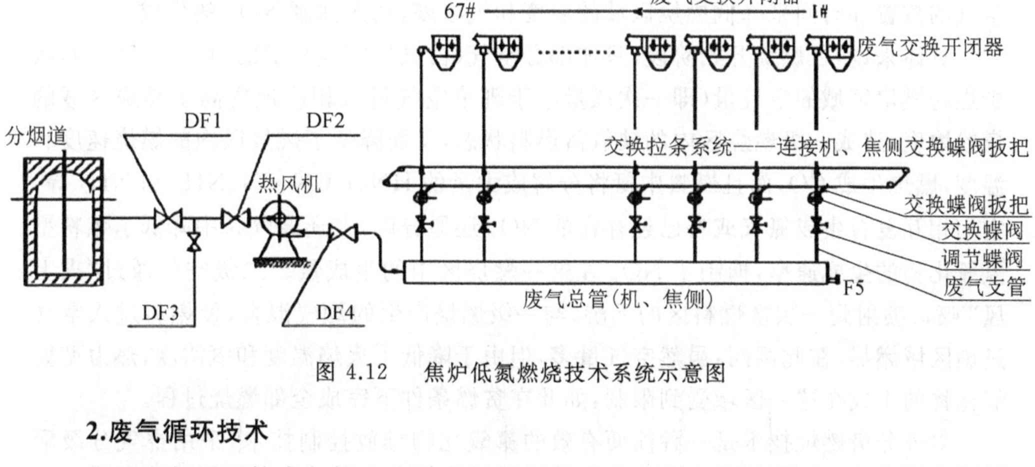

图 4.12　焦炉低氮燃烧技术系统示意图

2.废气循环技术

焦炉废气循环技术包括立火道废气循环技术和烟道气回配技术，立火道废气循环技术是将部分下降气流的废气进入上升气流，降低气流温度，同时废气循环在一定程度上降低了燃气和空气排放浓度，降低了燃烧强度，从而降低了 NO 的生成量。空气和煤气在立火道底部混合燃烧过程中，根据燃烧的性质，一般在立火道 1 ～ 1.5 m 处温度达到最高，这样就造成了立火道下部温度较高，而上部温度低，高温部位则容易生成氮氧化物。废气循环的特点就是燃烧产生的废气进入下降立火道后，通过立火道底部隔墙处的循环孔，一部分废气再次进入燃烧立火道内，其作用可将燃烧火焰拉长，使得立火道内温度上下温差减小，没有局部高温部位，从而降低了燃烧室内氮氧化物的生成量。通常立火道废气循环量控制在 10% ～ 20%，NO_x 生成量最高可降低25%。如果立火道废气循环量超过30%则降低燃烧效率。

焦炉中废气循环系统的使用可以显著降低废气中氮氧化物的排放浓度，循环烟气量过大或过小都不能达到工艺要求，如果烟循环量过大，大量的热量会被带走并造成热能缺乏；如果烟气循环量过小，则对氮氧化物排放浓度的降低程度有限，难以达到焦化行业烟气排放标准。通过在焦炉地下室布置烟气引风机和回配管道，使废气从机焦侧分烟道地下室的侧壁开洞分别引出，经烟气引风机加压后利用管道掺入到开闭器风门吸入的加热空气中，达到降低助燃空气用量的目的。根据经验，焦炉废气循环量选取的最佳取值范围一般为30%～40%。

3.分级燃烧技术

热力型NO_x的生成很大程度上取决于燃烧温度，燃烧温度在当量比为1的情况下达到最高，在贫燃或者富燃的情况下进行燃烧，燃烧温度会下降很多。运用该原理开发出了分级燃烧技术，包括两个方面：空气分级燃烧以及燃料分级燃烧。

(1) 空气分级燃烧

空气分级燃烧技术是目前应用较为广泛、技术上较为成熟的低氮氧化物燃烧技术。该技术将空气分为两个或多个级别进行燃烧，通过控制一次空气的数量和二次空气的位置和时间来降低燃烧区域的温度和氧浓度，从而抑制NO_x的生成。

具体来说，在燃烧开始阶段，只加部分空气(占燃烧空气总量的70%～75%)，减少煤粉燃烧区域的空气量(即一次风量小于理论空气量)，相应地提高了燃烧区域的煤粉浓度，造成一级燃烧区内的缺氧富燃料状态，从而降低了燃烧区内的燃烧速度和温度，燃烧生成CO，而且燃料中氮将分解成大量的HN、HCN、CN、NH_3和NH_2等，它们相互复合生成氮气或将已经存在的NO_x还原分解，在还原气氛中降低了燃料型氮氧化物的生成速率，抑制了NO_x在这一燃烧区中的生成量。二级空气通过“火上风”喷口喷射到一次富燃料区的下游，与一级燃烧产生的烟气混合，使燃料进入空气过剩区域燃尽，在此区间，虽然空气量多，但由于降低了火焰温度和氧浓度，热力型氮氧化物的生成在这一区域受到限制，如此在贫燃条件下完成全部燃烧过程。

空气分级燃烧技术是一种简便有效的氮氧化物排放控制技术，采用空气分级配合废气循环形式的综合分级燃烧技术，NO_x排放量可降低30%～40%。空气分级燃烧系统在燃煤锅炉上的应用有较长的历史，通常增大燃尽风份额可得到较大的NO_x脱除率。目前该技术与其他初级控制措施联合使用，已成为新建锅炉整体设计的一部分，在适度控制氮氧化物排放的要求下，往往作为现代工业燃烧技术中的重要组成部分之一。

(2) 燃料分级燃烧

燃气分级燃烧，又称燃料再燃技术，是指在炉膛(燃烧室)的特定区域内，设置一次燃料欠氧燃烧的氮氧化物还原区段，用燃料作为还原剂来还原燃烧产物中的NO_x，以控制NO_x最终生成量的一种燃料再燃技术。利用这一原理，把炉膛高度自下而上依次分为一级燃烧区（主燃区）、二级燃烧区（再燃区）和三级燃烧区（燃尽区）。燃烧过程是：大部分燃料（80%～85%）从立火道底部进入一级燃烧区，在贫燃料（富氧）条件下燃烧并生成NO，其余15%～20%的燃料通过燃烧器的上部喷入二级燃烧区，在富燃料（贫氧）状态下形成很强的还原性气氛，使得在一级燃烧区生成的氮氧化物在二级燃烧区内被大量还原成氮分子（N_2），同时在二级燃烧区还抑制了新的 NO_x 生成。与空气分级燃烧相比，燃料分级燃烧需要在二级燃烧区上面布置“火上风”以形成三级燃烧区，使二级燃烧区出口的未完全燃烧产物燃烧，达到最终完全燃烧的目的。使用再燃会给系统带来很大的灵活性，可有效控制 NO_x 的排放浓度，一般情况下，应用燃料分级燃烧技术可以达到30%以上的脱除 NO_x 的效果，在采用低氮燃烧器抑制 NO_x 生成的基础上联合使用燃料分级燃烧可以进一步降低 NO_x 的排放量。

4.技术特点

在焦炉工艺体系中，低氮燃烧技术作为其中一部分已被纳入。当对废气循环量实施合理管控时，便可达到低氮燃烧的目标。这种技术投资低，成本小，但不能把氮氧化物控制到150 mg/m^3，低氮燃烧技术可以与任何一种脱硝技术同时使用。

5.技术应用

低氮燃烧技术可从源头上降低 NO_x 的生成，投资低且无运行成本，已广泛应用在锅炉、加热炉、热风炉等领域烟气 NO_x 的处理上。焦炉分段燃烧和废气循环技术可从源头上有效降低 NO_x 的生成量，在新建焦炉和优化改造中应用较多。

4.3.2　选择性非催化还原技术

选择性非催化还原（SNCR）技术是指无催化剂的作用下，在适合脱硝反应的“温度窗口”内喷入还原剂将烟气中的氮氧化物还原为无害的氮气和水。该技术一般采用炉内喷氨、尿素或氢氨酸作为还原剂还原 NO_x。还原剂只和烟气中的 NO_x 反应，一般不与氧反应，该技术不采用催化剂。由于该工艺不用催化剂，因此必须在高温区加入还原剂。还原剂喷入炉膛温度为850～1 100 ℃的区域，迅速热分解成 NH_3，与烟气中的 NO_x 反应生成 N_2 和水。

1.工艺原理

采用 NH_3 作为还原剂，在温度为900 ℃～1 100 ℃的范围内，还原 NO_x 的化学反应方程式主要为

$$4NH_3 + 4NO + O_2 \longrightarrow 4N_2 + 6H_2O \tag{4.23}$$

$$4NH_3 + 2NO + 2O_2 \longrightarrow 3N_2 + 6H_2O \tag{4.24}$$

$$8NH_3 + 6NO_2 \longrightarrow 7N_2 + 12H_2O \tag{4.25}$$

采用尿素作为还原剂还原 NO_x 的主要化学反应为

$$CO(NH_2)_2 \longrightarrow 2NH_2 + CO \tag{4.26}$$

$$NH_2 + NO \longrightarrow N_2 + H_2O \tag{4.27}$$

$$CO + NO \longrightarrow N_2 + CO_2 \tag{4.28}$$

2.工艺流程

在炉内进行脱硝操作难度较大，需要用到液氨或者稀释后的尿素，进行喷射的方式给予到焦炉内使用，这时焦炉的温度在 1 200 ℃ 左右，在此温度范围喷射进去的尿素水和液氨水会分解为一氧化氮和二氧化氮。SNCR 技术的反应温度窗口较高且范围较窄(850 ~ 1 100 ℃)，温度过高或过低分别导致的氨氧化及氨逃逸现象，均会造成还原剂的损失，进而增加运行成本，影响脱硝效果。

纯氨作为反应剂的脱硝系统流程通常为：用氨罐槽车将液氨运送至工厂内，通过一个可以远程操作的卸载管线卸氨，卸载的液氨送到液氨储存罐。氨罐和氨蒸发器构成一个循环回路，通过加热液氨使其蒸发后回到氨储罐，维持储罐上部氨蒸气的量。氨蒸气被从储罐顶部抽出，经过调压后送往锅炉脱硝。

喷射尿素的 SNCR 脱硝系统通常为：如果尿素为溶液，则存储罐需要电加热，50% 质量分数的尿素溶液需要保持在 16 ℃ 以上，否则会发生尿素固态结晶的析出，因此需要设计一个循环回路，保证储存罐内尿素和水的良好混合，防止断流情况发生。由于尿素系统中溶液排放浓度高于脱硝反应所需要的排放浓度，因此在喷入分离器或炉膛之前应掺水稀释。如果尿素为固体，则需要一个尿素溶液制备系统，将固体尿素和除盐水在溶解罐内混合，以制备尿素溶液。为了保证尿素溶液供应的连续性，通常配备 2 个溶解罐，尿素在第一个罐内溶解后，注入第二个罐，第二个罐还可起到中间存储和缓冲作用，最后通过水泵抽出后送往锅炉烟道。除盐水的温度为 30 ~ 35 ℃ 时最适合尿素的溶解，一般尿素溶液的排放浓度为 85%。

喷射氨水的 SNCR 系统由氨水卸载、存储、计量、分配以及氨水泵等构成.系统流程见图 4.13。

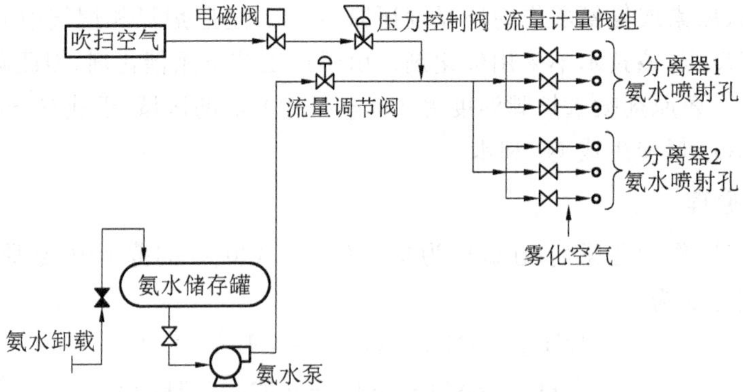

图 4.13　喷射氨水的 SNCR 系统流程图

3.技术特点

SNCR技术系统简单以及运行中不需要昂贵的催化剂，其投资费用比SCR法低，脱硝整体效果不高，脱硝效率比 SCR 法低 40% ～ 50%。

4.技术应用

SNCR 技术适用于锅炉、水泥、冶金、化工等行业氮氧化物治理，应用在火电和钢铁行业湿法脱硫之后含尘烟气的处理上。

SNCR 技术最初由美国 Exxon 公司发明并于 1974 年在日本投入工业应用。20 世纪 80 年代后期，欧盟国家的一些燃煤电站也开始使用 SNCR 技术。在美国，该技术首次应用于燃煤电站是在 20 世纪 90 年代初期。目前，我国的一些机组也已经采用了 SNCR 技术，并成功建成且投入使用。

4.3.3　选择性催化还原技术

选择性催化还原(SCR) 技术是在催化剂的作用下，使还原剂(通常为氨、氨水、尿素) 选择性地与烟气中的 NO 在一定温度下发生还原化学反应，生成氮气和水。

1.工艺类型

焦炉烟气 SCR 技术有中温和低温两种脱硝方式。

中温 SCR 法的催化剂反应的最低温度都在 260 ℃ 以上，通过利用热风来提升烟气温度，来满足催化剂需要的温度条件，对于有剩余煤气且烟气余热回收装置还没有安装的企业，该方法虽然加热消耗了焦炉煤气，增加了能耗，但由于后续工序的余热回收利用，大大降低了能耗，且不影响企业正常的生产计划，是合理可行的。然而对于没有剩余煤气或已经安装了烟气余热回收装置的企业，这个方案会改变企业现有的生产制度，使得运行成本较高，造成浪费，因此该工艺不适于该类企业。

低温 SCR 法是利用低温催化剂的反应温度的特征与焦炉烟气温度范围的对应性，在烟气中直接喷入 NH_3，与烟气流混合后经过催化剂表面，把氨与氮氧化物催化分解为氮气和水，一般催化温度在 200 ℃ 以内。低温 SCR 法工艺简单，结构合理，没有任何副产品生成，其不足之处在于，由于低温催化剂发展较晚，目前使用期限都较短，且没有形成大规模的产业链，因而价格较高，但随着大规模的脱硝工程的建设，相信催化剂的成本下降指日可待。

2.工艺原理

催化剂是SCR烟气脱硝技术的核心，目前广泛应用于SCR过程的商业催化剂是钒钛类催化剂，主要形式有蜂窝式、板式，寿命一般为 3 年。一般蜂窝式开孔率为 72% ～80%、板式开孔率为 85% ～ 92%，蜂窝的烟气流速是板式的 1.125 倍，磨损速率是板式的 1.424 倍。

蜂窝式催化剂属于均质催化剂，以 TiO_3、V_2O_5、WO_3 为主要成分，催化剂本体全部是催化剂材料，因此其表面遭到灰分等的破坏磨损后，只要孔道不被堵塞，就仍能维持原有的催化性能，催化剂可以再生。蜂窝式催化剂以 Ti－W－V 为主要活性材料，采用 TiO_2 等物料充分混合，经模具挤压成型后煅烧而成。其特点是单位体积的催化剂表面积大，达到相同脱硝效率所用的催化剂体积较小，适合灰分低于 30 g/m^3、灰黏性较小的烟气环境。缺点是蜂窝式催化剂的通道面积小，不利于飞灰通过，容易发生孔道堵塞，此外蜂窝式催化剂以 TiO_2 作为载体，机械强度较差，易发生催化剂开裂和坍塌。

板式催化剂为非均质催化剂，以 TiO_2 为载体，涂敷 V_2O_5 和 WO_3/MoO_3 等活性物质，板间距较大，可避免堵灰并降低磨损程度。板式催化剂以金属板网为骨架，Ti－V－W/Mo 为主要活性材料，采取双侧挤压的方式将活性材料与金属板结合成型，烟气流通面积较大。此种催化剂的特点是：具有较强的抗腐蚀和防堵塞特性，尤其适合于含灰量高（大于 30 g/m^3）及灰黏性较强的烟气环境，此外以金属板网为骨架，机械强度大，不易发生整体垮塌。缺点是单位体积的催化剂活性表面积较低、体积量较蜂窝式相比略高，容易造成催化剂磨穿断裂。

SCR 烟气脱硝主要的化学反应如下：

$$4NO + 4NH_3 + O_2 \longrightarrow 4N_2 + 6H_2O \tag{4.29}$$

$$6NO + 4NH_3 \longrightarrow 5N_2 + 6H_2O \tag{4.30}$$

$$6NO_2 + 8NH_3 \longrightarrow 7N_2 + 12H_2O \tag{4.31}$$

$$2NO_2 + 4NH_3 + O_2 \longrightarrow 3N_2 + 6H_2O \tag{4.32}$$

在没有催化剂的情况下，上述化学反应只在很窄的温度范围内（850 ～ 1 100 ℃）进行，采用催化剂后使反应活化能降低，可在较低温度（300 ～ 400 ℃）条件下进行。其选择性是指在催化剂的作用和氧气存在的条件下，NH_3 优先与 NO_x 发生还原反应，而不和烟气中的氧进行氧化反应。国内外 SCR 系统多采用高温催化剂，反应温度在 315 ～ 400 ℃。

SCR 反应原理图如图 4.14 所示，其反应过程大致如下：NH_3、NO_x 和 O_2 通过气相扩散到催化剂表面 → NH_3 等吸附在催化剂表面 → 反应物在催化剂表面反应，NO_x 与 NH_3 反应生成 N_2 和 H_2O → N_2 和 H_2O 从催化剂表面脱附，并进入微孔 → 脱附下来的 N_2 和 H_2O 通过微孔向外扩散。

SCR 烟气脱硝工艺流程主要由 SCR 催化反应器、氨气注入系统、烟气旁路系统、氨的储存和制备系统等组成，工艺流程如图 4.15 所示。该工艺通过喷氨格栅将原烟喷入 SCR 反应器上游的烟气中，充分混合后的还原剂 NH_3 和烟气的 NO 及 NO_2 在 SCR 反应器中催化剂的作用下发生反应，生成氮气和水，达到去除 NO_x 的目的。

燃煤烟气中 SCR 脱硝技术是以氨水、液氨、尿素等为还原剂，负载金属氧化物为催化剂，NH_3 有选择性地在催化剂表面将 NO_x 催化还原为 N_2 及 $H_2O(g)$ 而不被烟气中 O_2 氧化的方法。该工艺中，燃煤烟气排出后进入省煤器，在 SCR 反应器入口烟道与 NH_3 混合；NH_3 来源于液氨储罐，液氨被蒸汽减压蒸发为 NH_3 进入缓冲槽，在混合器中通入空气以稀释纯氨并增大系统含氧量，待 NH_3 与空气充分混合后，由喷

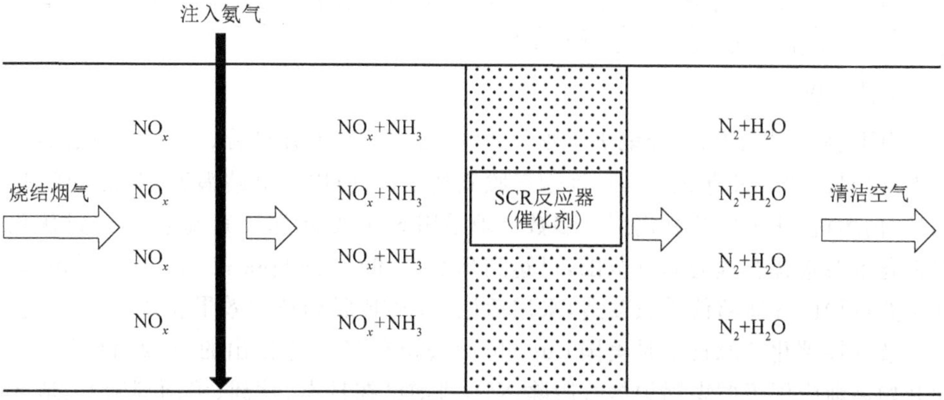

图 4.14　SCR 反应原理图

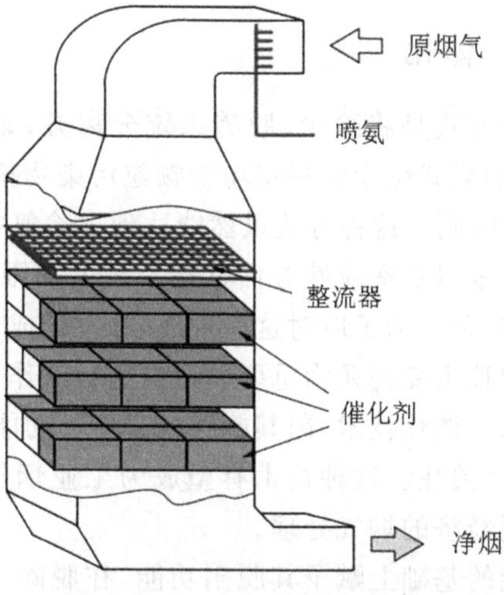

图 4.15　SCR 工艺流程图

射格栅将其喷入反应器入口烟道；NH_3 与烟气经静态混合器混合均匀后进入反应器主体，此时 NO_x 在催化剂及还原剂作用下进行催化还原反应，净化后的烟气进入空气预热器预热，之后进行除尘及脱硫等工序。

3.技术特点

SCR 技术的优点是：由于使用了催化剂，故反应温度较低；净化率高，合理的布置及温度范围下，可达到 80% ～ 90% 的脱除率；工艺设备紧凑，运行可靠；还原后的氮气放空，无二次污染。

但 SCR 技术也存在一些明显的缺点：烟气成分复杂，某些污染物可使催化剂中毒；高分散度的粉尘微粒可覆盖催化剂的表面，使其活性下降；系统中存在一些未反应的 NH_3 和烟气中的 SO_2 作用，生成易腐蚀和堵塞设备的 $(NH_4)_2SO_4$ 和

NH_4HSO_4，同时还会降低氨的利用率；烟气中的重金属、碱金属等均可导致催化剂中毒，降低催化活性；投资与运行费用较高。

4.技术应用

SCR技术对焦炉、燃煤锅炉等烟气 NO_x 控制效果十分显著、技术较为成熟，是工业上应用最广泛、最有成效的一种烟气脱硝技术，可应用于电站锅炉、工业锅炉、燃气锅炉、内燃机、化工厂及炼钢厂。多数焦炉采用SCR脱除烟气氮氧化物，通过优化布置催化剂及选择合理的温度范围，可达到80%～95%的脱除率。2019年开始，钢焦联合企业均已开展超低排放改造，采用活性焦、SCR脱硝技术效果显著。

选择性催化还原技术是美国Englehard公司在1957年提出的，在20世纪80年代初开始逐渐应用于燃煤锅炉烟气脱除NO，目前已在日本、欧洲、美国等国家、地区的燃煤电厂广泛应用，我国首例SCR脱硝工程也于1999年投运；至2019年，我国火电机组全部应用此技术，SCR装机容量达2.15亿kW。

4.3.4　除尘脱硝一体化

传统的工业烟气处理方式是将除尘、脱硝系统分离开，采用串联独立运行的方式，以非织造材料为原料的袋式除尘滤料将粉尘颗粒污染物排放浓度降至30 mg/m^3以下，后段采用SCR进行脱硝。这种方式虽然能达到去除氮氧化物和粉尘颗粒的目的，但在设备规模、运维成本以及适应性方面存在一定的局限性，设备投资成本和运维成本高，实际使用操作复杂。为了应对这些挑战，开发低成本、短流程、高适应性的多污染物协同脱除材料和技术变得尤为重要。将过滤材料作为基体并耦合催化活性组分的多污染物协同脱除一体化技术，因其能够集成多种功能，减少设备数量和操作步骤，而受到国内外的广泛关注。这种技术有望成为工业烟气净化领域的一个新方向，有助于实现更高效、更经济的烟气处理。

在滤料原有除尘功能的基础上赋予其脱硝功能，在脱除工业烟气中粉尘颗粒污染物的同时去除氮氧化物，将会极大简化现有技术中的烟气处理系统，节省脱硝设备的占用空间和资金投入，降低工业烟气的治理成本，提高系统的灵活性和效率，因此实现除尘脱硝功能一体化极具现实意义。

1.工艺原理

除尘脱硝一体化技术是一种将烟气中的粉尘和氮氧化物（NO_x）同时去除的环保技术，通常采用陶瓷纤维复合材料作为支撑，负载一种环境友好型稀土贵金属氧化物体系的纳米脱硝催化剂。粉尘颗粒物首先被截留在纤维管的表面，然后烟气经过多孔元件，在催化剂的作用下，烟气中的氮氧化物被还原成氮气和水。该技术的核心是三维分级陶瓷催化滤管，通过控制催化层厚度，保留滤管外表面的致密层，实现低过滤阻力、高除尘效率和强脱硝效率。

2.技术特点

一体化烟气净化技术为中小型锅炉烟气净化领域带来了新的发展机遇。这种技术通过集成多种污染物的脱除功能，不仅提高了净化效率，还降低了整体的运营成本和空间需求。以下是一体化烟气净化技术的一些关键优势。

(1) 工艺流程简化：一体化技术将多个净化步骤集成到一个系统中，减少了中间环节，简化了工艺流程。

(2) 设备投资降低：由于工艺流程的简化，所需的设备数量和种类相对减少，从而降低了设备投资成本。

(3) 运行费用减少：集成系统通常更加高效，能够减少能源消耗和维护成本，从而降低运行费用。

(4) 占地面积小：一体化设备设计紧凑，节省材料，占用空间小，特别适合空间受限的场所。

(5) 催化剂可选择面广，成本低，寿命长：先除尘后脱硝，有害物质被除去，催化剂可选择面广，可采用小孔径高空速蜂窝式催化剂，投资及运行成本低。

(6) 多污染物协同脱除：能够同时处理多种污染物，如粉尘、氮氧化物、硫氧化物以及重金属和 VOCs 等，实现污染物的全面控制。

(7) 适应性强：除尘脱硝一体化技术可以根据烟气的具体成分和排放浓度，灵活调整运行参数，适应不同的工况条件。

(8) 环境效益显著：通过高效脱除污染物，显著减少了对环境的影响，有助于企业达到更为严格的排放标准。

(9) 智能化控制：现代一体化烟气净化技术常配备智能控制系统，实现自动化操作和远程监控，提高了系统的可靠性和操作便捷性。

除尘脱硝一体化技术虽然具有许多优点，如高效去除烟气中的粉尘和氮氧化物、减少设备规模和运营成本、适应性强等，但也存在一些缺点和局限性：

(1) 技术成熟度不足：对于一些新技术，可能还存在技术成熟度不足的问题，需要更多的实际工程应用来验证技术的可行性和稳定性。

(2) 成本问题仍存在：尽管除尘脱硝一体化技术可以降低整体的运营成本，但初期投资可能相对较高，特别是对于使用高端材料或复杂工艺的技术解决方案。

(3) 副产品处理：在脱硝过程中可能会产生一些副产品，如氨逃逸问题，需要进一步处理以满足环保要求。

(4) 设备维护：一体化设备可能在维护方面存在一定复杂性，尤其是当设备出现故障时，可能需要更专业的技术支持和更复杂的维修流程。

(5) 技术应用限制：某些除尘脱硝一体化技术可能仅适用于特定的工业领域或特定的烟气处理量规模，限制了技术的广泛应用。

3.技术应用

该技术广泛应用于建材、化工、冶金及垃圾焚烧等领域，以满足国家大气污染综合排放标准中对粉尘、氮氧化物、硫化物的排放要求。特别是在电力、钢铁、焦化、生物质锅炉、耐火材料炉窑及水泥等行业中有巨大的市场应用前景。

除尘脱硝一体化技术在煤化工领域的应用主要集中于提高烟气净化效率、降低环境污染以及满足日益严格的环保标准。高温除尘脱硝一体化技术通过改进烟道结构和设计导流措施，如烟道导流板、整流格栅、孔板开孔率、灰斗阻流板等，优化了装置内的流场分布，提高了除尘效率和脱硝效率，同时降低了氨逃逸率。高温陶瓷催化膜过滤材料结合了陶瓷膜的高效粉尘过滤性能和催化剂的脱硝功能，实现了高温烟气中除尘与脱硝的同步进行，解决了传统工艺中的一系列问题，并延长了催化剂的使用寿命。

4.4 VOCs 处理技术

VOCs 是一类有机化合物的统称，通常是指在室温下饱和蒸气压大于70.91 Pa，常压下沸点小于 260 ℃，不活泼的，不参与大气光化学氧化反应的可挥发有机化合物；从环境监测角度来讲，指以氢火焰离子检测器测出的非甲烷烃类总称，包括烷类、芳烃类、烯类、卤烃类、酯类、醛类、酮类和其他化合物等，在常温下它们的蒸发速率大，易挥发。

VOCs 不但是生成 $PM_{2.5}$ 和 O_3 的重要前体物，部分 VOCs 物种还可强烈地吸收红外线，具有导致全球气候变暖的效应。VOCs 已成为“十四五”生态环境领域约束性指标之一，要求到 2025 年 VOCs 排放总量下降 10% 以上。当前，VOCs 污染防治顶层设计日臻完善，管理标准体系日趋健全，但相较 SO_2、NO_x 等传统污染物，VOCs 治理工作仍是大气环境管理的重点和突出短板。

VOCs 的处理技术主要分为两大类：一类是在生产环节防止或减少 VOCs 排放的控制措施，如更换掉有毒易挥发原料、改进生产工艺技术、更新设备等从而消除 VOCs 排放；另一类是以末端治理为主的控制性措施。虽然第一类方法是治理有机废气污染的最佳方法，目前国家大力推广低 VOCs 原辅料源头替代，但受替换成本、工艺技术、市场需求等方面影响，低 VOCs 原辅料源头替代并不能一蹴而就，且因部分产品的特殊性能要求，很难完全实现低 VOCs 原辅料的 100% 替代，不可避免地会向环境中排放和泄漏不同排放浓度的有机废气。因此，末端治理仍是解决 VOCs 排放的重要途径。工业中常用的 VOCs 末端治理工艺有三类：第一类是破坏性方法，如燃烧法、光氧催化法、等离子体、生物法等，主要用于处理无回收价值的气体；第二类是非破坏性方法，即吸附法、吸收法、膜分离法、冷凝法等，可用于回收有价值的气体；第三类是组合工艺，即将上述工艺进行组合使用。由于各种技术的投资成本、成熟程度、治理效果等因素各不相同，各类 VOCs 处理技术的适用范围也不完全相同。

为达成甲醇煤化工清洁生产目标，一般会从源头及末端进行 VOCs 废气治理，运用吸附技术、吸收技术进行回收处理，或者利用燃烧法进行销毁。本节主要介绍目前国内外比较常见的处理含甲醇废气的工艺技术。

4.4.1　回收处理技术

1.冷凝法

冷凝法利用物质在不同温度下具有不同饱和蒸气压的这一性质，采用降低温度、提高系统的压力或者既降低温度又提高压力的方法，使处于蒸气状态的污染物（如VOCs）冷凝并与废气分离。

(1) 工艺原理

物质在不同的温度和压力下，具有不同的饱和蒸气压。对应于废气中有害物质的饱和蒸气压下的温度，称为该混合气体的露点温度。也就是说，在一定压力下，某气体物质开始冷凝出现第一个液滴时的温度，即为露点温度，简称露点。因此，混合气体中有害物质的温度必须低于露点，才能冷凝下来。在恒压下加热液体，液体开始出现第一个气泡时的温度，简称泡点。冷凝温度一般在露点和泡点之间，冷凝温度越接近泡点，则净化程度越高。通常也可用压缩法使气态有害物质在临界温度和临界压力下变成液态，从而除去或回收有害物质，但由于费用较高，目前使用较少。

典型的带制冷的冷凝系统工艺流程图见图 4.16。

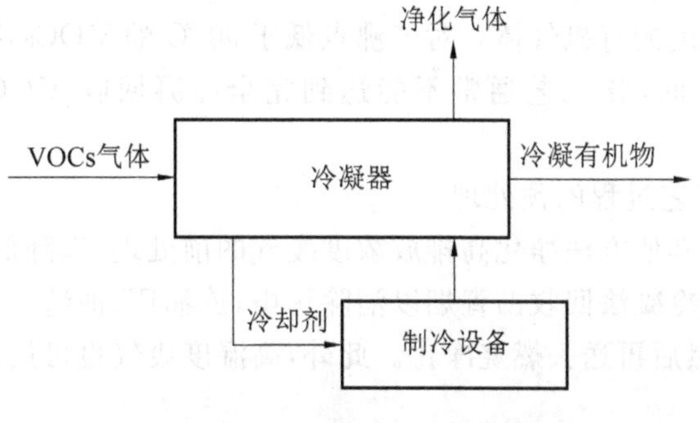

图 4.16　冷凝系统工艺流程图

(2) 技术特点

冷凝回收处理技术在实际应用阶段流程化项目较少，操作简单，耗费的资源普遍不高，且废气处理效果十分理想，这就为其在工业生产中的广泛应用带来了基础保障，不仅不会耗费较多资源和资金，所需设备也较少；另外，在对废气进行处理时产生的溶媒也能够回收利用，处理期间，设备运行不需要投入大量资金，在废气处理过程中，回收后的溶媒也可增加经济收入。

但是，采用冷凝法净化 VOCs，运行费用较高，适用于高排放浓度和高沸点VOCs的回收，回收效率一般为 80% ～ 95%。并且单一冷凝法要达标需降到很低的温度，耗电量巨大，不是真正意义上的“节能减排”。采用冷凝法净化 VOCs，要获得高的效率，系统就需要较高的压力和较低的温度，故常将冷凝系统与压缩系统结合使用。如果仅采用冷凝系统，则所需的冷凝温度很低，单级冷凝往往难以适用，在工程实际中，经常采用多级冷凝串联。为了回收较纯的 VOCs，通常第一级的冷凝温度设置为 0 ℃，以去除从气相中冷凝的水。采用该法处理 VOCs 时的运行成本较高，且需不断除霜以免 VOCs 冻结。

为达到既经济又能获得较高回收率的目的，冷凝法与吸附、吸收等过程联用可形成较为完善的净化系统，往往能够达到极高的处理效率。

(3) 技术应用

影响冷凝回收效果的因素有很多，其中冷凝温度是影响冷凝效率的最主要因素，在一定条件下，冷凝温度越低，回收效率越高。对于一些低沸点、易挥发的 VOCs，加压冷凝不仅可以提高冷凝效率，还能通过增加压强来改善冷凝温度，提高成本效益。目前国内外冷凝法的应用范围如下：

① 适用于高排放浓度和高沸点 VOCs 的回收

冷凝过程中，被冷凝物质仅发生物理变化而化学性质不变，故可直接回收利用。冷凝法常用于回收高排放浓度和高沸点 VOCs，主要应用于石油、化工、制药等行业有机废气处理，如焦化厂用冷凝法回收沥青烟，以消除污染。该法特别适用于处理废气体积分数在 10^{-2} 以上的有机蒸气，理论上可达到很高的净化程度，但是当体积分数低于 10^{-6} 时，如果采取进一步的冷冻措施，则运行成本将大大提高，所以冷凝法不适于处理低排放浓度的有机气体。对于沸点低于 60 ℃ 的 VOCs，冷凝去除率往往介于 80% ～ 90% 之间，该工艺通常不能达到完全冷凝回收 VOCs，需要进行二次处理。

② 作为其他工艺过程的预处理

冷凝法常作为其他方法净化高排放浓度废气的前处理，以降低有机负荷，回收有机物。如焦化厂用冷凝法回收沥青烟以消除污染；炼油厂、油毡厂氧化沥青尾气亦先用冷凝法回收油，然后再送去燃烧净化。此外，高湿度废气也可用冷凝法使水蒸气冷凝，以减少气体量。

2.吸附法

吸附法是指含 VOCs 的气态混合物与多孔性固体(吸收剂) 接触时，利用固体表面存在的未平衡的分子吸引力或化学键作用力，把混合气体中 VOCs 组分吸附在固体表面的分离过程。吸附剂具有较大的比表面积，可对废气中所含的 VOCs 进行吸附，此吸附多为物理吸附，过程可逆。

(1) 工艺原理

典型的吸附法处理 VOCs 的工艺流程如图 4.17 所示。

通常采用两个吸附器，一个吸附时另一个脱附再生，以保证过程的连续性。含 VOCs 的混合气体先去除颗粒状污染物后，再经过调压器调整压力，然后进入吸附床进行吸附净化，净化后的气体排入大气环境。当吸附床 Ⅰ 内的活性炭饱和后，通过阀门转换至吸附床 Ⅱ 进行吸附。向吸附床 Ⅰ 通入蒸气进行脱附，解吸出来的蒸气

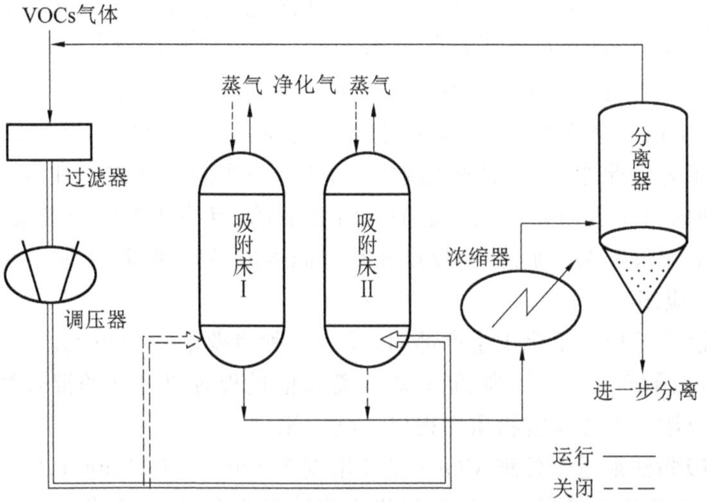

图 4.17　典型的吸附法处理 VOCs 的工艺流程

(空气) 混合物冷凝后由浓缩器、分离器进行分离，吸附法可实现 VOCs 净化效率达到 90% 以上。脱附后的活性炭用热空气干燥后循环使用，通常可重复使用 5 年。一般情况下，进入吸附装置的颗粒物宜低于 1 mg/m³，废气温度不高于 40 ℃。

(2) 吸附剂

研究表明，活性炭吸附 VOCs 性能最佳，原因在于其他吸附剂(如沸石、硅胶等)具有极性，在水蒸气存在的情况下，水分子和吸附剂极性分子结合，从而降低了吸附剂的吸附性能；而活性炭分子不易与极性分子结合，因而体现出较强的吸附能力。

活性炭吸附剂具有以下特点：

① 对带有支链的烃类的吸附优于对直链烃类的吸附；

② 对芳香族化合物的吸附优于对非芳香族化合物的吸附；

③ 对有机物中含有无机基团物质的吸附低于不含无机基团物质的吸附；

④ 对分子量大、沸点高的化合物的吸附优于分子量小、沸点低的化合物的吸附。

也有部分 VOCs 被活性炭吸附后难以再从活性炭中脱除，对于此类 VOCs，不宜采用活性炭作为吸附剂，应当选用其他吸附材料。部分难以从活性炭中去除的 VOCs 包括丙烯酸、丙烯酸丁酯、丁酸、丁二胺、二乙酸三胺、丙烯酸乙酯、2－乙基乙醇、丙烯酸二乙基酯、丙烯酸异丁酯、丙烯酸丁酯、谷烷醛、异佛尔酮、甲基乙基吡啶、甲基丙烯酸甲酯、苯酚、皮考啉、丙酸、二异氰酸甲苯酯、三亚乙基四胺、戊酸。

(3) 技术特点

吸附技术作为 VOCs 治理主流技术之一，其吸附效率高、技术成熟、简单易行、治理成本低、适应范围广，占有非常大的市场份额，在化工等领域都得到了广泛的应用。但由于业内人员对活性炭的基本性能、活性炭吸附技术的适用范围和使用条件等缺乏规律性认识，在活性炭选型、工艺设计和净化装备设计中存在较大随意性，造成净化设备效率低，存在安全隐患，活性炭再生更换困难等问题。一般设计原则是对于连续稳定产生的废气采用固定床、移动床(包括转轮吸附装置）和流化床吸附装置，非连续产生或者排放浓度不稳定的废气采用固定床吸附装置，其中吸附装置宜配备原位再生工艺。此外，吸附剂的吸附容量有限，当吸附层达到饱和时，需要进行再生，而吸附剂的再生也需要消耗一定的能量和资源，且再生过程可能会产生二次污染。吸附剂对湿度和温度敏感，当湿度较高或温度较高时，吸附效率会降低。

(4) 技术应用

吸附法已广泛应用于化工生产部门，成为一种重要的操作单元。在大气污染控制领域，因为吸附剂的选择性强、能有效分离其他过程难以分开的混合物，以及能有效去除低排放浓度有毒有害物质而得以广泛应用。

活性炭吸附法最适于处理VOCs排放浓度为300～5 000 mg/m^3 的中低排放浓度有机废气，主要用于吸附回收脂肪和芳香族碳氢化合物、大部分的含氯溶剂、常用醇类、部分酮类等，常见的有苯、甲苯、己烷、庚烷、甲基乙基酮、丙酮、四氯化碳、萘、醋酸乙酯等。

对于高排放浓度的有机气体，一般情况下首先需要经过冷凝等工艺进行“降浓”处理，然后再进行吸附净化。对于“油气”等高排放浓度VOCs气体的净化，也可以采用吸附法(降压解吸再生)，但对活性炭有一些特殊的要求。

吸附法主要适用于低排放浓度气态污染物的吸附分离与净化，吸附剂的种类、吸附装置的设计和操作等因素都会影响到吸附效率和吸附容量。吸附法处理VOCs具有吸附效率高、适用范围广、操作简单、成本低等优点，但也存在吸附容量有限、再生困难、对湿度和温度敏感等缺点。在实际应用中，需要根据VOCs的种类、排放浓度、温度等因素进行选择和调整，以达到最佳的治理效果。

甲醇煤化工通常采用的吸附组合工艺如表4.1所示。

表4.1 吸附组合工艺

组合工艺	主要原理	主要优点	主要缺点
冷凝(制冷剂单冷源)＋变压吸附	物料低温下饱和蒸气压和传质	处理后可以达标直排；可以回收甲醇；可以适应负荷的变化；设备投资中等；现场安装方便	能耗相对高；吸附剂定期需要变温解析，正常运行时采用交压解析；产生一定量的固废
冷凝(丙烯＋制冷剂双冷源)＋变压吸附	物料低温下饱和蒸气压和传质	处理后可以达标直排；可以回收甲醇；可以适应负荷的变化；设备投资中等；可利用现有丙烯冷源	吸附剂定期需要变温解析，正常运行时采用交压解析；产生一定量的危废

续表4.1

组合工艺	主要原理	主要优点	主要缺点
冷凝(丙烯＋制冷剂双冷源)＋水洗	物料低温下饱和蒸气压和甲醇与水“相似相溶”	处理后很难达标直排(物料中存在一定量的乙烷，与水不互溶)；可以回收甲醇；可以适应负荷的变化	物料中乙烷很难处理，不能保证长周期达标；能耗高；产生一定量的甲醇废水
三级水洗＋吸附	甲醇与水“相似相溶”和传质	处理后可以达标直排；适应负荷变化	投资较高；占地面积大；吸附剂更换频繁，甲醇废水产生多，固废处理量大

3.吸收法

吸收(洗涤)法是采用低挥发或不挥发性溶剂对 VOCs 进行吸收，再利用 VOCs 分子和吸收剂物理性质的差异将二者进行分离的净化方法。吸收效果主要取决于吸收剂的吸收性能和吸收设备的结构特征，常采用沸点较高、蒸气压较低的溶剂，如柴油、煤油等，使 VOCs 从气相转移到液相中，然后对吸收液进行解析处理，回收其中的 VOCs，同时使溶剂得以回用，吸收法也是控制大气污染的重要手段之一。

甲醇煤化工生产过程中的 VOCs 主要为储罐呼吸和装车产生的含甲醇废气，其主要成分为甲醇、非甲烷总烃(二甲醚以及其他烷烃类)。在常温常压下，甲醇在水溶液中可以以任意比例互溶。利用甲醇和水的“相似相溶”特性，和空气在水中的溶解度很低特性，理论上可以采用水作为溶剂去吸收空气中的甲醇。根据甲醇水溶液的气液平衡原理，理论上水溶液中甲醇排放浓度在低到一定程度后，其气相空间的甲醇排放浓度大大降低，但实际运行很难达到国家要求的排放限值。

(1) 工艺原理

吸收法处理 VOCs 污染的典型工艺流程如图 4.18 所示。

含 VOCs 的气体由底部进入吸收塔，在上升的过程中与来自塔顶的吸收剂逆流接触而被吸收，被净化后的气体由塔顶排出。吸收了 VOCs 的吸收剂通过热交换器后，进入汽提塔顶部，在温度高于吸收温度或/和压力低于吸收压力时得以解吸，吸收剂在经过溶剂冷凝器冷凝后进入吸收塔循环使用。解吸出的 VOCs 气体经过冷凝器、气液分离器后以纯 VOCs 气体的形式离开汽提塔，被进一步回收利用。

(2) 吸收剂

吸收剂应具有以下特点：

① 吸收剂必须对被去除的 VOCs 有较大的溶解性，如果需回收有用的 VOCs 组分，则回收组分不得和其他组分互溶；

② 吸收剂的蒸气压必须足够低，如果净化过的气体被排放到大气环境，吸收剂的排放量必须降到最低；

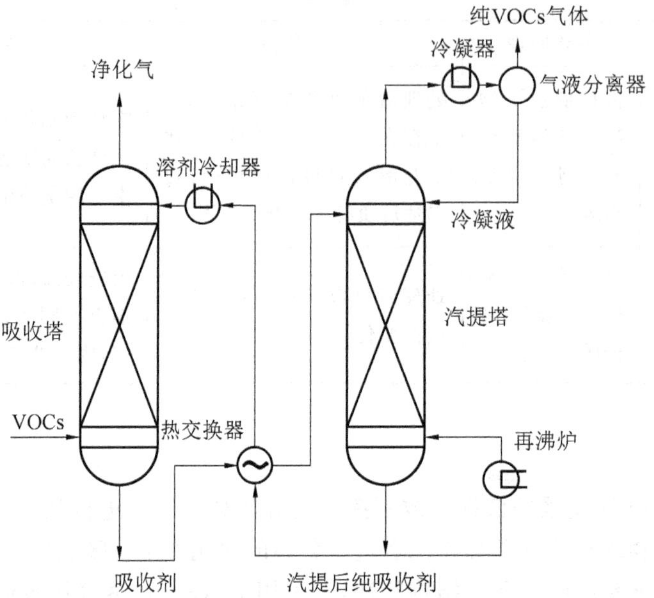

图 4.18　工艺流程

③ 洗涤塔在较高的温度或较低的压力下，被吸收的 VOCs 必须容易从吸收剂中分离出来，并且吸收剂的蒸气压必须低于不污染被回收的 VOCs 所需的蒸气压；

④ 吸收剂在吸收塔和汽提塔的运行条件下必须具有较好的化学稳定性且无毒无害；

⑤ 吸收剂摩尔质量要尽可能低（同时需考虑低吸收剂蒸气压的要求），以使它的吸收能力最大化。

（3）吸收设备

用于 VOCs 净化的吸收装置多数为气液相反应器，一般要求气液有效接触面积大，气液湍流程度高，设备的压力损失小，易于操作和维修。目前工业上常用的气液吸收设备有喷洒塔、填料塔、板式塔、鼓泡塔等。其中喷洒塔、填料塔中，气相是连续相，而液相是分散相，其特点是相界面积大，所需液气比亦较大。在板式塔、鼓泡塔中，液相是连续相而气相为分散相。VOCs 吸收净化过程，通常污染物排放浓度相对较低、气体量大，因而选用气相为连续相、湍流程度较高、相界面大的如填料塔、湍球塔型较为合适。填料塔的气液接触时间、液气比均可在较大范围内调节，且结构简单，因而在 VOCs 吸收净化中应用较广。

（4）技术特点

吸收法治理 VOCs 技术成熟，设计及操作经验丰富，适用性强，对处理大流量、低温高压、高排放浓度有机废气比较有效，而且能将污染物转化为有用产品。但吸收法仍有不足之处，即对吸收液的要求比较严格，并且饱和吸收液需要再处理，增加了成本，操作也较烦琐，有机废气吸收回收装置的开发与应用在一定程度上受到限制。吸收液后处理投资大，回收后的有机成分易出现二次污染。而且在处理 VOCs 时需要选择多种不同吸收液分别对对应的 VOCs 进行吸收，增加了成本与技术的复杂性，且 VOCs 治理多不彻底，吸收液的回收亦是难点，往往需要和其他方法联用才能达到循环治理的目的。

(5) 技术应用

吸收法适用于 VOCs 排放浓度较高、温度较低和压力较高的场合，具体而言，适用于单类及多类 VOCs 治理，尤其适用较高气体流速、较高排放浓度的污染气的处理，一般可用来处理流量范围为 3 000 ～ 15 000 m^3/h、体积分数为 0.05% ～ 0.5% 的 VOCs 废气，去除率可达到 95% ～ 98%。吸收法已在烟气脱硫除尘、废水废气治理、超细产品回收、超细粉体制备等行业领域得到成功应用，广泛应用于石油化工、表面涂装、机动车、涂料生产、包装印刷、医药电子等行业的 VOCs 废气治理，尤其适用于极性有机物废气处理。

4.4.2　燃烧处理技术

燃烧处理是指用燃烧方法将有害气体、蒸气、液体或烟尘转化为无害物质。燃烧法所发生的化学反应主要是燃烧氧化作用及高温下的热分解。因此这种方法只适用于净化那些可燃的或在高温情况下可以分解的有害物质。对化工等行业的生产装置中所排出的有机废气，广泛采用燃烧净化的手段。燃烧法还可以用来消除恶臭。有机气态污染物燃烧氧化的结果，生成了 CO_2 和 H_2O，因而使用这种方法不能回收到有用的物质，但由于燃烧时放出大量的热，使排气的温度很高，所以可作为能量回收。

燃烧处理技术是目前 VOCs 的高效处理措施之一，因为几乎所有的挥发性有机物均可以被氧化和燃烧，所以该方法可以满足处理要求。目前常见的燃烧方式主要有燃烧炉直接燃烧法(TO)、蓄热式热力燃烧法(RTO)、催化燃烧法(CO)和蓄热式催化燃烧法(RCO)等。考虑到甲醇煤化工行业装置区为防爆区域，而氧化燃烧法工艺中均含有明火设备，根据《石油化工企业设计防火规范》中对安全距离(不小于 40m)的要求，治理设施的布置需充分考虑安全因素。

1.RTO

RTO 是一种配有蓄热床层的热力燃烧方式。RTO 技术是近年来我国在燃烧法的基础上发展出来的新技术，该应用虽然晚于活性炭吸附装置，但由于其操作简单，运行维护较少，对挥发性有机物的去除效率较高，一般在 95% 以上，是目前我国有机废气治理的主要技术之一。

蓄热式热氧化器是将有机废气加热到 760 ℃ 以上，在高温下发生氧化反应，一般废气在燃烧室停留时间不低于 0.75 s，废气中的碳氢化合物被直接氧化变成 CO_2

和 H_2O 并排放到大气中，此外对于入口废气颗粒物排放浓度要低于 5 mg/m^3。由于 RTO 装置包括一组热回收率高达 95% 的陶瓷填充床器，所以在处理过程中只消耗很少的燃料或不消耗燃料，在排放浓度更高时还可向外输出热量进行二次热回收利用。

RTO 是 TO(气体焚烧炉) 的改进结构，是将原 TO 中的空气预热器(板式或管式，热回收率国产约 50%，德国最大为 85%) 替换为陶瓷填充床空气预热器，热回收率能够达到 95%，所以可将 95% 的热用来预热废气，氧化废气中的有机物只需要 5% 的热量即可。一般要求蓄热体比热容不低于 750 J/(kg·K)，短时间可承受 1 200 ℃ 的高温冲击，使用寿命不低于 40 000 h。

目前，典型的 RTO 已从两室、三室、五室发展到七室和多室装置，以满足各种需要，并已开发了许多不同类型的 RTO 装置。

(1) 工艺原理

VOCs 在一定温度下与氧气发生反应，生成 CO_2 和 H_2O，并放出一定热量，RTO 是把废气加热到 700 ℃ 以上，使废气中的 VOC 氧化分解为 CO_2 和 H_2O，氧化产生的高温气体流经陶瓷蓄热体，使之升温“蓄热”，并用来预热后续进入的有机废气，从而节省废气升温燃料消耗的处理技术。

① 二室 RTO 工作原理

用于处理 VOCs 的蓄热燃烧系统至少配有两个蓄热室，交替进行蓄热和放热作业。

RTO 有 2 个陶瓷填充床热回收室(蓄热室)，每个蓄热室底部有 2 个自动控制阀门分别与进气总管和排气总管相连。当废气从右侧进入时，左侧蓄热室用燃烧室尾气加热填充床来蓄存热量，在切换进气方向后再用此蓄存的热量来加热废气。按预先设定的时间间隔，两个蓄热室切换蓄热和供热，具体流程如下。

在开工时先将新鲜空气代替有机废气，借燃烧器将蓄热室加热到一定温度。由于蓄热体具有极高的储热性能，所以从一个冷的 RTO 加热到一定高的温度，并且还要达到正常温度分布，需要一定的时间。

正常工作时，其中一个蓄热室已在前一个操作循环中存储了热量，有机废气首先从底部进入该蓄热室，废气通过蓄热体床层被预热到接近燃烧时温度，而蓄热体同时逐渐被冷却。

预热后的废气进入顶部燃烧室，有机物在燃烧室中被氧化后，即作为高温净化气进入另一个蓄热室；此时，净化气的热量传给蓄热体，蓄热体床层逐渐被加热，而净化气则被冷却后排出。当被冷却的蓄热体冷却到尚可允许的温度水平时，就应切换气流的方向，即完成第一个循环。

切换流向后，有机废气进入已被加热过的蓄热室，反应后的净化气则将热量传给上一循环被冷却的蓄热室，如上所述，完成第二个循环。

② 三室 RTO 工作原理

若处理废气易导致蓄热体沾污，还需配备清洗室，构成三室（或多室）式蓄热燃烧系统。目前，在国内应用广泛、工艺技术较为成熟的 RTO 主要为三室 RTO，即 RTO 分为三个蓄热室，其中蓄热室填充床为耐热、耐腐蚀的陶瓷材料填充，确保 RTO 热回收率在 95% 以上，以便更好地净化去除 VOCs。

蓄热室 A：有机废气经引风机进入蓄热室 A 的陶瓷蓄热体（陶瓷蓄热体“贮存”了上一循环的热量，处于高温状态），此时，陶瓷蓄热体释放热量，温度降低，而有机废气吸收热量，温度升高，废气经过蓄热室 A 换热后以较高的温度进入氧化室。

蓄热室 B：氧化后的高温气体进入蓄热室 B（此时陶瓷处于温度较低状态），高温气体释放大量热给蓄热陶瓷 B，气体降温，而陶瓷蓄热室 B 吸收大量热后升温贮存（用于下一个循环预热有机废气），经风机作用气体由烟囱排入大气，排气温度比进气温度高约 40℃。

蓄热室 C：陶瓷蓄热室 C 处于清扫状态，上一循环结束阀门切换时，阀门与陶瓷蓄热体 A 的底部之间存有少量废气，采用氧化室少量高温气体将其反吹到主风机进口端和有机废气一起进入陶瓷蓄热室 A。

第二次循环：废气由蓄热室 B 进入，则由蓄热室 C 排出，蓄热室 A 进行反吹清扫。

第三次循环：废气由蓄热室 C 进入，则由蓄热室 A 排出，蓄热室 B 进行反吹清扫。

周而复始，循环操作。

③ 旋转 RTO 工作原理

旋转 RTO 也称旋转式蓄热式氧化炉。其原理是在高温下将可燃废气氧化成对应的氧化物和水，从而净化废气，并回收废气分解时所释放出来的热量，废气分解效率达到 99% 以上，热回收效率达到 95% 以上。

旋转式 RTO 主要由燃烧室、陶瓷填料床和旋转阀等组成。炉体分成 12 个室，5 个室进废气、5 个室出净化气，1 个室清扫，1 个室起隔离作用。废气分配阀由电机带着连续、匀速转动，在分配阀的作用下，废气缓慢在 12 个室之间连续切换。

旋转 RTO 的蓄热体中设置分隔板，将蓄热体床层分为几个独立的扇形区。废气从底部经进气分配器进入预热区，使气体预热到一定温度后进入顶部的燃烧室，并完全氧化。

净化后的高温气体离开氧化室，进入冷却区，将热量传给蓄热体而气体被冷却，并通过气体分配器排出。而冷却区的陶瓷蓄热体吸热，“贮存”大量的热（用于下个循环加热废气）。

为防止未反应的废气随蓄热体的旋转进入净化器出口，当蓄热体旋转到净化器出口区之前，设有一扇形区作为冲洗区。

通过蓄热体的旋转，蓄热体被周期性地冷却和加热，同时废气被预热和净化器冷却。如此不断地交替进行。

(2) 技术特点

RTO 技术的特点，是生产排出的有机废气经过蓄热陶瓷的加热后，温度迅速提升，在炉膛内燃气燃烧加热作用下，温度达到 800 ℃，有机废气中的 VOCs 在此高温下直接分解成二氧化碳和水蒸气，形成无味的高温烟气。然后流经温度低的蓄热陶瓷，大量热能即从烟气中转移至蓄热体，用来加热下一次循环的待分解有机废气，高温烟气的自身温度大幅度下降，再经过热回收系统和其他介质发生热交换，烟气温度进一步降低，最后排至室外大气。

三室 RTO 焚烧炉经过多年的应用改进，表现出一定的优缺点。其主要优点如下：

① 几乎可以处理所有有机废气，特别适用于有机物排放浓度低的碳氢化合物的焚化；与传统的催化燃烧、直燃式热氧化技术相比，处理大风量、中低排放浓度的工业有机废气效果显著，且具有净化效率高(最高可达 99% 以上)、热效率高(可达 95% 以上)、运行成本低等特点。

② 可适应废气中有机物组成和排放浓度的变化波动，对废气中含有少量粉尘等固体颗粒物不敏感，且 VOCs 排放浓度达到 2 000 mg/m^3 以上时，无须添加助燃燃料也可实现正常运行。

③ 采用蓄热载体进行换热，加热速度快，低温换热效率高，排烟温度低，节能效果显著；较高的热回收率使补充燃料的量显著减少，大大降低生产运行费用。

④ 炉内温度整体逐渐升高且分布均匀，燃烧温度高、速度快、噪声低，烟气在炉内高温停留时间长，有效减少 NO_x 的产生。

⑤ 整个装置的压力损失较小(一般小于 3 000 Pa)，有机沉积物可周期性地清除，蓄热体可更换，装置使用寿命较长。

三室 RTO 焚烧炉的缺点主要为以下方面：

① 不适合处理小风量、高排放浓度的有机废气，也不适合处理含有较多硅树脂、S、Cl 等物质的有机废气，处理含苯环和卤素的废气时，易产生二噁英。

② 焚烧炉中采用陶瓷蓄热体，装置重量大、容积大，前期投资费用较高；系统要求尽可能连续操作，若间歇操作，使用成本较高。

③ 系统的关键器件燃烧器以产生高温燃气为目标，但高温、富氧条件不可避免会促进热力型 NO_x 的形成；处理闪点低、挥发性强的有机物时，即使废气排放浓度明显低于爆炸下限，装置仍可能会发生爆炸事故。

④ 若气体和燃料的配比参数选取不合适，易造成燃烧不充分，燃烧室温度出现波动，炉膛内的局部高温会熔化蓄热体，降低装置的使用寿命。

⑤ 目前较多使用的蓄热体为蜂窝陶瓷体，在高温下容易发生粘堵，使焚烧炉的安全生产受到威胁；蓄热体长时间在温度变化大且具有腐蚀性的环境中运行，对蓄热材料的抗热震稳定性能要求较高。

旋转式 RTO 是第三代 RTO，较传统的床式 RTO，其主要优点有：

① 旋转式 RTO 散热面积小，12 个室交替工作缓冲，节约能耗；

②12 个室一起工作，气流分配、净化效率高；

③ 采用旋转阀，进气、排气连续，管道压力波动小，废气不倒灌，车间气味小。

(3) 技术应用

RTO 技术在国内外被广泛地用于涂装工艺的烘炉废气处理，以及化工电子等其他行业的同类废气处理。RTO 技术适用于低排放浓度、大流量 VOCs 废气的处理，热回收率达 95% 以上。

2.RCO

RCO 技术是在催化氧化(CO)的基础上，借鉴了 RTO 的热量回收系统而发展起来的一种新型的现代的先进的有机废气处理技术，该技术利用有机物在催化剂表面接触，发生氧化反应所需能量远远小于其直接氧化所需能量的基本原理，将有机废气处理设备的工作温度从 800 ℃ 降至 200 ～ 400 ℃，使运行能耗得到大幅度的降低。

(1) 工艺原理

RCO 结合了蓄热式热力氧化和直接式催化氧化的特点，该技术的核心在于使用特殊催化剂来降低废气中有机物与氧气发生化学反应时的活化能，从而降低设备的操作温度，在温和的反应条件下，提高氧化反应的速率。

RCO 结构与 RTO 相似，只是用催化剂床层代替燃烧室。如果蓄存的热量不足以使 VOCs 的温度提高到催化氧化反应所需的温度，则可以由辅助加热器补充提供热量。

① 废气预处理

在进入 RCO 设备之前，废气首先会经过预处理阶段，包括除尘、除湿、调温等步骤。预处理的目的是去除废气中的大颗粒粉尘、水分和其他可能影响催化剂活性的杂质，一般要求废气中颗粒物排放浓度不高于 10 mg/m^3。预处理方法包括过滤、干燥等。

② 进风加热

经过预处理的废气进入 RCO 设备的进风段。在这里，废气会与蓄热器中的高温介质进行热交换，使废气温度迅速升高至催化剂的活性温度范围。这一步骤的目的是提高废气的反应速率和转化效率。对于低排放浓度、大风量的废气，可先通过活性炭吸附床或沸石转轮等吸附设备，将 VOCs 浓集到一定程度，提高废气的有机物排放浓度，有利于后续的催化燃烧。

③ 催化燃烧

浓缩后的废气进入催化燃烧室，其中填充具有高效催化活性的催化剂(如铂、钯等贵金属催化剂)，催化剂的工作温度应低于 700 ℃，并能承受 900 ℃ 短时间高温冲击；当废气温度达到催化剂的活性温度范围时，VOCs 在催化剂的作用下与空气中的氧气发生无火焰的催化氧化反应。催化剂能够显著降低反应的活化能，使反应在较低的温度下就能进行。在催化燃烧过程中，有机物被氧化分解为二氧化碳和水，同时释放出大量的热，一般要求催化燃烧装置的设计空速在 10 000 ～ 40 000 h^{-1} 范围内，压力损失低于 2 kPa。

④ 热量回收

RCO 工艺的核心是利用蓄热材料（如陶瓷填料）在废气进出时进行热量交换，使用寿命应大于 24 000 h。当废气通过蓄热器时，热量会被蓄热器吸收并储存起来；当新鲜空气进入 RCO 设备时，蓄热器会将储存的热量释放出来，加热新鲜空气至催化剂的活性温度范围。废气在进入燃烧室前先经过蓄热区吸收热量升温至催化剂起燃温度，而在氧化反应后产生的高温废气离开燃烧室时，其热量又被转移到另一侧的蓄热区，这部分热量随后被用于加热待处理的冷废气，以此循环。这种热量回收的方式不仅降低了能源消耗，还提高了设备的热效率。

⑤ 排放

经过催化燃烧和热量回收后，废气中的有害物质已被转化为无害的二氧化碳和水，同时废气温度也得到了降低。此时，废气会通过排气口排放到大气中。由于 RCO 设备的高效处理能力和热量回收功能，排放的废气通常能够满足严格的环保标准。

（2）技术特点

优点如下：

① 高效净化：RCO 工艺利用催化剂在较低温度下（通常低于 500 ℃）即可实现有机废气的完全氧化，可将大部分 VOCs 转化为无害的 CO_2 和 H_2O，净化效率通常能达到 95% 以上，甚至高达 99% 以上，将 VOCs 转化为无害的二氧化碳和水。

② 节能降耗：RCO 系统内置蓄热体，通过蓄热体能够有效回收和循环利用燃烧产生的热量，大大降低了运行能耗，只需要较小的外部补充能量即可维持系统的稳定运行，尤其在启动阶段只需较短时间就能达到点火温度，减少对外部能源的依赖，提高热效率。

③ 适应性较强：尽管不适用于排放浓度频繁波动和环境温度剧烈变化的情况（可能导致催化效率降低），但在稳定的工况条件下，RCO 对各类适合催化燃烧的有机废气有良好的适应性。RCO 适用于处理中高排放浓度的有机废气，尤其对于大风量、连续排放的废气，可通过吸附浓缩等方式将低排放浓度废气转换为适合催化燃烧的高排放浓度废气。

④ 安全性高：RCO 技术安全可靠，只需要 200 ～ 400 ℃ 即可将所有的 VOCs 催化分解，规避了常规 TO、RTO 等高温焚烧面临的火焰安全隐患；RCO 采用低温无焰燃烧方式，相比直接燃烧，降低了燃烧温度，降低了爆炸风险，同时系统设计有防火、防爆泄压和超温报警等多种安全保护措施，以及先进的自动控制系统，保证了设备运行的安全性和可靠性。

⑤ 催化剂寿命长：虽然催化剂需要定期更换，但其使用寿命较长，一般可使用 4

年以上。同时，设备采用贵金属催化剂（如钯、铂等）负载在蜂窝陶瓷载体上，具有较大的比表面积，从而提高了催化效率。

⑥ 操作简便：具备自动控制功能，能够根据废气流量和排放浓度自动调节运行状态，无须过多人工干预。

⑦ 环保性能佳：催化燃烧过程几乎无可见烟尘，且不产生 NO_x 等二次污染物，符合严格的环保排放标准，而且充分利用了废气本身的能量，是一种可持续的绿色处理方法。

⑧ 占地小，维护方便：RCO 设备结构紧凑，占地面积小，重量相对较轻，吸附床和催化剂模块的安装和更换便捷。

⑨ 运行成本低：尽管初期设备投资相对较高，但由于其运行能耗低、催化剂使用寿命长、维护成本相对较小，长期来看运行成本较低。

缺点如下：

① 设备投资成本高：RCO 设备的设计和制造比较复杂，其中包含了催化剂、蓄热材料、换热器等高性能组件，因而初始投资较大。

② 对废气条件敏感：RCO 工艺对废气的成分有一定要求，如废气中不能含有能导致催化剂中毒的物质（如硫、氯、硅、磷等），并且废气的湿度、温度、粉尘排放浓度等也需要控制在适宜范围内。

③ 催化剂易受损害：如果废气中有害物质排放浓度太高或含有对催化剂有毒性的成分，可能导致催化剂活性下降或失效，需要定期更换或再生。

④ 不适合处理所有有机废气：对于低沸点、高浓度或含有大量不完全燃烧产物的有机废气，以及黏性大、湿度高等特殊性质的废气，RCO 工艺可能不是最佳选择。

⑤ 运行稳定性要求高：RCO 系统需要精确的温度和气体流量控制，对自动化控制技术和设备可靠性要求较高，否则可能影响处理效率和催化剂寿命。

(3) 技术应用

RCO 技术的优势在于它能将大风量、低浓度的有机废气转化成小风量、高浓度的废气，并在催化剂作用下进行高效且经济的燃烧反应，从而达到环保排放标准。这种技术特别适用于处理浓度范围在 150 ～ 1 500 mg/m^3 甚至更高的有机废气。

RCO 技术应用的主要领域：

① 化工行业：包括精细化工、石油化工、煤化工等领域，在生产过程中产生的有机废气，例如苯、醇、酮、醛、酯、酚、醚等多种化合物，均可以通过 RCO 设备进行处理。

② 印刷行业：无论是平版印刷、凹版印刷还是柔版印刷，所使用的油墨和清洗剂等会释放大量 VOCs，RCO 技术能够有效净化这类废气。

③ 涂装行业：汽车制造、家具、电子产品等领域的喷涂生产线，涂料在干燥过程中会产生大量的有机废气，RCO 设备是理想的处理方案。

④ 橡胶与塑料制品行业：在合成橡胶、塑料制品加工过程中可能产生大量有机

废气，尤其是含有苯乙烯、甲苯、二甲苯等成分的废气。

⑤ 制药行业：药品生产和包装过程中可能释放的有机溶剂废气。

⑥ 电子、电器制造业：如线路板制作、表面涂覆等环节的有机溶剂废气。

⑦ 纺织印染行业：在染整过程中使用各类染料和助剂产生的 VOCs 废气。

⑧ 机械制造行业：金属表面处理、涂装等工艺产生的有机废气。

⑨ 其他行业：如轮胎制造、皮革加工、农药化肥生产、污水处理站除臭等也有广泛应用。

3.CO

催化燃烧又称催化氧化，通过使用催化剂降低反应活化能，使 VOCs 在较低的温度下（250 ～ 400 ℃）在催化剂表面进行无焰燃烧，废气中的 VOCs 氧化分解为 O_2 和 H_2O，并放出大量的热。由于氧化反应温度低，所以极大地抑制了空气中的 N_2 氧化生成 NO_x。

(1) 工艺原理

催化燃烧法是有机气体中的碳氢化合物在较低的温度下，通过催化剂的作用，被氧化分解成无害气体并释放热量，达到净化气体目的。

催化燃烧是典型的气固相催化反应，其原理是活性氧参与深度氧化作用。在催化燃烧过程中，催化剂的作用是降低反应的活化能，同时使反应物分子富集在催化剂表面上以提高反应速率。借助于催化剂，有机废气可以在较低的起燃温度下无焰燃烧并且释放大量热，同时氧化分解成 CO_2 和 H_2O。

催化燃烧法工艺流程如图 4.19 所示。

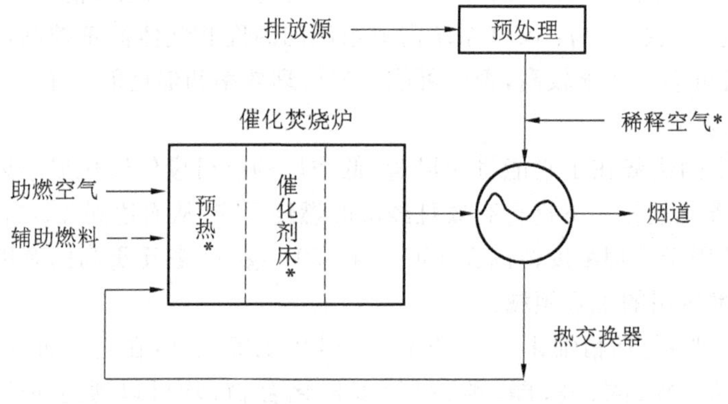

图 4.19　催化燃烧法工艺流程（* 代表视情况加入）

该流程的组成具有如下特点：

① 进入催化燃烧装置的气体首先要经过预处理，除去粉尘、液滴及有害组分，避免催化床层的堵塞和催化剂中毒。

② 进入催化床层的气体温度必须达到所用催化剂的起燃温度，催化反应才能进行。因此，对于低于起燃温度的进气，必须进行预热使其达到起燃温度。气体的预热

方式既可以采用电加热也可以采用烟道气加热，目前应用较多的是电加热。

③ 催化燃烧反应放出大量的反应热，燃烧尾气温度较高，对这部分热量可考虑回收。

(2) 催化剂

不同种类的 VOCs 的转化率取决于催化剂的种类、空速(停留时间) 以及催化燃烧的温度。因此应用时需要根据实际的 VOCs 种类和排放浓度进行详细设计，一般情况下催化剂温度都要略高于实验温度，以确保 VOCs 去除率。

催化燃烧工艺的关键是催化剂，其性能的优劣对废气净化效率和能耗有着决定性的影响。用于有机废气净化的催化剂主要是金属和金属盐，目前使用较多的催化剂是贵金属 Pt、Pd，这些催化剂活性好、使用寿命长、使用效果稳定，但价格较为昂贵，且在处理卤素有机物或含 N、S、P 等元素时，催化剂易失活。此工艺的关键问题是开发与研制一种起燃点低、催化活性高、稳定和价廉的催化剂。众多研究表明，用浸渍法制备的过渡金属及其氧化物系列的燃烧催化剂效果较好。近年来纳米粒子催化剂具有高比表面积，活性点多，催化活性和选择性大于一般催化剂。特别是在本体催化剂中掺杂金属、金属氧化物、碳酸盐或合成复合纳米氧化物，通过研究掺杂质在基体微粒结构中的调节作用和催化反应中的决定作用来降低催化燃烧反应的自燃温度，增加表面氧量使其在贫燃条件下能稳定燃烧，提高催化剂对有毒气体和污染气体的消除率，这是行之有效的途径。

目前稀土催化剂的研究已取得一定成效。国内已研制使用的催化剂有：以 Al_2O_3 为载体的催化剂，此载体可做成蜂窝状或粒状等，然后将活性组分负载其上，现已使用的有蜂窝陶瓷钯催化剂、蜂窝陶瓷铂催化剂、蜂窝陶瓷非贵金属催化剂、$\gamma-Al_2O_3$ 稀土催化剂等；以金属作为载体的催化剂，可用镍铬合金、镍铬镍铝合金、不锈钢等金属作为载体，已经应用的有镍铬丝蓬体球钯催化剂、钯铂 / 镍(60) 铬(15) 带状催化剂、不锈钢丝网钯催化剂以及金属蜂窝体的催化剂等。

用于催化燃烧的各种催化剂及其性能见表 4.2。

表 4.2　用于催化燃烧的各种催化剂及其性能

催化剂品种	活性组分质量分数 /%	2 000 m^3/h 下 90% 转化温度 / ℃	最高使用温度 / ℃
$Pt-Al_2O_3$	0.1 ~ 0.5	250 ~ 300	650
$Pd-Al_2O_3$	0.1 ~ 0.5	250 ~ 300	650
Pd－Ni、Cr 丝或网	0.1 ~ 0.5	250 ~ 300	650
Pd－蜂窝陶瓷	0.1 ~ 0.5	250 ~ 300	650
Mn、$Cu-Al_2O_3$	5 ~ 10	350 ~ 400	650
Mn、Cu、$Cr-Al_2O_3$	5 ~ 10	350 ~ 400	650
Mn－Cu、$Co-Al_2O_3$	5 ~ 10	350 ~ 400	650

续表4.2

催化剂品种	活性组分质量分数 /%	2 000 m^3/h 下 90% 转化温度 / ℃	最高使用温度 / ℃
Mn、Fe－Al_2O_3	5 ～ 10	350 ～ 400	650
稀土催化剂	5 ～ 10	350 ～ 400	700
锰矿石颗粒	25 ～ 35	300 ～ 350	500

(3) 技术特点

催化燃烧法具有节约能源、转化率高、低排放浓度适应性强的特点，将催化燃烧法和吸附法结合使用，将污染物吸附剂富集后，对解吸气体进行催化燃烧处理，可适用于低排放浓度 VOCs。催化燃烧法是在催化剂的作用下，使有机废气中的碳氢化合物在温度较低的条件下迅速氧化成水和二氧化碳，从而达到治理 VOCs 废气的目的。与直接燃烧法相比，催化燃烧法所需的起始燃烧温度大为降低，在 200 ～ 400 ℃ 左右，与RTO等方法相比大幅降低了能耗；并且催化燃烧法的转化率较高，可以达到 98% 以上，产物大部分都是 CO_2 和 H_2O，不会产生二噁英和 NO_x 等有毒有害物质。除此之外，催化燃烧法不受VOCs的排放浓度限制，在污染物气体排放浓度很低的情况下也能充分处理，适合低排放浓度的 VOCs 的处理。

与其他种类的燃烧法相比，催化燃烧法具有以下特点：

① 可将 VOCs 完全氧化，不产生氮氧化物，不易造成二次污染；

② 燃烧状态为接触燃烧而非火焰燃烧，安全性好；

③ 要求的燃烧温度低，故辅助燃料消耗少，辅助燃料及建设成本低，且净化效率高；

④ 污染物在反应器中的停留时间短，一般为 0.2 ～ 0.3 s。

⑤ 对可燃组分排放浓度和热值限制较小；

⑥ 为使催化剂使用寿命延长，不允许废气中含有尘粒和雾滴。

另外，催化燃烧法也存在着以下缺点：

①VOCs 中所含的重金属、粉尘、硫化合物和氮化合物等可使催化剂中毒而失去活性，因此需要对 VOCs 进行预处理。

② 催化剂的活性组分多为贵金属，催化剂成本高，价格昂贵；催化剂在使用过程中容易受 Cl、S、Si、P 等元素污染中毒，并且高温也会引起催化剂快速失活。即使正常使用催化剂也会逐渐失活，需要定期(2 ～ 3 年) 进行更换。

③ 使用过程中要求废气排放浓度和风量相对较为稳定，虽然启动能耗较直接燃烧大幅降低，但是冷启动能耗仍然较高。废气排放浓度较低时需要补充能量维持氧化温度，排放浓度较高时则需要稀释以避免催化剂温度过高导致快速失活。因此对高排放浓度的 VOCs 处理效果不理想。

(4) 技术应用

此法适用的排放浓度范围较广，在 2 000～6 000 mg/m^3 范围内。与其他燃烧法相比，催化燃烧特别适于处理量大、气体排放浓度较低的苯类、醛类、酮类、醇类等各类有机废气的净化方法；为无火焰燃烧，安全性好；燃烧反应温度低，且燃烧完全，不会产生 CO 和剩余可燃气体，不易生成高温下的二次污染物如二噁英、氮氧化物等；脱除污染物效率高，辅助燃料消耗少；对可燃组分排放浓度和热值限制较小；为使催化剂延长使用寿命，不允许废气中含有尘粒和雾滴。

催化燃烧法适于净化金属印刷、绝缘材料、漆包线、炼焦、油漆、化工等多种废气以及恶臭气体，特别是在漆包线、绝缘材料、印刷等生产过程中排出的烘干废气，因废气温度和有机物排放浓度较高，对燃烧反应及热量回收有利，具有较好的经济效益，因此应用广泛。但不能用于处理含有机氯和有机硫的化合物，因为这些化合物燃烧后会造成二次污染并使催化剂中毒。而有些有机物的沸点高，相对分子质量很大，也不能用催化燃烧法处理，因为燃烧产物会使催化剂表面发生堵塞。

4.TO

TO 是将含有 VOCs 的气体、空气以及辅助燃料直接喷入炉膛内进行燃烧，适用于处理高排放浓度、高热值并且无回收利用价值的 VOCs 废气。

(1) 工艺原理

直接燃烧法的原理实质是把 VOCs 作为燃料燃烧，高热值 VOCs 在燃烧过程中散向环境中的热值可以补充 VOCs 燃烧所需的温度，使燃烧得以进行；氧化剂是空气中的氧气，燃烧温度在 1100 ℃ 左右。

(2) 技术特点

直接燃烧法工艺简单、处理效率高，对于高排放浓度 VOCs 去除率可达 95% 以上。因 VOCs 成分复杂，个别成分在燃烧过程中会释放出有毒的刺激性气体，因此，直接燃烧法需要对燃烧气体进行检测，并且对有害成分进行无害化处理。

(3) 技术应用

直接燃烧法是把可燃的 VOCs 当作燃料直接燃烧转化为 CO 和 H_2O 的净化方法。因此仅适合于净化含可燃有害组分较高或有害组分燃烧时热值较高的有机废气，适合处理高排放浓度 VOCs 废气，燃烧温度控制在 1 100 ℃ 左右，去除效率为 95% 以上。

多种可燃气体或多种溶剂蒸气混合存在废气中时，只要排放浓度值适宜，也可以直接燃烧。如果可燃组分的排放浓度高于燃烧上限，可以混入空气后燃烧；如果可燃组分的排放浓度低于燃烧下限，则可以加入一定量的辅助燃料维持燃烧。

4.4.3　分解处理技术

低温氧化分解法处理技术主要为 UV 光氧催化、等离子体处理法。UV 光氧催化是利用稳定性好的活性炭作为载体，然后利用光催化剂，如二氧化钛、二氧化锌等对 VOCs 进行降解处理。等离子体中富含极高化学活性的粒子，废气中污染物质与这些粒子相互作用，污染物被转化为无机小分子物质，目前主要应用于恶臭治理。

1.UV 光氧催化

UV 光氧催化处理 VOCs 废气是一种新兴的处理方法，是利用特种紫外线波段，在催化剂的作用下，将氧气催化生成臭氧和羟基自由基及负氧离子，再将 VOCs 分子氧化还原的一种处理方式。

(1) 工艺原理

UV 光氧催化技术的基本原理是利用催化剂的光催化氧化性，在光照条件下，使催化剂中产生光致空穴和电子，光致空穴和电子分别具有极强的氧化性和还原性，使吸附于催化剂表面的原本不吸光且无法被氧化的 VOCs 被氧化；催化剂表面的电子受体被还原。简单来说，就是利用紫外线辐射将 VOCs 气体分解成更小的分子，然后再与氧气发生反应，生成 CO_2 和 H_2O 等无害物质。

(2) 光催化剂

UV 光氧处理 VOCs 废气的关键在于光催化剂的选择。

常用的 UV 光催化剂包括二氧化钛、氧化锌、氧化铁等，它们能够吸收紫外线能量，产生电子和空穴，从而促进 VOCs 的分解。

在光催化剂的选择上，需要考虑 VOCs 废气的成分、排放浓度、流量等因素，以及催化剂的稳定性、活性和成本等因素，以达到较好的处理效果。

由于作为催化剂的 TiO_2 价格低廉，来源广泛，对紫外光吸收率较高，抗光腐蚀性、化学稳定性和催化活性高，且没有毒性，对很多有机物有较强的吸附作用，因而成为各类试验研究中最常用的光催化剂，常用的 TiO_2 形态有粉末和溶胶薄膜两类。为了提高催化剂的活性和适应不同类型的废气处理，也经常添加一些贵金属铂、钯、钌和过渡族元素的氧化物以及稀土元素的氧化物等作为催化剂。贵金属催化剂有很高的氧化活性和易回收等优点，但是存在资源稀少、价格昂贵和耐中毒性差等一些缺点，目前是世界各国采用的主要催化剂类型。复合氧化物虽可改善某些光催化性能，但氧化活性仍不及贵金属。

(3) 影响因素

① 合理的设备空间布局和结构：对于净化设备的制造也有一些问题要注意，目前 UV 光催化治理 VOCs 设备的自动化程度低，基本还没有自动检测和监控功能，所以对产品的整体效果不能够进行有效的效率评估。要合理处理好催化剂的布置、数量，要准确处理好透光性和气体的流速，要进行合理的能量匹配和结构优化，否则，很多设备的有效去除率是远远不够的。

② 光源的选择和影响：目前，一般选择 185 nm 和 254 nm 两个波段的真空紫外灯，市场上的 UV 灯管质量良莠不齐，真空紫外设备进口的风速影响了紫外灯的灯管表面温度，灯管表面温度与紫外灯的发光效率有直接关系，灯表温高于某一数值时会直接影响其发光效率。风速增大，臭氧排放浓度降低，臭氧产生量没有明显变化，说

明在 3 m/s 时真空紫外已经被空气中氧气充分吸收，增大空气进气量，灯管自身产生的臭氧量没有明显增加。臭氧与甲苯在自然状态下是不发生化学反应的。臭氧协同真空紫外光对很多有机废气是有降解效果的。254 nm 的紫外光可以促进臭氧产生氧自由基，从而氧化废气分子，臭氧在真空紫外条件下与空气中的水蒸气可产生羟基自由基，羟基自由基可氧化甲苯等废气。

③ 废气排放浓度的影响：UV 光催化治理 VOCs 适合的应用范围主要包括喷涂车间、印刷、电子、制药、食品等行业产生的低排放浓度有机废气，对于 20.200 ppm 以下的排放浓度效果较好，随着 VOCs 排放浓度增高，降解效率也会随之降低。目前广泛采用的是 185 nm 和 254 nm 两个波段的真空紫外灯，这是由于真空紫外灯发射的紫外线能量强度有限，单位时间内光解能量不足，效率下降。所以单纯地增加灯管的数量无法解决高排放浓度有机气体的问题，紫外光解技术不适合中高排放浓度 VOCs 气体。

④ 相对湿度低的影响：在一定的湿度条件下，氧气吸收了大部分 185 nm 紫外光，但是随着湿度的进一步增加，一部分是水蒸气与氧气竞争吸收 185 nm 波长的紫外光，水蒸气吸收了更多的 185 nm 紫外光，同时产生更多羟基自由基。水蒸气与活性氧反应生成羟基自由基，羟基自由基的氧化性要强于臭氧和活性氧，从而光解的速度明显加快，促进单位时间内对于废气去除率的增加，试验证明相对湿度在 30% ～ 65% 这个范围，光解效率是上升的，相对湿度超过 70% 后随之逐渐下降。

(4) 技术特点

UV 光氧处理 VOCs 废气具有操作简单、效率高、成本低等优点，因此受到了越来越多的关注和应用。大多数 VOCs 在紫外光和纳米活性催化氧化的共同作用下，能在 2～3 s时间内被充分降解，UV 催化氧化技术对 VOCs 具有较高的去除效率，具有如下特点：

① 无二次污染：UV 光催化氧化的最终产物是二氧化碳和水，对人体无害，不会产生类似消毒剂对环境产生的二次污染。

② 废气净化的彻底性：UV 光触媒是分解污染物而不是吸附污染物，发生的是质变而不是量变，对污染物具有不可逆的分解。

③ 废气分解的广泛性：UV 光催化氧化几乎对所有的细菌、病毒和有机污染物起到强效分解作用，特别是对人们不易感知的细菌和病毒进行彻底分解。

总之，与传统的吸附、燃烧等处理方法相比，UV 光氧处理 VOCs 废气不会产生二次污染，处理效率高，对环境影响小，是一种高效、环保、经济的处理方法，具有广阔的应用前景。

(5) 技术应用

UV 光氧处理 VOCs 废气主要应用于恶臭治理。它可以应用于涂料、印刷、汽车喷漆等行业的废气处理，也可以应用于室内空气净化等领域。

在 UV 光催化氧化技术应用中，包括 UV 管的波长、光催化材料、反应时间、相对湿度、灰尘颗粒物等都是处理VOCs成败的要素。

大部分应用于VOCs处理的UV光催化处理设备是应用过去除臭杀菌的技术原理，通常采用双波长紫外光管，将能量主要用于转换臭氧。目前普遍认为光催化氧化法能够将VOCs完全降解生成无毒无害的CO_2和H_2O等，但实际使用中的UV光催化处理VOCs设备的效率均较低，在无计算技术的控制下，使用中由于反应时间太短，挥发性有机物在光催化氧化反应中会生成酮、醛等更毒的中间副产物和大量的臭氧。

2.等离子体

等离子体技术是新型技术中的一种，广义上，等离子体是指带正电的粒子与带负电的粒子具有几乎相同的密度，整体呈电中性状态的粒子集合体。宇宙中99.9%以上的物质主要都是以等离子体的形态存在的，等离子体是宇宙中物质存在的主要形式，等离子体是由大量带电粒子组成的非凝聚系统。等离子体状态是物质存在的基本形态之一，与固态、液态和气态并列，称为物质第四态。

等离子体通常可分为：高密度和低密度的；稳态的和瞬态的；强电离和弱电离的；热力学平衡和非热力学平衡的；等等。但最常见的是按温度分为高温等离子体和低温等离子体。高温等离子体是热力学平衡的等离子体。低温等离子体又分为热等离子体和冷等离子体，热等离子体是热力学平衡或近热力学平衡的等离子体，如电弧等离子体、高频等离子体和燃烧等离子体。冷等离子体是非热力学平衡的等离子体，如低气压辉光放电等离子体、介质阻挡放电等离子体等。由于低温等离子体是一种处于非热平衡状态的等离子体，此时电子在与离子或中性粒子的碰撞过程中几乎不损失能量，电子温度远远大于离子或中性粒子的温度，并且整体温度接近于室温，所以称之为低温等离子体。

低温等离子体通过电子束照射或高压放电形式获得的非平衡等离子体内，有大量的高能电子及高能电子激励产生的活性粒子，将有害气体污染物氧化成无害物质或低毒物质。低温等离子体包含大量的活性粒子，如电子、正负离子、自由基、各种激发态的分子和原子等，因为废气的处理一般都在常压或接近常压的情况下进行，此时气体放电产生的等离子体属于低温等离子体。

(1) 工艺原理

低温等离子体是继固态、液态、气态之后的物质第四态，当外加电压达到气体的放电电压时，气体被击穿，产生包括电子、各种离子、原子和自由基在内的混合体。放电过程中虽然电子温度很高，但重粒子温度很低，整个体系呈现低温状态，所以称为低温等离子体。低温等离子体降解污染物是利用这些高能电子、自由基等活性粒子和废气中的污染物作用，使污染物分子在极短的时间内发生分解，并发生后续的各种反应以达到降解污染物的目的。

低温等离子体技术降解各种污染物的基本原理如下：

在外加强电场作用下，通过放电介质，电子从电场获得能量产生高能电子；大量的被电子激发的携能电子不断地、快速地轰击、撕裂污染物分子，污染物分子在这样的条件下，发生电离、解离和激发等作用，从而成为活性基团；这些活性基团与分子或原子、活性基团与活性基团之间相互碰撞，会引起污染物分子发生一系列复杂的化学、物理反应；这些反应使较复杂的、长链的污染物大分子撕裂成为简单、安全的小分子物质，达到了转变有毒有害物质为低毒低害、低毒无害、无毒无害的安全物质，从而去除、降解污染物。低温等离子体反应中化学能量传递过程如图 4.20 所示。

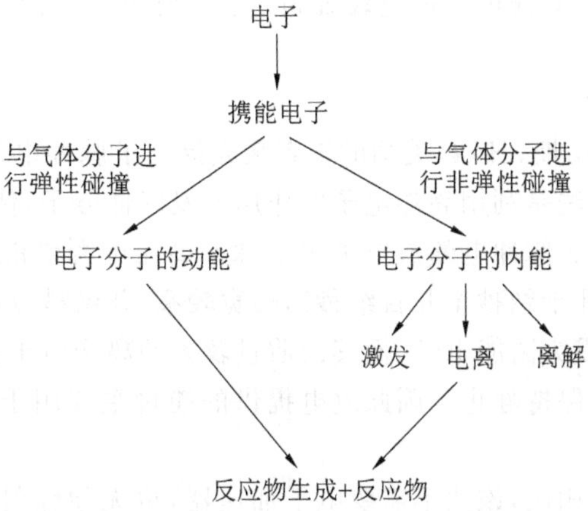

图 4.20　低温等离子体反应中化学能量传递过程

因其电离电子后平均产生的能量在 10 eV 左右，在严格控制反应条件的前提下，可以实现速度很慢或难以发生反应的化学反应，并且反应速率非常高。低温等离子体技术在 VOCs 处理领域中已经成为具极强优势的高新技术，并越来越广泛地得到市场应用，等离子体技术在国内外相关学科界也得到了广泛关注和高度认同。

(2) 放电方式

低温等离子体通常通过气体放电的形式获得，根据电极结构和供能方式的差异，可将气体放电方法分为电晕放电、介质阻挡放电和表面放电等。其中电晕放电又包括直流电晕放电、脉冲电晕放电和交流电晕放电。这些放电方式有一个共同的特点，就是均能在较高的气体压力下形成非平衡态等离子体。近年来还有发展起来的新型放电技术如大气压等离子体、微放电等离子体，它们极大地丰富了低温等离子体的研究空间，产生了许多新效应、新现象。

目前，电晕放电是较为简单和有效的低温等离子体放电方式，具有较好的应用前景。电晕放电可以产生以臭氧为代表的具有强氧化能力的物质，可以氧化有机物。电晕放电技术对 VOCs 的处理效率很高，应用范围广，基本上各类 VOCs 都能有效处理，对低排放浓度 VOCs 处理也效果显著。

① 直流电晕放电

直流电晕放电是在直流高压作用下，利用电极间电场分布的不均匀性产生气体放电的一种方式。这种放电方法广泛用于静电除尘方面。在有机污染物的净化方面有人做过研究，尽管也有一定的净化效果，但是直流电晕放电形成的等离子体活性空间小，仅限于电晕极附近，同时在略高的操作电压下即会击穿形成火花放电，使气体温度升高。研究表明，静电除尘过程与有机污染物的降解过程对放电的要求有较大差别，前者放电以提供离子源为目的，所需的电晕区较小，用直流电晕即可满足要求；而后者要求放电能为有机污染物的降解反应提供足够多的活性物质，因而反应器应有较大的活性空间，而直流电晕放电较难满足这个要求，所以不适用于有机污染物的净化。

② 脉冲电晕放电

20 世纪 80 年代初期，日本、美国的学者最先提出了脉冲电晕产生常压非平衡等离子体的方法。该方法是利用高能电子的作用激发气体分子，使其电离或离解，并产生强氧化性的自由基。脉冲电晕放电采用窄脉冲高压电源供能，脉冲电压的上升前沿极陡(上升时间为几十纳秒至几百纳秒)，峰宽较窄(几微秒以内)，在极短的脉冲时间内，电子被加速而成为高能电子，而其他质量较大的离子由于惯性作用在脉冲瞬间来不及被加速而基本保持静止。因此放电提供的能量主要用于产生高能电子，能量效率较高。

与电子束照射法相比，该法不需要电子加速器，也无须辐射屏蔽，因而具有较好的安全性和可操作性。与直流电晕放电相比，脉冲电晕放电还有以下优点：可以在较高的脉冲电压下操作，不像直流电晕放电那样容易过渡到火花放电，因而可提供比直流电晕放电高几个数量级的活性离子浓度；在高电压作用下，电晕区较大而且放电空间电子密度较高，同时空间电荷效应也使电子在反应器内分布趋于均匀，所以其活性空间也比直流电晕放电大得多；电子密度大、分布广，反应器可以设计成较大空间，允许较宽的反应器制造误差。由于脉冲电晕放电具有这些优点，所以其在空气污染物净化方面具有更强的应用前景。

③ 介质阻挡放电

介质阻挡放电是绝缘介质插入放电空间的一种气体放电。介质可以覆盖在电极上或者悬挂在放电空间里，当在放电电极上施加足够高的交流电压时，即使在很高气压下，电极间的气体也会被击穿而形成所谓的介质阻挡放电。这种放电表现为均匀、漫散和稳定，貌似低气压下的辉光放电，但实际上其是由大量细微的快脉冲放电通道构成的。通常放电空间的气体压强可达 10 Pa 或更高，所以这种放电属于高气压下的非热平衡放电。在历史上这种放电又称无声放电，因为它不像空气中的火花放电那样会发出巨大的击穿响声。

介质阻挡放电可以用频率 50 Hz ～ 1 MHz 级的高电压来启动。在大气压强(105 Pa)下这种气体放电呈现微通道的放电结构，即通过放电间隙的电流由大量快脉冲电流细丝组成。电流细丝在放电空间和时间上都是无规则分布的，这种电流细丝就称为微放电，每个微放电的时间过程都非常短促，寿命不到 10 ns，而电流密度却可高达 0.1 ～ 1 kA/cm^2。圆柱状细丝的半径约为 0.1 mm。在介质表面上微放电扩散成表面放电，这些表面放电呈明亮的斑点，其线径约几毫米。

介质阻挡放电过程中，等离子体内部产生富含高化学活性的粒子，如高能电子、离子、自由基和激发态分子等，废气中的污染物质可与这些具有较高能量的物质发生反应，使污染物质在极短的时间内发生分解，并发生后续的各种反应以达到降解污染物的目的。与传统的电晕放电形式产生的低温等离子技术相比较，介质阻挡放电等离子体技术放电量是电晕放电的 50 倍，放电密度是电晕放电的 130 倍。

④ 表面放电

表面放电的主体是结构致密的陶瓷（陶瓷管或瓷板），在陶瓷的内部埋有金属板作为接地极，陶瓷的一侧表面上布置导电条件作为高压电极，另一侧作为反应器的散热面。在中、高频电压作用下，放电从放电极沿陶瓷表面延伸，在陶瓷表面形成许多细致的流注通道。与其他放电方式相比，表面放电的功率消耗大，放电过程中发热比较严重，常需在反应器的外部强制冷却，能量利用率不高。另外由于放电只集中在陶瓷表面附近，提供的等离子体反应空间不够，加上结构复杂，故不便于实际应用。

(3) 影响因素

在等离子体降解 VOCs 过程中，工艺参数的选择会影响到系统的降解效率。需注意的工艺参数如下：湿度、温度、VOCs 的初始排放浓度、氧体积分数、气体流速。

(4) 技术特点

低温等离子体降解污染物是利用高能电子、自由基等活性粒子与废气中的污染物作用，使污染物分子在极短的时间内发生分解，并发生后续的各种反应以达到降解污染物的目的。低温等离子体技术的优势是适用于各类 VOCs 的处理，几乎对所有有害气体都有很高的净化效率、无二次污染物产生、可在常温下进行、易操作。具体优势如下：

① 技术高端，工艺简洁：开机后，即自行运转，受工况限制非常少，无须专人操作，除臭率最高可达 99%。

② 节能：无机械设备，空气阻力小。

③ 适应工况范围宽：设备启动、停止十分迅速，随用随开，不受气温的影响。在 250 ℃ 以下和在雾态工况环境中均可正常运转。－50 ～ 50 ℃ 的环境温度仍可正常运转。

④ 设备使用寿命长：本设备由不锈钢材、铜材、钼材、环氧树脂等材料组成，抗氧化，采用防腐蚀材料，电极与废气不直接接触，从根本上解决了设备腐蚀问题。

⑤ 结构简单：只需用电，操作极为简单，无须派专职人员看守，基本不占用人工费。

⑥ 无机械设备：故障率低，维修容易。

⑦ 应用范围广：介质阻挡放电产生的低温等离子体中，电子能量高，几乎可以将所有的异味气体分子降解。

现阶段，国内外对低温等离子体技术的研究主要集中在低温等离子体协同其他技术处理 VOCs 上，这主要是因为单纯利用低温等离子体技术降解 VOCs 存在以下三个问题：① 对部分挥发性有机化合物的降解效率有待提高；② 设备成本高，能耗大，能量效率较低；③ 不完全降解，会产生其他 VOCs 气体分子（氮氧化物、臭氧等）副产物，具体问题如下。

a.VOCs 排放浓度较高时，低温等离子体一般不宜作为独立的处理单元应用，需与其他处理单元联合使用，通常作为二级净化单元才能取得较好的处理效果。

b.废气的预处理不到位时，废气中的油雾或漆雾等颗粒物进入低温等离子体净化设备，沉积在电极或器壁上，积累到一定程度后会引起设备着火。

c.有些化合物在低温等离子体环境中发生聚合反应，在电极或器壁沉积结焦，积累到一定程度也会引起设备着火。

d.易产生火花放电，在高峰值电压下，反应器易产生火花放电，火花放电不仅增大电能消耗，而且破坏放电的正常进行，净化效率低，还存在危险性。

e.废气本身或处理系统积累的有机物排放浓度高，达到了被净化物质（或混合物）的爆炸极限值，电极放电时造成设备爆炸。

f.对于低温等离子体设备对设备部件的构型设计、制造精度、严密性等要求很高：如对电场频率、电压、高频的脉冲等参数，成套设备中如果其中的某个参数达不到要求，如电压过低、频率过高或过低等均会对离子体的产生量造成很大的影响，甚至会造成爆炸事故。

（5）技术应用

目前，低温等离子法在降解 VOCs 方面的实际应用相对较少，主要应用于恶臭治理。等离子体过程被认为是少数的可实现复合污染物各组分同时控制的工艺之一。等离子体对气体污染物的适应性强，降解效果好，易于与其他工艺相结合。这种技术主要适用于处理大气量、低排放浓度的有机废气。

4.4.4 VOCs 无组织排放控制措施

甲醇储罐呼吸废气的处理是通过在甲醇罐区建设的冷凝回收 + 水洗塔废气处理装置进行处置，甲醇装车站装车鹤管均设有废气收集装置，集中收集后的废气依托其所在的甲醇装车站中的冷凝回收 + 水洗塔废气处理装置处置。

挥发性有机物无组织排放大部分是指各装置阀门、管线、泵等在运行中及采样过程中因跑、冒、滴、漏逸散到大气中的废气。其排放量与操作管理水平、设备状况等有很大关系，可通过选用先进的设备和加强管理来降低其排放量，以保证本工程烃类排放符合国家标准的要求。主要措施如下。

（1）在材料上选择耐腐蚀的材料以及可靠的密封技术；提高输送高毒性物质的工艺管线等级；高挥发性物质的工艺管线，除与阀门、仪表、设备等连接可采用法兰外，螺纹连接管道均采用密封焊；所有输送高挥发性物质的工艺管线和设备的排净口都需用管帽或法兰盖或丝堵堵上。

(2) 盛装高挥发性介质的设备需使用法兰及接管法兰的密封面和垫片提高密封等级，必要时采用焊接连接。输送泵选用屏蔽泵或具有双端面机械密封的泵。

(3) 装置中高挥发性物料的采样，采用特殊密闭采样系统，可使物料密闭循环回系统；其他采样装置采用含烃物料时需用常规密闭采样器。

(4) 根据各停工检修装置特点，分别采用冷、热水或酸、碱浸泡、洗涤处理，使用蒸汽吹扫或密闭蒸罐，热空气吹扫等措施，减少挥发性有机物排放。吹扫蒸汽进冷凝器冷凝，不凝气或热吹扫空气做进一步处理。管道检修后进行气密性试验。

(5) 建立 VOCs 综合管控方案，由企业 VOCs 排放源排查、建立生产装置 VOCs 泄漏监测与修复(LDAR) 系统、建立 VOCs 在线监测预警系统等三部分组成。

① 装置建成后，将对生产工艺系统，有组织系统，储运装卸、采样系统以及事故工况等进行 VOCs 排放源排查，建立公司网络平台化的 VOCs 源分类清单，对装置 VOCs 逸散排放进行量化核算。

② 建立泄漏检测与修复系统，加强装置生产、输送和贮存过程挥发性有机物泄漏的监测和监管，对泄漏率超过标准的进行维修或更换，对项目运行全周期进行挥发性有机物无组织排放控制。

③ 建立 VOCs 监控监测预警平台。厂界安装环境 VOCs 监测设施，并与环保部门联网。

(6) 甲醇内浮顶储罐采用全接液浮盘消除油气空间，采用高效密封：设置氮气密封等措施，从源头上控制油气外排。内浮顶罐罐顶覆盖在储存介质的液面上，并随液面升降，浮顶与液面之间基本没有气体空间，可降低大、小呼吸消耗，与固定顶罐相比，消耗可减少 85%，可减轻对周围环境污染的程度。

第5章　深度治理技术路线与规范

5.1　适用范围

污染物深度治理技术路线与规范适用于具有炼焦化学工业生产过程、煤直接制甲醇工艺、焦炉煤气制甲醇工艺或者氨醇联产制甲醇工艺的甲醇煤化工企业，包括常规机焦、热回收焦和半焦（兰炭），以及独立焦化企业和钢铁联合企业焦化分厂，其他具有相近工艺的企业可参照采用。

5.2　规范性引用文件

《炼焦化学工业污染物排放标准》（GB 16171—2012）及其修改单；

《钢铁行业焦化工艺污染防治最佳可行技术指南（试行）》（HJ－BAT－004）；

《焦化行业清洁生产水平评价标准》（YB/T 4416—2014）；

《清洁生产标准 炼焦行业》（HJ/T 126—2003）；

《排污许可证申请与核发技术规范 炼焦化学工业》（HJ 854—2017）；

《挥发性有机物无组织排放控制标准》（GB 37822—2019）；

《锅炉大气污染物排放标准》（GB 13271—2014）；

《火电厂大气污染物排放标准》（GB 13223—2011）；

《燃煤电厂超低排放烟气治理工程技术规范》（HJ 2053—2018）；

《排污许可证申请与核发技术规范 煤炭加工 — 合成气和液体燃料生产》（HJ 1101—2020）。

5.3　污染物深度治理措施

焦炉烟气的主要污染为颗粒物、二氧化硫和氮氧化物，目前焦炉烟气已经形成较成熟的超低排放控制技术，主要通过 SCR 烟气脱硝、SDS 或氢氧化钙干法烟气脱硫以及袋式除尘的深度治理等措施。

焦化企业 VOCs 废气治理措施主要有：① 氮封负压法是对冷鼓粗苯、油库区等工段的密封槽罐进行氮封处理，并采用压力平衡技术将各槽罐逸散的低含氧 VOCs

废气送入煤气负压管道，依托煤气净化设备处理 VOCs；② 高温焚烧法是将冷鼓、脱硫、硫铵、粗苯等工段中高含氧 VOCs 废气经预处理后集中送入焚烧设备，利用高温(800 ～1 000 ℃)使VOCs氧化分解为无害的二氧化碳和水的处理方法，包括回炉焚烧和蓄热式燃烧(RTO) 两种；③ 洗涤吸收法是废气经油洗、酸洗、碱洗、水洗等吸收废气中的有机气体、碱性气体、酸性气体和其他杂质。对工艺 VOCs 废气、罐区及装车 VOCs 废气则主要通过吸附＋燃烧或吸收＋锅炉燃烧等措施。

结合目前现有深度治理技术，甲醇煤化工行业污染物深度治理技术措施如表 5.1 所示。

表 5.1　甲醇煤化工行业污染物深度治理技术措施

序号	污染物	深度治理技术措施
1	颗粒物	燃用净化后煤气 静电除尘器(三电场以上) 袋式除尘器 电袋复合除尘器 湿式电除尘
2	SO_2	燃用天然气、净化后煤气 石灰石 / 石灰－石膏法脱硫 氨法脱硫 氧化镁法脱硫 双碱法脱硫 循环流化床法脱硫 旋转喷雾法脱硫 活性炭 / 活性焦干法脱硫
3	NO_x	低氮燃烧 SNCR 脱硝 SCR 脱硝 氧化吸收脱硝
4	VOCs	氮封负压法 洗涤＋蓄热燃烧法 洗涤＋焚烧法

5.4 深度治理技术路线

5.4.1 中温SDS脱硫＋袋式/电袋复合除尘＋中低湿SCR脱硝工艺

1.技术工艺背景

中温SDS干法脱硫＋袋式除尘＋中低温SCR脱硝的治理技术工艺具有占地面积较小、投资运行成本低、脱硫脱硝效果稳定等特点，已在焦化行业烟气深度治理工程中有较多的应用实践。

2.技术工艺概述

中温SDS干法脱硫＋袋式除尘＋中低温SCR脱硝技术治理工艺采用先脱硫后脱硝的处理流程，能够防止高排放浓度的SO_2对脱硝催化剂产生的毒害作用。

焦炉烟道气从地下烟道引出后，在烟道合适位置设置脱硫剂喷入口。外购的碳酸氢钠原料脱硫剂经研磨分级后形成碳酸氢钠细粉，并在磨机系统输送风机的作用下送入烟道内与180～250 ℃的中温烟气接触，并与烟气中的SO_2、HCl等酸性污染物发生反应，生成Na_2SO_3、Na_2SO_4和NaCl等盐类物质。该盐类副产物会在引风机的负压作用下随烟气一同进入布袋除尘系统，在除尘布袋的拦截作用下实现烟气中的脱硫副产物与烟气颗粒物的高效脱除，同时未反应完的脱硫剂在布袋表面完成二次脱硫提高脱硫效率及脱硫剂的利用率。脱硫除尘后烟气进入SCR脱硝，在进入脱硝反应器前，还原剂制备系统喷加的氨气等还原剂会与烟气进行充分混合，并在SCR脱硝催化剂的表面活性组分催化作用下，与烟气中的NO_x污染物发生反应，生成无害的N_2和H_2O。脱硝后洁净烟气经过风机、烟囱达标排放。图5.1所示的是该技术路线的工艺流程。

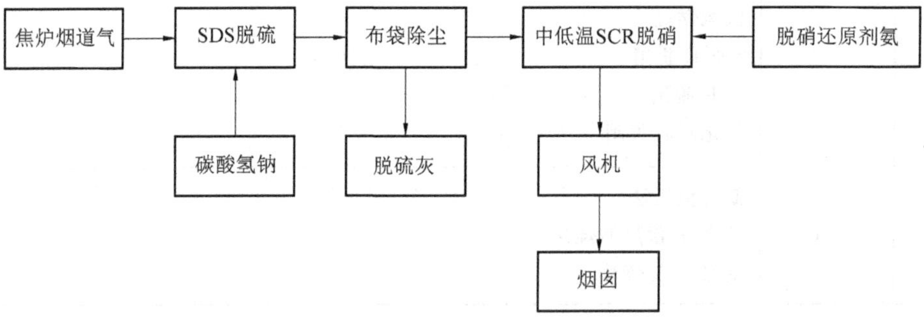

图 5.1 “SDS干法脱硫＋袋式除尘＋中低温SCR脱硝”工艺流程

3.主要技术参数

中温SDS干法脱硫＋袋式除尘＋中低温SCR脱硝治理工艺主要由SDS干法脱

硫系统、袋式除尘系统、中低温 SCR 脱硝系统以及风机机组等子系统组成，各子系统分别对烟气进行不同功能的处理，最终实现烟气的达标排放。

(1)SDS 干法脱硫系统

SDS 干法脱硫主要使用碳酸氢钠(小苏打，$NaHCO_3$) 用作烟气脱硫的吸附剂。它通过化学吸附反应去除烟气中的 SO_2、SO_3、HCl 等酸性污染物。同时，它还可通过物理吸附去除一些无机和有机微量物质。由于运输和存储的原因，碳酸氢钠原料性状通常为 d50 约 200 μm 的粗颗粒。就脱硫反应来说，如要达到较高的反应活性，必须要有足够的反应电位，因此吸附剂必须有较大的比表面积。结合相关工程实操经验，脱硫剂原料在喷入脱硫段之前将其研磨至一定细度，能够大幅地提升其脱硫性能，节省脱硫剂自身的消耗，一般要求细度达到 d90 $\leqslant$ 20 μm。

外购的碳酸氢钠脱硫剂通过吨包吊装系统输送至粗粉仓中暂存，在粗粉仓下部设置有卸料阀及变频计量螺旋给料机，通过调整螺旋给料机的频率来精准控制实时进入研磨系统的物料量。为了在长期操作中保持所需的碳酸氢钠细度，研磨系统通常采用带分级机的冲击磨，亦称分级磨。研磨细度未达标的物料会在分级机作用下返回到研磨机中研磨，细度达标的脱硫剂物料会在研磨系统输送风机的作用下通过气力输送方式输送并喷射到脱硫段中发生热解并与烟气中的 SO_2 等酸性污染物发生反应。

(2) 袋式除尘系统

含尘气体由导流管进入各单元灰斗，在灰斗导流系统的引导下，大颗粒分离后直接落入灰斗，小粒径颗粒物随气流进入中箱体过滤区，过滤后的洁净气体透过滤袋经上箱体、提升阀、排风管排出。随着过滤工况的进行，当除尘段压差达到设定值 1 400 ~1 600 Pa 时，由清灰控制装置按设定程序关闭提升阀，控制当前单元离线，并打开电磁脉冲阀喷吹，抖落滤袋上的粉尘。落入灰斗中的颗粒物借助输送系统送出。经袋式除尘过滤后的烟气颗粒物排放浓度可低于 5 mg/m^3。

(3) 中低温 SCR 脱硝系统

SCR 脱硝系统一般以氨水或尿素为还原剂，在中低温 SCR 催化剂作用下与烟气中的 NO_x 反应，生成 N_2 和 H_2O，实现烟气中的 NO_x 污染物的脱除，并根据还原剂的投加量以及催化剂用量来控制末端 NH_3 的逃逸率。

以 20% 质量分数氨水还原剂为例，储罐中的氨水通过氨水泵输送至蒸发器中，借助外部蒸汽的热能将氨水蒸发汽化为氨气。氨气发生量的控制主要通过氨水泵下游的调节阀控制氨水补给量来实现。同时，系统配备两台氨气稀释风机(一用一备)，用于将氨水蒸发器产生的氨气稀释以供脱硝系统使用。此外，氨水供应系统中还设置氨气－空气混合器，将高排放浓度的氨气与空气混合，提高氨气使用的安全性。

为了保证氨空混合气与烟道气有良好的混合效果，提高脱硝系统治理效率，设计时需对混合烟气进行流场模拟。以下为装置进行数字模拟的要求及目标：

① 脱硝反应器需要满足烟气和氨气的均匀混合要求，要求烟气进入催化剂层之

前反应器截面的 NO_x/NH_3 分布相对标准偏差 CV 小于 5%；

② 脱硝反应器需要满足仓室内烟气截面风速的均匀分布要求，要求烟气进入催化剂层之前反应器内截面的速度分布相对标准偏差 CV 小于 15%；

③ 脱硝反应器需要满足仓室内烟气流向的垂直度要求，要求烟气进入催化剂层之前仓室内烟气流向角度（与垂直方向的夹角）最大为 ±10°；

④ 装置设计需要考虑尽量减小装置的运行阻力，要求装置进风管与出风口之间的运行阻力 ≤1 500 Pa。

中低温 SCR 脱硝催化剂是低温脱硝系统中的核心组成部分，一般要求使用寿命不低于 24 000 h，采用模块化设计以减少更换催化剂的时间。催化剂模块采用钢结构框架，并便于运输、安装、起吊。为便于处理和安装或从 SCR 反应器中移出，催化剂单元安装于碳钢框架中形成单套模块运输。催化剂单元与单元之间以及单元与框架外壳之间设有密封组件，用以处理烟气的“短路流通”现象以及外部振动的吸收，且催化剂各层模块规格统一、具有互换性，方便催化剂的更换。

(4) 引风机系统

该技术工艺中的烟气处理系统阻力全部由末端的引风机机组进行克服，通过引风机将烟气抽取并最终送入到烟囱中排放。引风机机组一般采用离心风机，配置变频电机和变频器，使用过程中通过变频器来调节风机的压力和流量，并且在风机设计风量和压力时考虑必要的余量，以应对复杂工况的不可控变化。风机轴承上设有测温测振装置，保证可以随时监控风机的运行状态。

4.主要应用案例及应用效果

(1) 应用案例一

① 项目及企业概况

河北省作为钢铁大省，占我国近 1/4 的钢铁产能，解决由钢铁产能带来的生产污染等问题刻不容缓。在河北省《钢铁工业大气污染物超低排放标准》(DB 13/2169—2018) 颁布实施后，邯郸某钢铁厂作为该标准的重要适用对象之一，已经陆续开始进行废气的提标改造工程建设。其中，炼焦车间配套有 2×70 孔 7.65 m 大型复热式顶装焦炉 1 组 2 座 1 根烟囱，年产 200 万 t 二级冶金焦，在标准实施后，新建超低排放治理系统，处理风量约 975 000 m^3/h，烟温 170～200 ℃。原烟气污染物指标：颗粒物 ≤100 mg/m^3，SO_2 排放浓度 ≤300 mg/m^3，NO_x 排放浓度 ≤600 mg/m^3。

② 项目技术方案

如图 5.2 所示，项目采用中温 SDS 干法脱硫＋袋式除尘＋中低温 SCR 脱硝治理工艺，从焦炉地下烟道出来的烟气分别进入脱硫塔中与脱硫研磨系统喷入的脱硫剂进行反应，实现烟气脱硫；完成脱硫反应的副产物随烟气一同进入袋式除尘器中，在布袋拦截作用下实现脱硫灰及烟气颗粒物的脱除，同时进行二次脱硫提高脱硫效率及脱硫剂的利用率；烟气脱硝治理环节中采用中低温 SCR 脱硝工艺，还原剂采用 20% 质量分数的外购氨水，通过氨水蒸发器及稀释风机将氨气送入脱硝塔入口前段管道中，在低温脱硝催化剂的作用下，NO_x 与 NH_3 反应生成 N_2 和 H_2O，最终通过引风机将洁净的烟气送入烟囱实现高空排放。

③ 项目实施内容

该焦炉烟气环保治理工程具体实施内容主要包括烟气脱硫除尘系统、烟气脱硝系统、烟气输送及电气控制系统等几部分。

a.烟气脱硫除尘系统，主要为碳酸氢钠的研磨制备投加、脱硫塔搭建及布袋除尘的选型、设计，并利用流场模拟对脱硫塔及除尘器内部流场情况进行优化；

b.烟气脱硝系统，主要为还原剂的制备输送、脱硝塔本体的建设以及脱硝催化剂安装，在该项内容实施过程中，需要采用喷氨格栅对喷入的氨气还原剂进行均化处理，保证氨气与烟气的均匀混合，否则会影响投用时的脱硝效率；

c.烟气输送及电气控制系统，主要为烟气连接管道及阀门开度、布袋清灰喷吹程序等相关的工艺控制系统的搭建实施。

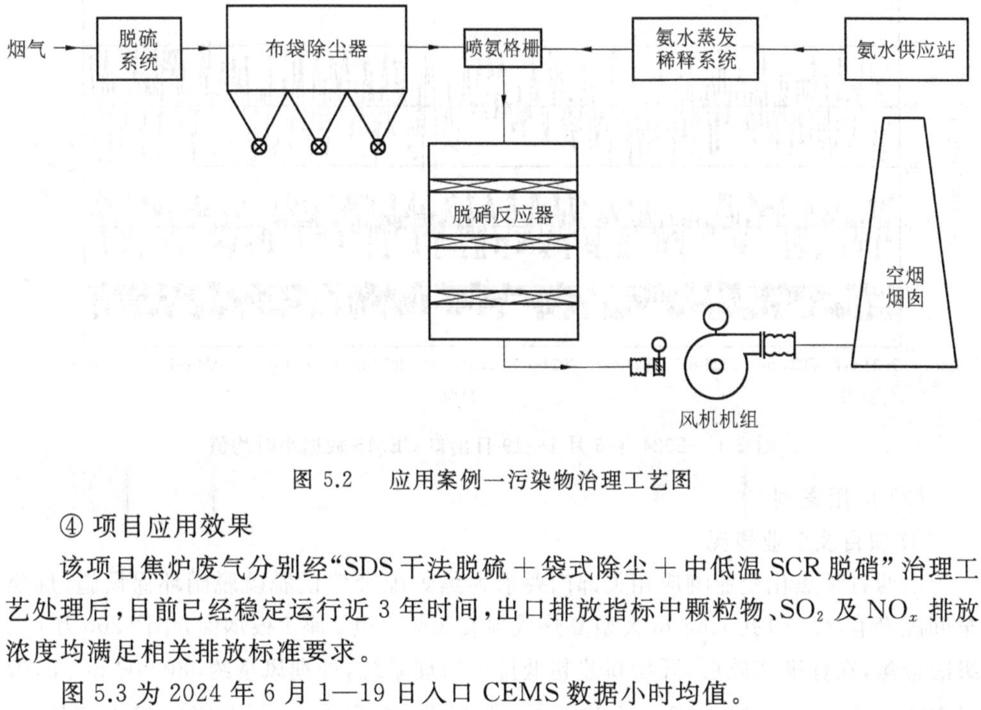

图 5.2　应用案例一污染物治理工艺图

④ 项目应用效果

该项目焦炉废气分别经“SDS 干法脱硫＋袋式除尘＋中低温 SCR 脱硝”治理工艺处理后，目前已经稳定运行近 3 年时间，出口排放指标中颗粒物、SO_2 及 NO_x 排放浓度均满足相关排放标准要求。

图 5.3 为 2024 年 6 月 1—19 日入口 CEMS 数据小时均值。

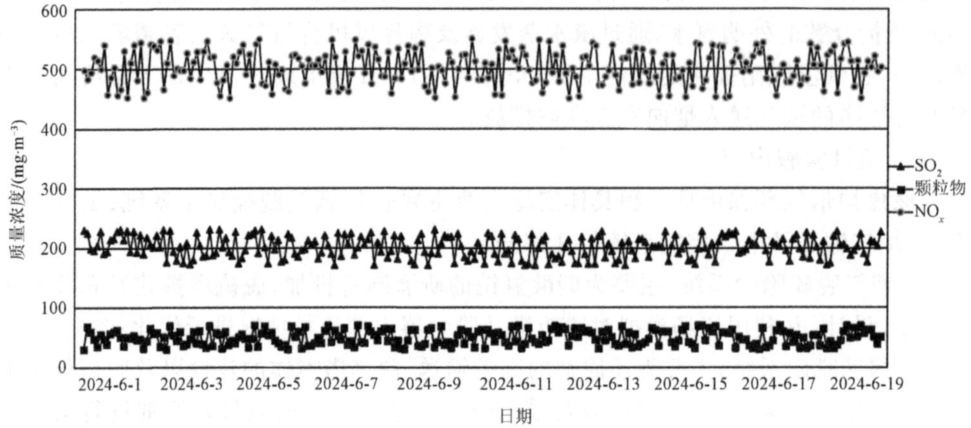

图 5.3　2024 年 6 月 1—19 日入口 CEMS 数据小时均值

图 5.4 为 2024 年 6 月 1—19 日出口 CEMS 数据小时均值。

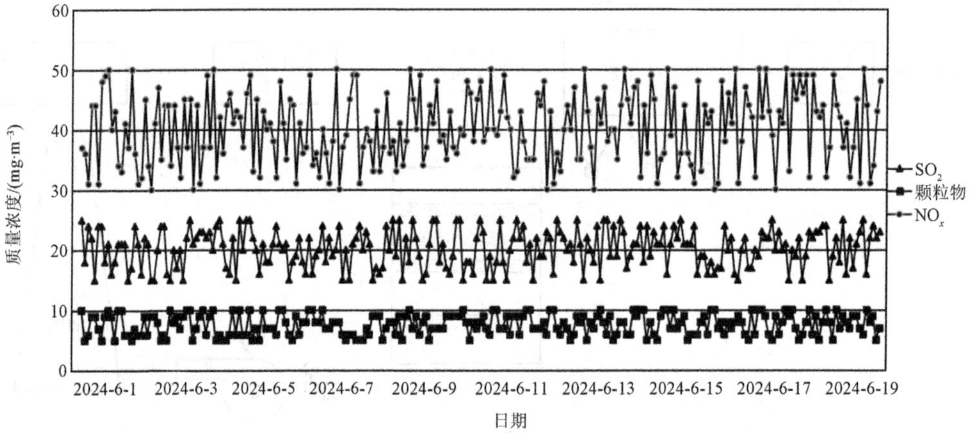

图 5.4　2024 年 6 月 1—19 日出口 CEMS 数据小时均值

(2) 应用案例二

① 项目及企业概况

山西省某焦化企业响应相关部门要求为焦炉配套建设脱硫脱硝环保设施，炼焦车间配套有 2×70 孔 7.65 m 大型复热式顶装焦炉 1 组 2 座 1 根烟囱，年产 200 万 t 二级冶金焦，在标准实施后，开始新建超低排放治理系统，处理风量约 580 000 m³/h，烟温 180～240 ℃。原烟气污染物指标：颗粒物 ≤ 230 mg/m³，SO_2 排放浓度 ≤ 500 mg/m³，NO_x 排放浓度 ≤ 1 000 mg/m³。

② 项目技术方案

项目采用中温 SDS 干法脱硫＋袋式除＋中低温 SCR 脱硝治理工艺，从焦炉地下烟道出来的烟气分别进入脱硫塔中与脱硫研磨系统喷入的脱硫剂进行反应，实现烟气脱硫；完成脱硫反应的副产物随烟气一同进入袋式除尘器中，在布袋拦截作用下实现脱硫灰及烟气颗粒物的脱除，同时进行二次脱硫提高脱硫效率及脱硫剂的利用率；烟气脱硝治理环节中采用中低温 SCR 脱硝工艺，还原剂采用 20% 质量分数的外购氨水，通过氨水蒸发器及稀释风机将氨气送入脱硝塔入口前段管道中，在低温脱硝催化剂的作用下，NO_x 与 NH_3 反应生成 N_2 和 H_2O，最终通过引风机将洁净的烟气送入烟囱实现高空排放。

③ 项目实施内容

该焦炉烟气环保治理工程具体实施内容主要包括烟气脱硫除尘系统、烟气脱硝系统、烟气输送及电气控制系统等几部分(图 5.5)。

a.烟气脱硫除尘系统，主要为碳酸氢钠的研磨制备投加、脱硫塔搭建及布袋除尘的选型、设计，并利用流场模拟对脱硫塔及除尘器内部流场情况进行优化；

b.烟气脱硝系统，主要为还原剂的制备输送、脱硝塔本体的建设以及脱硝催化剂安装，在该项内容实施过程中，需要采用喷氨格栅对喷入的氨气还原剂进行均化处理，保证氨气与烟气的均匀混合，否则会影响投用时的脱硝效率；

c.烟气输送及电气控制系统，主要为烟气连接管道及阀门开度、布袋清灰喷吹程序等相关的工艺控制系统的搭建实施。

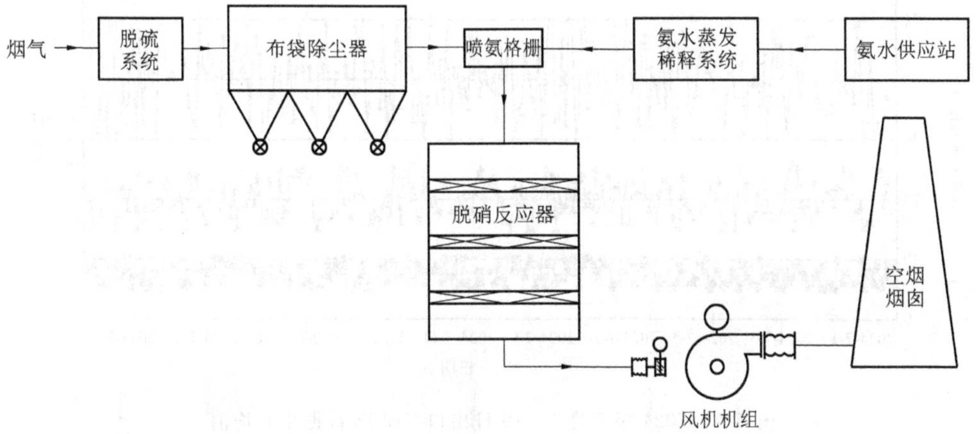

图 5.5　应用案例二污染物治理工艺图

④ 项目应用效果

该项目焦炉废气分别经中温 SDS 干法脱硫＋袋式除尘＋中低温 SCR 脱硝治理工艺处理后，目前已经稳定运行近 4 年，出口排放指标中颗粒物、SO_2 及 NO_x 质量分数均满足相关排放标准要求。

图 5.6 为 2024 年 7 月 1—19 日入口 CEMS 数据小时均值。

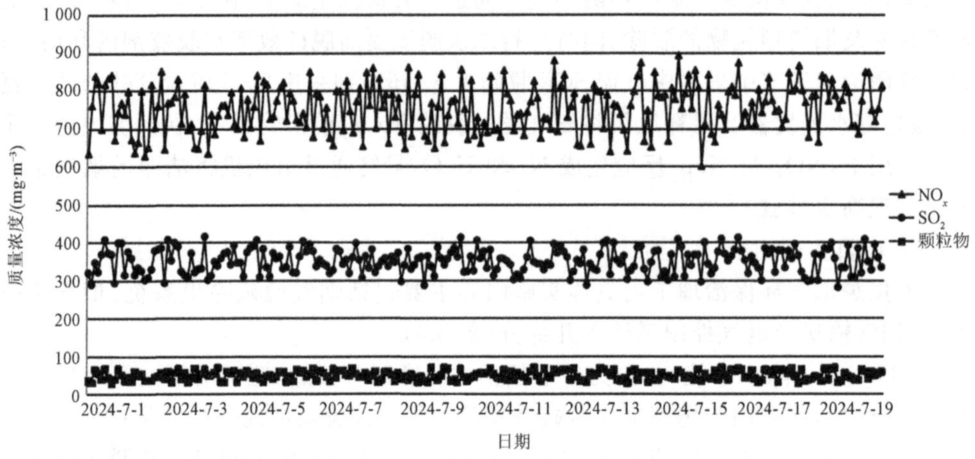

图 5.6　2024 年 7 月 1—19 日入口 CEMS 数据小时均值

图 5.7 为 2024 年 7 月 1—19 日出口 CEMS 数据小时均值。

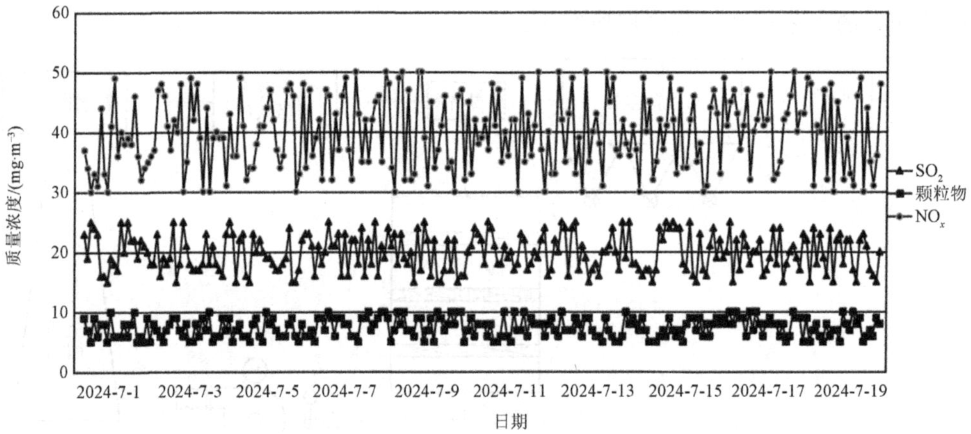

图 5.7　2024 年 7 月 1—19 日出口 CEMS 数据小时均值

5.技术适用性

本技术路线适于低温烟气的脱硫脱硝，在钢铁烧结、焦化等领域应用较多。

本技术工艺能够有效处理低温烟气中的 SO_2、NO_x 以及颗粒物等污染物，可适用于煤气脱硫效果不明显且对 SO_2、NO_x 排放控制要求严格的焦炉烟道低温废气以及其他非电行业烟气的治理建设与改造。能够通过技术方案中的脱硫、除尘以及低温脱硝工艺实现外排烟气达标排放。

5.4.2　高温 SDS 干法脱硫＋布袋除尘＋中温 SCR 脱硝＋余热锅炉

1.技术工艺背景

焦炉烟道气的温度通常为 200 ～ 320 ℃，无法满足高温脱硝催化剂应用条件，且湿度大，成分复杂，含 NO_x、烟尘量高，使得焦炉烟道气的污染物治理难度偏高。针对以上问题与技术需求，提出了适用于焦炉烟道气的高效、节能、环保、经济的干法脱硫除尘脱硝超低排放一体化处理技术，即干法 SDS 脱硫＋布袋除尘＋中温 SCR 脱硝＋余热锅炉技术，见图 5.8。

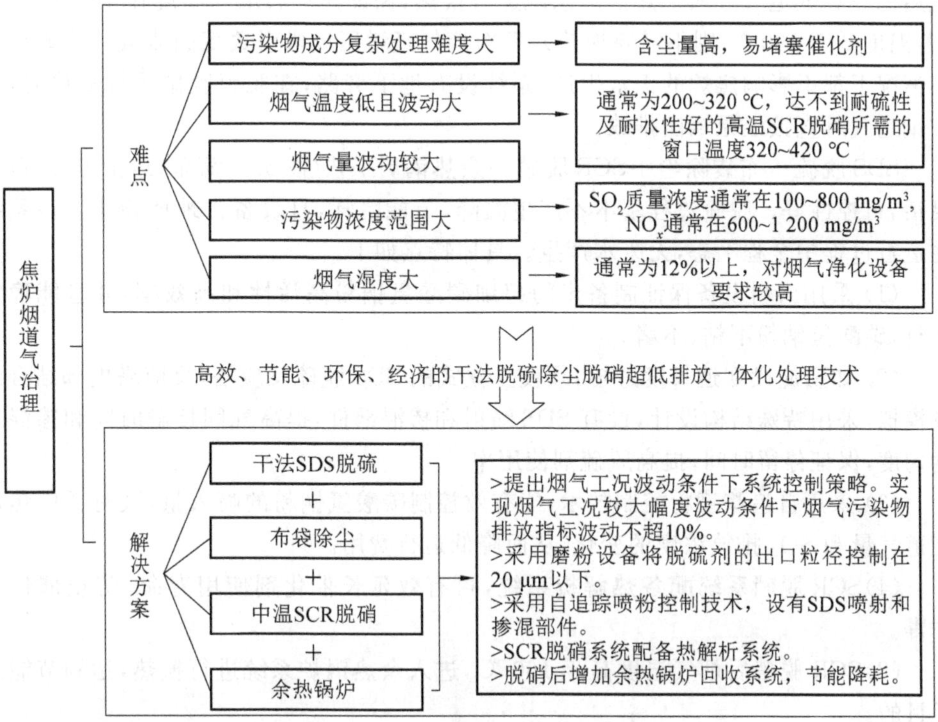

图 5.8　焦炉烟道气治理技术方案

2.技术工艺概述

焦炉烟道气从原烟道引出后，进入 SDS 脱硫反应段，SDS 反应段入口有碳酸氢钠超细粉喷入，碳酸氢钠超细粉在高温烟气的作用下被激活，表面形成微孔结构，类似于爆米花被爆开的状态，大大增加了其表面积和反应活性。激活后的碳酸氢钠分解出高活性碳酸钠和二氧化碳，活性强的碳酸钠与烟道内烟气中的 SO_2 及其他酸性物质（如 HCl、HF 等）充分接触并发生化学反应得以脱除，这一反应迅速且高效，可以在短时间内完成。其主要反应方程式为

$$2NaHCO_3 \longrightarrow Na_2CO_3 + H_2O + CO_2 \tag{5.1}$$

$$SO_2 + Na_2CO_3 \longrightarrow Na_2SO_3 + CO_2 \tag{5.2}$$

$$SO_2 + 1/2O_2 + Na_2CO_3 \longrightarrow Na_2SO_4 + CO_2 \tag{5.3}$$

$$2HCl + Na_2CO_3 \longrightarrow 2NaCl + CO_2 \tag{5.4}$$

$$2HF + Na_2CO_3 \longrightarrow 2NaF + CO_2 \tag{5.5}$$

脱硫之后的烟气进入布袋除尘器，脱硫生成的固态产物与其中的烟尘一起被除尘器高效捕集，之后烟气进入 SCR 脱硝反应器；SCR 反应器内安装有中低温催化剂和声波吹灰器(定期对催化剂进行吹扫，保证脱硝效率并延长催化剂使用寿命)，烟气中的 NO_x 在中低温催化剂的作用下和喷入的 NH_3 发生还原反应生成 N_2 和 H_2O，净化后的焦炉烟道气进入余热锅炉系统进行换热，保证换热后烟气温度在 160 ℃ 左右(若温度低于 160 ℃ 则不需要换热)，后净烟气经增压风机引致烟囱排放。为确保任何情况下都不影响焦炉的正常生产，系统设有地下旁路，在脱硫脱硝系统检修时，焦炉烟道气可直接经原烟囱排放。

SDS 脱硫＋布袋除尘＋SCR 脱硝＋余热锅炉工艺(图 5.9)简单，维护方便，调节灵活，可控性好。脱硫过程基本不产生温降，节能降耗，且设备占地面积小。该系统在运行过程中全程干态，无废水产生。具体特点如下。

(1) 采用磨粉设备保证制备出的超细碳酸氢钠粉高活性和高效率，并且能稳定运行，碳酸氢钠粉不粘、不堵。

(2) 如反应段烟道长度过短，须设立立式的 SDS 脱硫反应塔，反应塔内部结合流场模拟，采用特殊结构设计，设有 SDS 喷射和掺混部件，提高气固接触时间和掺混的均匀度，保证停留时间，提高脱硫剂使用率。

(3) 采用自追踪喷粉控制技术，能有效控制碳酸氢钠粉的喷入量，及时适应焦炉烟道气量和 SO_2 排放浓度的变化，从而降低运行费用。

(4)SCR 脱硝系统配备热解析系统，可有效延长催化剂使用寿命，防止催化剂中毒。

(5)SCR 脱硝后烟气温度高于 160 ℃，进入余热锅炉系统进行换热，达到节能降耗目的。

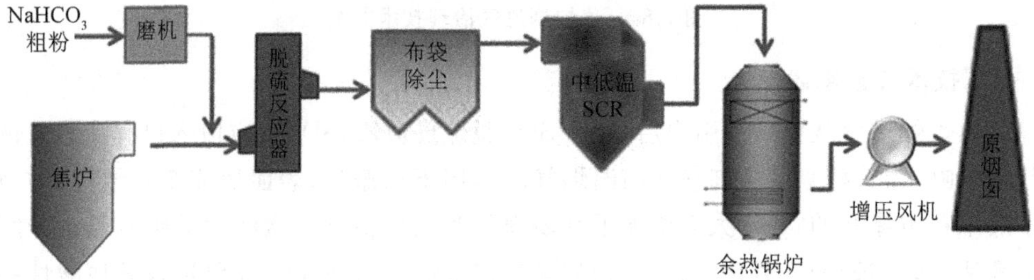

图 5.9　SDS 脱硫＋布袋除尘＋SCR 脱硝＋余热锅炉工艺流程

3.主要技术参数

SDS 脱硫是钠基干法脱硫技术，通常采用碳酸氢钠粉体作为吸收剂，碳酸氢钠粉体在高温烟气的作用下激活，与烟气充分接触发生化学反应，烟气中的 SO_2 及其他酸性介质被吸收净化。烟气与脱硫剂在脱硫反应段内停留时间不小于 2 s，脱硫剂设置为单点或多点喷射，脱硫反应段内设置烟气混合器以便烟气与脱硫剂形成紊流、混合均匀、反应充分。反应系统具有在线自动调节功能，可以依据进、出口 SO_2 排放浓度调整碳酸氢钠粉喷入量。其中研磨机的进料要求：工业级碳酸氢钠，纯度 $\geqslant 99\%$，粒径为 300 ～ 500 μm；出料粒径 d90 ＜ 20 μm。

烟道气经脱硫系统后进入布袋除尘器，考虑到烟气温度的影响以及粉尘的排放要求，布袋一般采用耐高温的高硅氧材质或其他符合工况要求的材质，同时需严格控制除尘器漏风，并配套必要伴热系统，防止料斗降温、物料吸水板结。布袋除尘器压降控制在 800 ～ 1 500 Pa。

SCR 反应器为直立钢结构型式，烟气由上而下通过催化剂层。反应器进、出口烟道设置有膨胀节，用以消除高温烟气的膨胀应力，烟道的适当位置配有足够数量测试孔。反应器壳体能够承受内部压力、地震负荷、催化剂负荷和热应力等；反应器内部相应的位置设置导流板和整流格栅，易于磨损的部位设计必要的防磨措施，在催化剂模块间及模块与反应器壳间设置密封装置；内部各类加强板、支架设计成不易积灰的型式，同时考虑热膨胀的补偿措施。通过优化脱硝装置使得烟气在反应器内分布均匀，同时该设计可以最大化地降低烟气阻力，避免积灰。保证烟气流速偏差 $\leqslant \pm 10\%$（均方根偏差），烟气入射角 $\leqslant \pm 10°$，烟气温度偏差 $\leqslant \pm 10$ ℃，NH_3/NO_x 摩尔比偏差 $\leqslant 5\%$。

SCR 脱硝催化剂是反应器的核心部件，选用蜂窝式中低温催化剂，催化剂的设计要求增加抗硫性、抗水性、抗黏性，在中低温反应温度区，适用于焦炉烟道气特质。

催化剂采用模块化设计以减少更换催化剂的时间，催化剂模块采用钢结构框架，并便于运输、安装、起吊。催化剂模块设计有效防止烟气短路的密封系统，密封装置的寿命不低于催化剂的寿命。催化剂各层模块规格统一、具有互换性。在加装新的催化剂之前，催化剂体积满足性能保证中关于脱硝效率和氨的逃逸排放浓度等的要求。SCR 反应器内具有可抽取测试块的模块数量至少占总模块数的 10%，而且具有可抽取测试块的模块应均匀分布在每层催化剂层。

4.主要应用案例及应用效果

(1) 山西某焦炉烟气 SDS 工艺脱硫示范工程

① 项目及企业概况

随着社会经济的发展和人民生活质量的提高，公众对环保问题的关注度也在不断增加，这促使国家环保部门不断出台更为严格的环保政策和标准，对重点控制区内的焦化等六大行业以及燃煤焦炉项目执行了大气污染物特别排放限值，要求焦化行业的烟气排放必须达到超低排放标准。同时根据《山西省焦化行业压减过剩产能打好污染防治攻坚战行动方案》,市政府明确提出压减过剩产能的目标,以减少环境污染和提高产业效率。焦化烟气超低排放措施和技术的应用旨在确保焦化企业的烟气排放达到或超过国家和地方的环保标准,从而减少对环境的影响。山西某焦化企业年产量 172 万 t 的焦炉因不满足超低排放要求进行脱硫脱硝改造。改造要求烟气出口 SO_2 排放浓度 $\leqslant$ 20 mg/m^3,NO_x 排放浓度 $\leqslant$ 40 mg/m^3,颗粒物排放浓度 $\leqslant$ 5 mg/m^3。

② 项目技术方案

山西某焦化烟气利用 SDS + 布袋除尘器 + SCR + 余热回收技术分别对 SO_2、NO_x、颗粒物进行处置,脱硫剂采用碳酸氢钠,纯度 $\geqslant$ 99%,脱硝剂采用 20% 纯度的氨水。该工艺在焦化行业的应用,实现了环保超低排放的要求。

脱硫系统的组成主要包括脱硫剂研磨系统、脱硫反应系统、布袋除尘系统、副产物处理系统,其中超细磨机是干法脱硫系统的关键,其选型及配置直接关联到系统的脱硫效率、脱硫剂的消耗量及系统达标运行的稳定性。

脱硝系统的组成主要包括氨水储存及供应系统、稀释风及氨喷射系统、脱硝 SCR 反应系统、热解析系统。其中催化剂选用蜂窝式中低温催化剂,使用寿命不低于24 000 h,机械寿命不低于6年,选用尺寸通用型催化剂,方便日后催化剂的检修更换;反应器入口设置有热解析系统,用于定期对催化剂进行热解析恢复催化剂活性延长使用寿命;氨水储存及供应系统设置氨水储罐一座,满足机组最大负荷下 5 d 使用量。

为了降低能耗,节约能源,在脱硝系统之后设置余热回收系统。利用余热锅炉将脱硝后的部分高温烟气进行换热降温,使其烟气降至 160 ℃ 左右,换热后的低温烟气由增压风机加压后进入烟囱排放。

主要流程如图 5.10 所示。

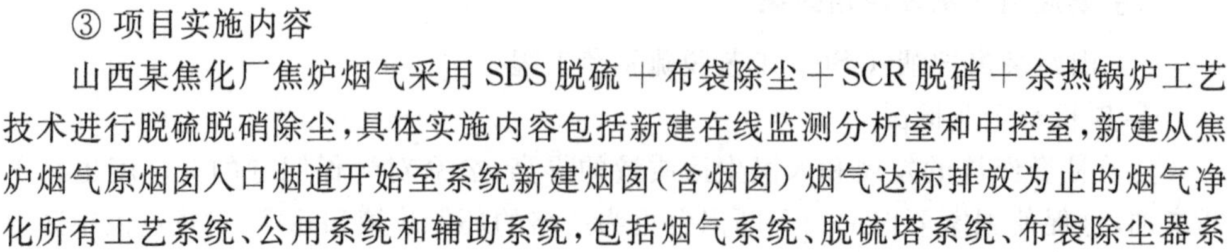

图 5.10　山西某焦化企业脱硫脱硝工艺技术流程

③ 项目实施内容

山西某焦化厂焦炉烟气采用 SDS 脱硫 + 布袋除尘 + SCR 脱硝 + 余热锅炉工艺技术进行脱硫脱硝除尘,具体实施内容包括新建在线监测分析室和中控室,新建从焦炉烟气原烟囱入口烟道开始至系统新建烟囱(含烟囱)烟气达标排放为止的烟气净化所有工艺系统、公用系统和辅助系统,包括烟气系统、脱硫塔系统、布袋除尘器系统、吸收剂制备及供应系统、SCR 脱硝系统、氨水制备存储及供应系统、余热回收系统等，结合项目现场和工艺特点进行有序实施。

项目实施过程中，各工序交叉频繁，因此须制定各部位的实施流程，使各专业工序相互协调施工；采用书面形式进行工序交接，确保成品、半成品时刻有相关人员负责保护、承担责任；协调各专业对机电安装交付时间，并做好隐蔽工程验收工作，确保产品保护及后续工序的顺利进行。

山西某焦化厂焦炉脱硫脱硝烟囱出口安装 CEMS(连续排放检测系统)，其在线数据传输有效率达 95% 以上。烟气采用干法 SDS 脱硫＋布袋除尘＋中温 SCR 脱硝工艺长期运行一段时间后，具有相应国家资质的检测机构对其进行设备技术指标检测，并与在线监测数据比对，SO_2、NO_x 和粉尘的排放浓度分别降低到 20 mg/m³、40 mg/m³ 和 5 mg/m³ 以下，均满足超低排放限值要求。

焦化烟气超低排放项目的应用效果显著，不仅在技术上实现了多种污染物的高效去除，且在实际操作中取得了明显的减排效果和经济收益，为焦化产业节能减排和转型升级树立了典范，为行业的绿色高质量发展提供了有力支持。

(2) 长治某焦炉烟道气 SDS 工艺脱硫示范工程

① 项目及企业概况

长治某焦化厂有 2×75 孔 6.8 m 捣固焦炉，随着环保政策的变化和排放标准的提高，焦炉烟道气的排放已无法满足超低排放要求，须在烟囱前新建一套烟气脱硫脱硝除尘设施，要求烟气出口 SO_2 排放浓度 ≤15 mg/m³，NO_x 排放浓度 ≤50 mg/m³，颗粒物排放浓度 ≤5 mg/m³。

② 项目技术方案

本项目采用"余热锅炉＋干法脱硫＋布袋除尘＋SCR 脱硝"的工艺路线，脱硫采用碳酸氢钠 SDS 干法脱硫，除尘采用布袋除尘器除尘，脱硝采用中低温选择性催化还原法脱硝(SCR)，脱硝后的烟气经增压风机加压后，进入烟囱的其中一个烟道接口，由烟囱达标排放。其中余热锅炉系统设置 2 级换热器，分别安装于脱硫喷粉进口、SCR 反应器出口，2 级换热器共用一套汽包和除氧装置。

焦炉烟道气(280 ～ 300 ℃) 从原烟道引出，先经余热锅炉一级换热器将烟气温度降到 230 ～ 250 ℃，然后进入 SDS 脱硫反应器；在反应器内烟气中的 SO_2 与经激活后的小苏打反应得以脱除，之后的烟气(230 ～ 250 ℃) 进入布袋除尘器；脱硫生成的固态产物与其中的烟尘一起被除尘器高效捕集，之后烟气进入 SCR 脱硝反应器；SCR 反应器内安装有中低温催化剂和声波吹灰器(定期对催化剂进行吹扫，保证脱硝效率并延长催化剂使用寿命)，烟气中的 NO_x 在中低温催化剂的作用下和喷入的 NH_3 发生还原反应生成 N_2 和 H_2O，后经余热锅炉二级换热器换热(保证烟囱入口温度低于 160 ℃)，烟气经增压风机引至烟囱排放。

主要工艺流程如图 5.11 所示。

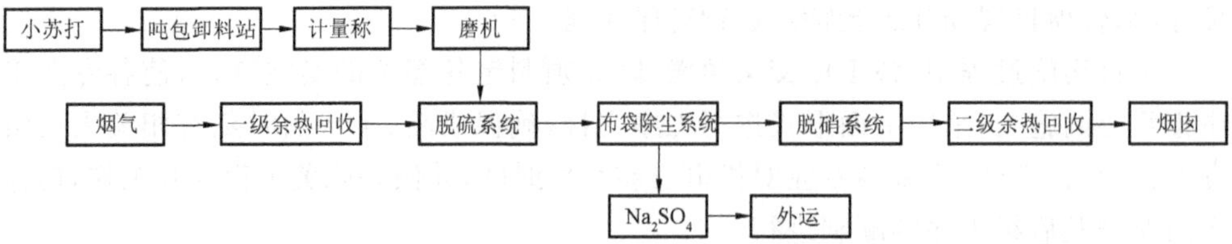

图 5.11　长治某焦化厂脱硫脱硝工艺技术流程

③ 项目实施内容

具体实施内容包括新建在线监测分析室和中控室，新建从焦炉烟气原烟囱入口烟道开始至系统新建烟囱(含烟囱)烟气达标排放为止的烟气净化所有工艺系统、公用系统和辅助系统，包括烟气系统、脱硫塔系统、布袋除尘器系统、吸收剂制备及供应系统、SCR 脱硝系统、氨水制备存储及供应系统、余热回收系统等，结合项目现场和工艺特点进行有序实施。

本着技术先进、工艺可靠、经济合理的原则，在满足使用功能的条件下，系统设备的布置尽量紧凑、合理以节省总体用地；设计符合国家现行的产业和投资政策，尽量采用节能、使用寿命长的先进技术和先进设备；设计严格执行国家和地方最新的环境保护、劳动安全卫生、消防、节能等政策、法规、标准要求。自动控制系统安全稳定地运行，提高控制与管理水平，发挥各装置的最大经济效益，提高劳动生产率，工程采用现场仪表与控制系统结合的测控方案。工艺过程操作所需的参数均引进控制系统，并视其重要程度分别进行调节、报警、联锁、记录及显示。

④ 项目应用效果

烟气采用干法 SDS 脱硫＋布袋除尘＋中低温 SCR 脱硝工艺长期运行一段时间后，具有相应国家资质的检测机构进行设备技术指标检测，并与在线监测数据比对，SO_2、NO_x 和粉尘的排放浓度分别降低到 15 mg/m^3、50 mg/m^3 和 5 mg/m^3 以下，均满足超低排放限值要求。

5.技术适用性

本技术路线在焦炉烟道气处理中的适用性表现出色，具有高效、环保和经济的优点。同时该技术抗冲击能力强，适用于各种复杂的工业环境，使其能够在不同的工业应用中得到推广，如焦炉、燃气锅炉和热风炉等。SDS 脱硫和 SCR 脱硝两种技术的结合使用，能够有效降低焦炉烟道气中的主要污染物排放浓度，满足严格的排放标准。

综上所述，SDS 脱硫＋布袋除尘＋SCR 脱硝技术在焦炉烟气处理中的应用显示出极高的技术适用性，能够有效满足环保超低排放要求，同时具有经济效益和环境友好性。这些特点使得它们成为当前及未来焦化行业污染物治理的重要技术选择。

5.4.3　固定床脱硫＋SCR 脱硝

1.技术工艺背景

炼焦是甲醇煤化工的重要组成部分。炼焦过程中排放的大气污染物主要有颗粒物、SO_2、NO_x、VOCs 等，随着炼焦行业相关排放标准逐步升级，焦炉烟气脱硫脱硝末端治理技术研发取得突破并得到推广应用，有效降低了污染物排放量，提高了焦炉烟气污染治理效率。

固定床干法脱硫技术是一种全新脱硫工艺，通过将干燥的石灰颗粒填充在固定床中，将烟气引入固定床中与石灰颗粒接触，使 SO_2 与石灰发生反应，生成 $CaSO_3$ 和 $CaSO_4$，从而达到脱硫的目的，石灰颗粒有除尘的效果，可去除烟气中的颗粒物，结合后续的 SCR 烟气脱硝实现烟气污染物深度治理。

2.技术工艺概述

(1) 脱硫工艺概述

固定床钙基干法脱硫工艺主要由脱硫塔、烟道、阀门等组成。

颗粒状脱硫剂装填于脱硫塔内，焦炉烟道废气通过床层时，脱硫剂中的氢氧化钙在助剂的作用下，和烟气中二氧化硫进行反应，固化为硫酸钙。

此种脱硫工艺简单，整个过程中无须引入其他工艺介质，脱硫过程温降低，在保证热量有效回收的同时，烟囱排烟温度高，因而不需要增设额外的消白设施。

固定床钙基干法脱硫工艺，脱硫过程中无废水产生，相比于传统湿法脱硫，该技术路线无须增设废水处理设备，脱硫操作过程中不会发生跑冒滴漏堵的问题。

该脱硫技术采用低压降的固定床吸附原理，床层适用范围大，焦炉生产过程中负荷调整引起的烟气波动，对脱硫效果不会产生影响，因此几乎适用于所有的烟气条件。

(2) 脱硝工艺概述

焦炉烟气脱硝工艺采用传统成熟的中低温 SCR 脱硝技术。脱硝工艺装置由还原剂制备系统、稀释混合系统和脱硝反应器组成。

经过干法脱硫处理后的焦炉烟气，因脱硫后的烟温较高无须加热，与脱硝还原剂混合后可直接进入脱硝反应器；还原剂制备系统将脱硝还原剂蒸发成气态，由稀释混合系统喷入烟气中，与脱硫后的烟气充分混合，进入脱硝反应器后，在 SCR 脱硝催化剂催化作用下，脱硝还原剂与烟气中的氮氧化物发生氧化还原反应，生成清洁的介质氮气和水。实际操作中可通过调整还原剂用量，精确控制烟气中的氮氧化物体积分数，从而实现达标排放。

图 5.12 所示为该技术路线的工艺流程示意图。

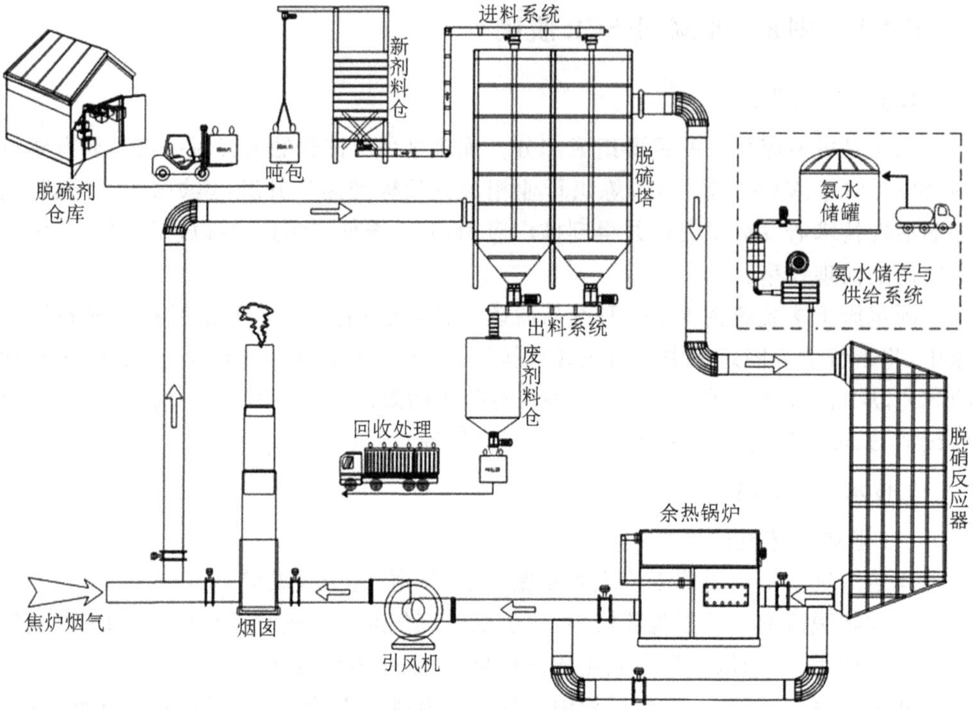

图 5.12　钙基粒状干法脱硫＋中低温 SCR 脱硝工艺流程示意图

3.主要技术参数

(1) 固定床钙基干法脱硫主要技术参数

固定床钙基干法脱硫是把脱硫剂通过进料系统，将粒状脱硫剂输送到塔顶，然后通过多个下料口送至每个仓室内部，储存待用。进料系统一般可采用电动葫芦或斗提机实现自动进料，来自焦炉地下烟道的烟气，进入脱硫塔内剂层，空塔气速宜为 0.3 ～ 0.5 m/s，烟气水平穿过固定床剂层，在塔内的停留时间宜为 2 ～ 4 s，烟气中二氧化硫与脱硫剂中氢氧化钙发生化学反应，由气相转入固体剂层内，烟气得到有效净化。

脱硫塔内剂层可以根据烟气条件和排放要求，设计成两个功能区：粗脱硫区和精脱硫区两类床层。经过粗脱硫床层被初步净化后的焦炉烟气，在塔内向上运动，再次穿过精脱硫床层进行二次脱硫后，进入后续工段。

固定床脱硫床层的规格，可根据焦炉烟气量、烟气温度、二氧化硫质量分数、颗粒物质量分数、排放指标要求，以及空间大小，灵活设计成模块化形式，简化配置，降低投资。

脱硫塔内设置由多个格栅板组成的剂层和气腔。脱硫剂在净化烟气的同时，可以高效吸附烟气中的颗粒物。

床层内脱硫剂达到饱和后，由塔底部定期排出，同时塔内上部储存的新鲜脱硫剂自动补充到脱硫床层内，以保证烟气无短路现象。脱硫塔中脱硫剂在床层内部，在重力的作用下，缓慢向下移动，以保证床层一直处于有效脱硫状态。

脱硫剂使用温度范围宽泛，在 120 ～ 300 ℃ 内，均可良好地脱除二氧化硫。

钙基干法脱硫剂的主要成分为消石灰。消石灰原料储存在灰仓内，经混捏挤条、养生干燥、制备成直径 5 ～ 10 mm 的颗粒状脱硫剂，吨包储存待用。该脱硫剂具有强度高、硫容高的特性，且因其温度耐受范围宽，耐水性能强的特点，适用于焦炉烟气脱硫过程。

(2) 中低温 SCR 脱硝主要技术参数

中低温 SCR 脱硝可采用液氨或氨水、尿素作为还原剂，在 SCR 催化剂作用下，还原剂与焦炉烟气中的氮氧化物发生氧化还原反应，转化成清洁的介质氮气和水，以实现烟气中污染物氮氧化物的脱除净化。

中低温 SCR 脱硝系统由还原剂制备系统、稀释混合系统和脱硝反应器组成。

还原剂制备系统一般由还原剂储罐、输送泵、蒸发器等组成，以氨水作为还原剂为例，氨水储罐中的质量分数 20% 氨水，由氨水输送泵送至氨水蒸发器中，以低压蒸汽或热烟气为热源，将氨水汽化成氨气。

稀释混合系统由稀释风机、氨烟混合器、喷氨格栅等组成。系统一般按 1 用 1 备配备 2 台稀释风机。稀释风由稀释风机送入氨烟混合器，与氨气充分混合后由喷氨格栅进入后续脱硝反应器。

脱硝反应器由壳体、内部支撑、导流整流装置及密封装置等组成。中低温 SCR 催化剂是脱硝反应器的核心，反应器内的催化剂支撑钢梁设置为多个工作层和 1 个预留层，通常采用 2 + 1 层或 3 + 1 层的方式，由上至下依次为工作层以及预留层。

脱硝催化剂采用模块化设计，便于逐层更换，以降低催化剂总体消耗量，延长使用寿命。

采用该技术路线时，SCR 中低温脱硝催化剂使用温度可低至 180 ℃ 以下，且前干法脱硫过程温降小，进入脱硝反应器的烟温一般在 200 ℃ 以上，因此，脱硝过程无须引入外部热量，即可达到满足超低排放要求的脱硝效果。

4.主要应用案例及应用效果

(1) 固定床钙基干法脱硫 + 中低温 SCR 脱硝技术在河南某焦化集团 128 万 t/a 焦化整合升级改造及配套煤气综合利用项目的应用

① 项目及企业概况

河南某焦化集团位于安阳市化工园区，属股份制民营企业，河南省煤化工骨干企业。公司先后获得“国家级绿色制造绿色工厂”、“环保部绩效分级管控 A 级企业”、全国“焦化示范企业”、全国“企业信用评价 AAA 级信用企业”、“河南省绿色环保引领企业”等多项省部级以上荣誉。该集团为国内首批采用焦炉烟气干法脱硫 SCR 脱硝技术的焦化企业，先后于 2016 年增建 4 套 4.3 m 捣固焦炉烟气脱硫脱硝装置，于 2020 年新建 1 套 6.25 m 捣固焦炉烟气脱硫脱硝装置。

② 项目技术方案

河南某焦化集团新建 2×60 孔 6.25 m 捣固焦炉，产能 128 万 t/a，置换原 4 套 4.3 m 捣固焦炉产能，新焦炉外排烟气量约为 294 000 m^3/h，通过一座烟囱排放烟气。

焦炉烟气温度为 220 ℃左右，其中含有的 SO_2 和 NO_x 排放浓度较低。根据焦炉烟气特点，新建一套脱硫脱硝装置，采用粒状脱硫剂干法脱硫 + SCR 中低温脱硝工艺。当脱硫脱硝装置入口烟气中 SO_2 排放浓度不大于 300 mg/m^3，NO_x 排放浓度不大于 400 mg/m^3 时，可保证出口烟气中 SO_2 排放浓度 ≤ 15 mg/m^3，NO_x 排放浓度 ≤ 80 mg/m^3，颗粒物排放浓度 ≤ 10 mg/m^3，氨逃逸 ≤ 3 ppm。

脱硫脱硝处理后的烟气经余热回收装置回收热量副产蒸汽，有效利用能量后，再将低温烟气经引风机送至烟囱排放，如图 5.13 所示。

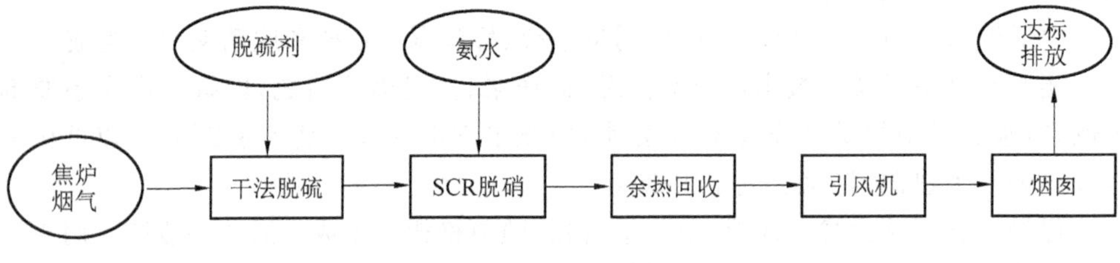

图 5.13　河南某焦化集团脱硫脱硝装置流程示意

③ 项目实施内容

河南某焦化集团 128 万 t/a 焦化整合升级改造及配套煤气综合利用项目，于 2020 年新建 1 套 6.25 m 捣固焦炉烟气脱硫脱硝装置，烟气脱硫脱硝装置由干法脱硫、SCR 脱硝、还原剂供给组成。表 5.2 为新建焦炉烟气控制指标。

表 5.2　烟气控制指标

序号	项目	单位	控制指标	
			入口	出口
1	烟气量	m^3/h	300 000	300 000
2	烟气温度	℃	220 ～ 240	210 ～ 230
3	SO_2 排放浓度	mg/m^3	≤ 300	≤ 15
4	NO_x 排放浓度	mg/m^3	≤ 400	≤ 80
5	颗粒物排放浓度	mg/m^3	≤ 30	≤ 10
6	氨逃逸	ppm	≤ 3	

a.烟气干法脱硫

来自焦炉地下烟道的烟气，温度为 220 ～ 240 ℃，二氧化硫排放浓度为 300 mg/m^3 左右，由脱硫塔下部进入移动床干法脱硫塔内。脱硫剂自上而下移动，与水平流动烟气接触，脱硫剂与烟气中的酸性物质二氧化硫发生化学反应，脱除掉大部分的二氧化硫后，烟气中二氧化硫排放浓度低至 15 mg/m^3 以下。脱硫后的烟气经管道输送至脱硝反应器。反应后脱硫剂从脱硫塔底部旋转阀排出，经输送机、斗提机送至废脱硫剂料仓。

b.烟气 SCR 中低温脱硝

由氨区来的 20% 氨水，在氨水蒸发器内(通过蒸汽供给热量，水浴加热方式)将氨水蒸发为气体，与稀释风机送来的烟气在氨烟混合器充分混合后，通过喷氨格栅喷入脱硫后的烟气中。混有 NH_3 的烟气充分混合后，从 SCR 脱硝反应器顶部进入反应器内部，在中低温脱硝催化剂的作用下发生化学反应，生成无害的 N_2 和 H_2O，烟气中氮氧化物由 400 mg/m³ 降低至 80 mg/m³ 以下。净化后的烟气由脱硝反应器底部排出，经余热锅炉回收热量后，由引风机送至烟囱达标排放。

设计时对烟气和氨的混合，进行 CFD 流场模拟，以满足烟气和氨气的均匀混合要求，以及混合气在脱硝催化剂床层内的均布，在保证脱硝效果的同时，降低氨逃逸至小于 3 ppm。

c.还原剂供给

还原剂采用20%氨水，氨水来自原4.3 m捣固焦炉1# ～4# 脱硫脱硝装置所用的氨水储罐。仅需新增两台氨水泵，氨水经泵送到脱硫脱硝装置内的氨水蒸发器。

主要工艺技术参数参见表 5.3。

表 5.3　主要工艺技术参数

序号	项目	单位	技术操作指标
1	脱硫空塔风速	m/s	＜0.3
2	脱硫停留时间	s	＞4
3	脱硝催化剂	规格型号	$TiO_2-V_2O_5$ 系催化剂，蜂窝式
4		层	3＋1
5		m³	101
6	氨水用量	kg/h	147
7	脱硫剂用量	kg/h	323

d.项目应用效果

河南某焦化集团新建 2 座 6.25 m 捣固焦炉，其烟气净化技术采用固定床钙基干法脱硫 SCR 脱硝技术，根据烟囱排放监测显示数据统计分析，焦炉烟气经脱硫脱硝系统处理后，烟囱排放口污染物小时均值颗粒物约 1 mg/m³，二氧化硫小于 10 mg/m³，氮氧化物约 60 mg/m³ 左右，低于 80 mg/m³，氨逃逸 0.74 mg/m³，排放指标均优于生态环境部要求的特别限制排放标准，粉尘、二氧化硫、氮氧化物排放量较集团原常规排放要求分别下降了 50%、60%、80% 以上，实现了超低排放，每年可减少粉尘排放 52.56 t，二氧化硫排放 105 t，氮氧化物排放 1 401 t。图 5.14 为 168 h 二氧化硫和氮氧化物的运行监控数据。

(2) 固定床钙基干法脱硫＋中低温 SCR 脱硝技术在新疆哈密某能源有限公司焦

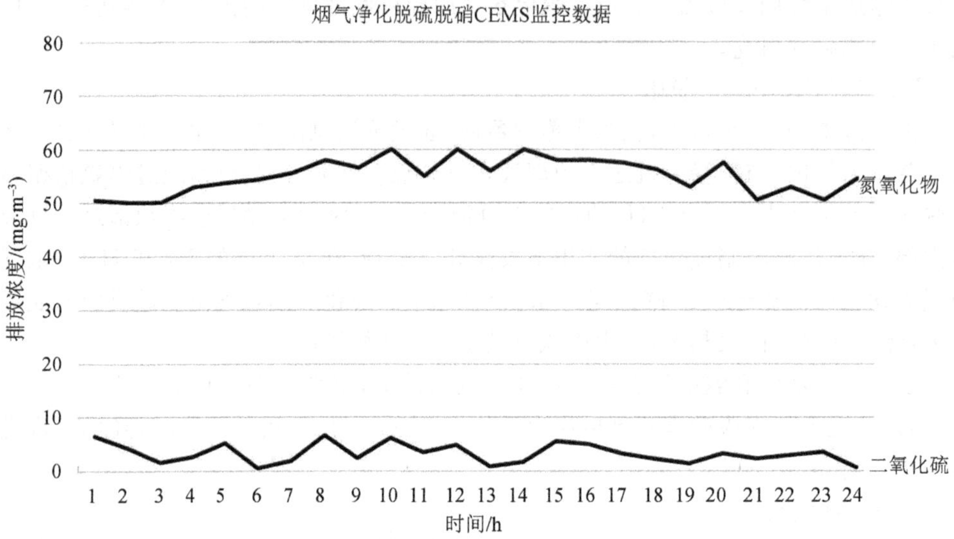

图 5.14　河南某焦化集团超低排放控制运行效果(SO_2 和 NO_x)

炉烟气脱硫脱硝工程的应用

① 项目及企业概况

新疆哈密某能源有限公司年产 150 万 t 2×65 孔 6.25 m 捣固焦炉,焦炉为复热式焦炉,配套干熄焦系统,2 座焦炉共用 1 个烟囱,建设 1 套烟气净化装置,包括固定床钙基干法脱硫、中低温 SCR 脱硝、余热回收等。

在不混入干熄焦预存室尾气且焦炉煤气加热的情况下,装置入口烟气温度 240～280 ℃,其中二氧化硫排放浓度 ≤ 200 mg/m³,氮氧化物排放浓度 ≤ 800 mg/m³,颗粒物排放浓度 ≤ 50 mg/m³。

在混入干熄焦预存室尾气且焦炉煤气加热的情况下,装置入口烟气温度 210～260 ℃,其中二氧化硫排放浓度 ≤ 500 mg/m³,且入炉煤中硫质量分数 ≤ 1.2%,氮氧化物排放浓度 ≤ 800 mg/m³,颗粒物排放浓度 ≤ 50 mg/m³。

为满足环保排放要求,采用高效粒状干法脱硫和中低温 SCR 脱硝技术,实现净化后烟气中 SO_2 排放浓度 ≤ 15 mg/m³(干基),NO_x 排放浓度 ≤ 100 mg/m³(干基),颗粒物排放浓度 ≤ 10 mg/m³(干基),满足达标排放要求。

② 项目技术方案

新疆哈密某能源有限公司焦炉烟气脱硫脱硝技术方案采用固定床干法脱硫＋SCR 中低温脱硝。来自焦炉的烟气,分别垂直进入脱硫塔的下部,由内向外穿过脱硫剂,脱硫剂中的 $Ca(OH)_2$ 与 SO_2 发生化学反应,脱除部分 SO_2。进行初步净化后的烟道气经脱硫塔内外缘向上移动,并由外向内穿过脱硫塔上部的脱硫剂,此时 SO_2 脱除率可达 90% 以上,从脱硫塔上部出口排出。经脱硫塔净化后的烟气与喷氨格栅喷入的氨气混合均匀后送至脱硝反应器,并在催化剂的作用下达到除去氮氧化物的目的。经脱硫脱硝后的烟气再经引风机增压后送至烟囱排放。

脱硫剂料仓中的脱硫剂，由输送机、斗提机输送至脱硫塔顶部，在塔顶被注入到塔内，并在脱硫塔内从上往下移动。使用一段时间后的脱硫剂通过塔底脱硫剂排出阀排出，并通过输送机、斗提机送至废剂料仓，最后装包。

③ 项目实施内容

新疆哈密某能源有限公司 2 座焦炉共建设 1 套脱硫脱硝装置，采用固定床干法脱硫 + SCR 中低温脱硝技术，具体实施方案包括三部分内容：

a.固定床干法脱硫

单套装置主要包括 2 台脱硫塔的制作与安装、新剂的上料系统和废剂的下料系统及废剂储存系统。此系统中脱硫塔为脱硫的关键设备，务必保证脱硫剂在塔中的量，保证烟气脱硫反应的停留时间。

Ⅰ.设备选材主要原则

设备的选材原则应根据设备的工作条件（如工作压力、工作温度、介质腐蚀性、介质对材料的脆化作用及是否易燃、易爆、有毒等），选择具有适宜的机械强度、加工性能、物理性能、焊接性能、耐腐蚀性能等的材料，力求便于加工制造、经济合理、安全可靠并符合我国当今的材料状况，且在同一工程中应尽量注意统一材料规格。

Ⅱ.设备设计参数

设备设计参数（包括设计压力、设计温度、焊接接头系数、试验压力等）除有特殊要求外，均按 GB 150.1 ～ 150.4—2024、SH/T 3074—2018、NB/T 47003.1—2022 确定。

Ⅲ.主要设备一览表

干法脱硫装置主要设备见表 5.4。

表 5.4　主要设备一览表

序号	设备名称	规格型号	单位	数量
1	脱硫塔	壳体 Q235B， 8 m × 12 m × 19 m	台	2
2	电动葫芦	2 t	台	1
3	中间料仓	2 m^3	台	1
4	进料斗提机	6 L，无破损式	台	1
5	进料输送机	可逆皮带	台	3
6	插板阀	DN250/300 × 300	个	26
7	旋转阀	DN250	个	13
8	出料输送机	刮板式	台	4
9	出料斗提机	6 L	台	1
10	废剂料仓	20 m^3	台	1

b.中低温 SCR 脱硝

脱硝装置主要包括 1 台脱硝反应器、氨水储存系统、氨水供给及蒸发系统。此系统关键要保证两点：一是烟气在脱硝反应器中停留足够的时间，保证脱硝效果，二是保证烟气温度在 220 ℃ 或以上，保证脱硝效率及避免因硫酸氢氨积聚造成脱硝催化剂活性大幅下降。

中低温脱硝装置主要设备见表 5.5。

表 5.5 主要设备一览表

序号	设备名称	规格型号	单位	数量
1	脱硝反应器	壳体：Q235B，9 m × 7 m × 19 m	台	2
2	氨喷射装置	材质 304	套	2
3	脱硝催化剂	钒钛系	m^3	160
4	氨水储罐	100 m^3，材质 304	台	1
5	氨水卸车泵	材质 304，Q = 40 m^3/h，H = 20 m	台	1
6	氨水输送泵	材质 304，Q = 0.5 m^3/h，H = 50 m	台	2
7	氨水蒸发器	材质 304，蒸发能力 500 kg/h	台	2

c.烟道及增压系统

烟道及增压系统主要包括 2 台增压风机，目的是克服脱硫脱硝系统的压降。主要设备参见表 5.6。

表 5.6 主要设备一览表

序号	设备名称	规格型号	单位	数量
1	非金属补偿器	总管 ϕ4.5 m，支管 ϕ3.2 m	台	12
2	电动烟道挡板门	管 ϕ4.5 m，支管 ϕ3.2 m	台	7
3	引风机	5 ～ 50 Hz，风量 360 000 m^3/h，全压 7 kPa	台	2

d.项目应用效果

新疆哈密某焦化集团新建焦炉配套建设 1 套干法脱硫和低温脱硝装置，其投产后运行稳定，效果良好，实现了烟气的超低排放要求，即烟气污染物 SO_2、NO_x、颗粒物的排放浓度分别低于 15 mg/m^3、100 mg/m^3、10 mg/m^3。同时，本脱硫脱硝装置不需要水，不外排水，也不会对环境造成二次污染。干法脱硫系统产生的脱硫副产物，主要成分为硫酸钙，可资源化利用，用于水泥厂、建筑材料等。图 5.15 为正常运行期间二氧化硫和氮氧化物的监控数据。

5.技术适用性

固定床钙基干法脱硫＋中低温 SCR 脱硝技术适用领域广泛，对于焦化、钢铁、工业硅等领域，温度在 180 ～ 300 ℃ 区间内的烟气均可采用干法脱硫＋中低温 SCR 脱硝工艺处理。尤其对于焦炉烟气，采用固定床干法脱硫，与 SCR 脱硝相结合，对烟气

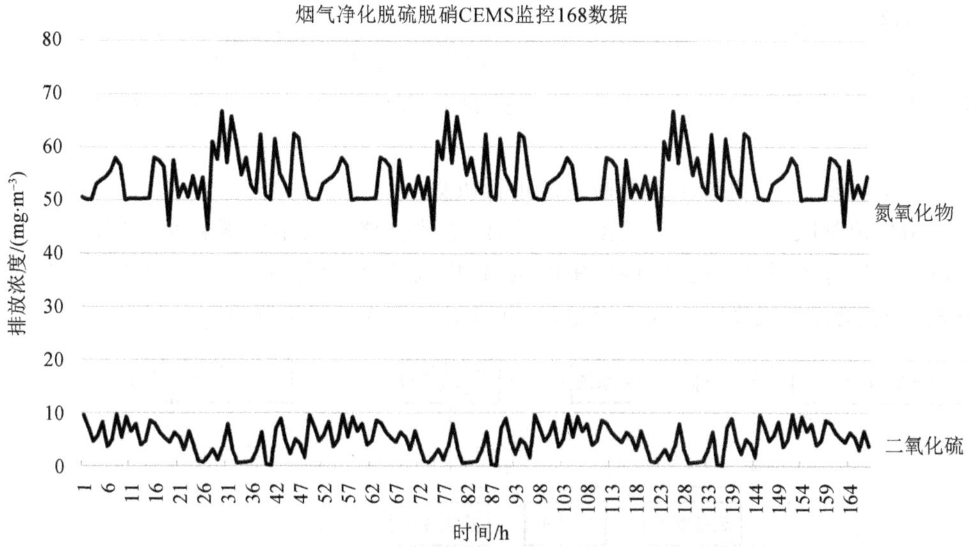

图 5.15　新疆哈密某能源公司焦炉烟气脱硫脱硝超低排放控制运行效果(SO_2 和 NO_x)

排放有特别限制的地区，通过以上技术路线可实现二氧化硫和氮氧化物稳定超低排放。

该技术路线中使用的脱硫剂为钙基脱硫剂，脱硫后产物为中性物，属于一般固废，与小苏打类的脱硫剂相比，更易于资源化处理，不会产生二次污染；中低温 SCR 脱硝过程对还原剂要求低，可因地制宜选用价廉易得的原料，最大限度降低运行费用。

综上所述，钙基干法脱硫与 SCR 脱硝的技术路线，因其高净化性能，低原料要求，势必在焦化烟气治理领域具有更加广阔的应用前景。

5.4.4　焦炉燃烧法深度治理焦化 VOCs 工艺

1.技术工艺背景

焦化行业作为重要的基础工业部门，其生产过程中会产生大量 VOCs，这些 VOCs 不仅对环境造成污染，还对人体健康构成威胁，焦化行业 VOCs 排放主要来源于炼焦、煤气净化和化产回收、酚氰废水处理等工序，具有放散点多、面广、污染组分复杂等特点。随着环保法规的日益严格和公众环保意识的提高，焦化行业 VOCs 的低碳深度治理已成为行业发展的必然趋势。

国内相关企业针对焦化 VOCs 治理进行了大量尝试和探索，形成了多种治理工艺技术，如吸收法、吸附法、燃烧法、稀释法、负压回收法等。但这些传统的治理技术精细化管控不足，全过程治理难度大，处理效果不理想，难以满足日益严格的环保要求。目前焦化负压回收＋焦炉燃烧工艺，从源头削减、过程控制和末端治理等多个环节入手，实现 VOCs 的深度控制，达到较好的低碳要求。

2.技术工艺概述

根据化产车间尾气组成的性质特点，山东东尊华泰环保科技有限公司采用从源头收集加预处理废气进焦炉燃烧的方式进行 VOCs 处理。工艺流程如图 5.16 所示。

收集阶段 —— 通过压力平衡系统进行收集。

预处理阶段 —— 采用三段预处理装置，吸收洗涤尾气中的颗粒物、杂质、萘等，并对尾气进行降温，同时去除尾气中的氨、硫化氢、氰化氢等，采用的设计自动操作化系统，能够确保尾气吸收系统工作稳定，并降低操作人员劳动强度。

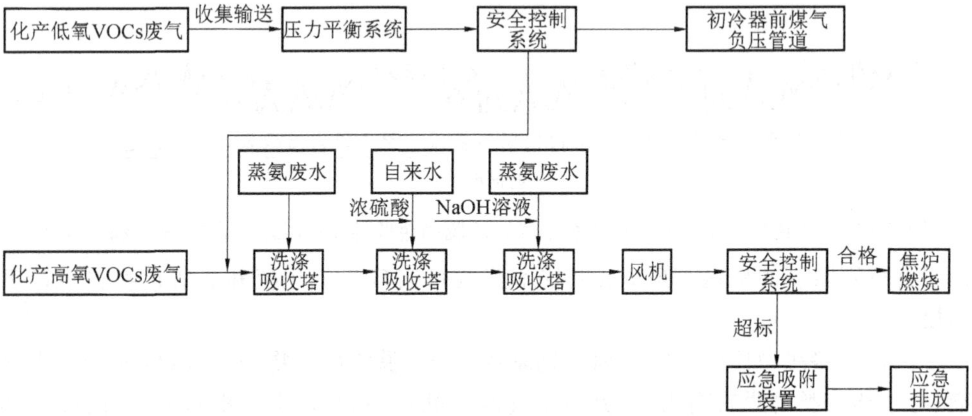

图 5.16　焦炉燃烧法 VOCs 废气治理工艺流程

该工艺技术通过焦炉的高温燃烧环境，将 VOCs 废气中的有机成分彻底分解为无害物质，处理效率高；独特的安全控制系统和安全仪表能够严格控制废气中的氧排放浓度和系统压力，确保工艺过程的安全可靠；同时通过回收废气中的有用成分（如苯、氨等），可实现资源的再利用；废气经过处理后现场无异味，有效减少对环境的污染，实现废气的零排放或达标排放。

3.主要技术参数

（1）高氧 VOCs 尾气分区收集汇总后，引至水洗塔，去除尾气中的颗粒物、杂质和部分氨，然后进入酸洗塔去除尾气中的氨，再进入碱洗塔去除尾气中的二氧化硫和硫化氢，然后经风机分别送至焦炉地下室，再分别进入机焦侧废气外循环风机入口，与焦炉烟气混合后，平均分配至各废气盘，然后进入焦炉内燃烧处理，其中的 VOCs 组分在焦炉内被彻底燃烧分解，燃烧产生的 SO_2 和 NO_x 在焦炉烟气脱硫脱硝装置中被去除。

（2）水洗塔使用蒸氨废水作为洗涤液，洗涤后的废液回机械化氨水澄清槽回收处理；酸洗塔使用稀硫酸作为洗涤液，洗涤后的废液回硫铵母液槽回收处理；碱洗塔使用氢氧化钠溶液作为洗涤液，并经换热器循环冷却，洗涤后的废液回机械化氨水澄清槽回收处理。同时为防止化产尾气中可燃物组分超标进入焦炉后带来安全隐患，在尾气总管上安装可燃气体检测仪和 CO 检测仪，实时检测尾气中可燃气体体积浓度和 CO 体积浓度，当尾气中可燃气体体积浓度达到 20%LEL 或 CO 体积浓度达到 2 000 ppm 时报警，当尾气中可燃气体体积浓度达到 25%LEL 或 CO 体积浓度达到 2 500 ppm 时紧急切断往焦炉送气，化产尾气经紧急排放口排放。

4.主要应用案例及应用效果

(1) 技术工艺在唐山某煤化工公司的应用

① 项目及企业概况

煤气净化分厂脱硫、硫铵区域已经进行了 VOCs 的收集与治理，共设一套处理装置，设计尾气处理量 30 000 m^3/h。由于硫铵干燥废气量(54 000 m^3/h)较大，已超出原处理装置处理能力，且存在部分排放点未收集问题，造成现场仍有异味。目前该尾气处理装置不能做到达标排放，已不符合国家环保要求，需对脱硫硫铵区域 VOCs 尾气重新进行收集治理，实现 VOCs 尾气达标排放，现场无异味。

此前项目脱硫、硫铵及提盐区域 VOCs 尾气治理装置工艺路线为：尾气 → 风机 → 缓冲罐 → 酸洗 → 碱洗 → 水洗 → 风机 → 排气筒。VOCs 尾气处理能力不足，硫铵干燥尾气的排放量未进行核准，实际排放量为 5.4 万 m^3/h，超出装置处理能力，不能满足使用要求，造成现场收集效果较差。

② 项目技术方案

脱硫、硫铵 VOCs 废气组分主要是颗粒物、氨、焦炉煤气及少量的苯、萘、硫化氢等。为保证尾气达标排放，满足环保要求，本项目脱硫硫铵 VOCs 净化工艺拟选择洗涤 + 吸收 + 进焦炉燃烧工艺，即脱硫硫铵尾气先经水洗塔去除尾气中的颗粒物等杂质，并对氨进行初步净化，然后进入酸洗塔，对氨进行彻底净化，再进入碱洗塔，去除夹带的酸液，并去除尾气中的硫化氢及二氧化硫，经风机送至焦炉燃烧处理，尾气中 VOCs 组分被彻底燃烧分解，少量含氮、含硫化合物燃烧后生成的二氧化硫和氮氧化物可被焦炉烟气脱硫脱硝脱除。工艺流程如图 5.17 所示。

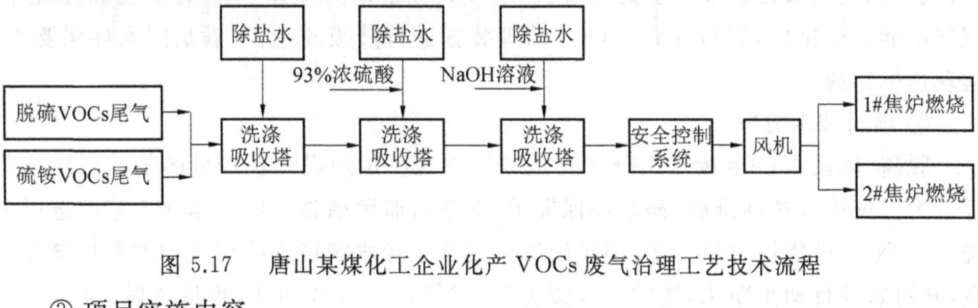

图 5.17　唐山某煤化工企业化产 VOCs 废气治理工艺技术流程

③ 项目实施内容

根据现场勘察情况，原废气收集系统均按照通风系统进行设计，密封性差、泄漏量较大，难以保证收集效果，需全部予以更换。原洗涤塔塔高不足，洗涤效果较差，不能满足洗涤要求，且酸洗塔材质为304，不耐酸腐蚀，不能使用，故原洗涤系统全部予以更换。原1# 引风机风量、全压、材质均满足使用要求，可以利旧使用，2# 引风机全压不足，不满足使用要求，不再使用。新建水洗＋吸收＋预处理装置，保证VOCs洗涤效果。管道收集系统充分考虑排液及保温措施，避免造成管道及设备堵塞。为保证系统安全运行，根据本项目实际情况，尾气进焦炉各工艺参数设定如下：

a.进焦炉燃烧前可燃气体体积浓度：＜25%LEL(20%LEL控制系统报警)；

b.进焦炉燃烧前CO体积浓度：＜2 500 ppm(2 000 ppm报警)

c.进焦炉燃烧前 NH_3 排放浓度：≤600 mg/m^3(500 mg/m^3 报警)

d.进焦炉燃烧前 H_2S 排放浓度：≤100 mg/m^3

④ 项目应用效果

本项目实现了VOCs深度治理，治理效果较显著。设备设施投用后，系统VOCs治理指标正常，达到设计预期要求。该项目检测结果参照表5.7。

表5.7　项目检测结果

检测项目	采样点位检测时间（2023年5月3日）	1#	2#	3#	4#
非甲烷总烃排放浓度/（mg·m^{-3}）	12:00—12:55	0.92	1.11	1.31	1.08
	13:25—14:20	0.91	1.16	1.33	1.08
	14:50—15:45	0.91	1.14	1.36	1.07
	16:15—17:10	0.86	1.10	1.34	1.11

(2) 技术工艺在迁安某煤化工有限公司的应用

① 项目及企业概况

迁安某煤化工公司化产车间脱硫、硫铵及提盐区域已经进行的VOCs的收集与治理，治理工艺路线为:尾气→风机→酸洗→碱洗→风机→排气筒，治理后的尾气经排气筒直接对空放散。一段脱硫、硫铵设一套处理装置，尾气处理量10 000 m^3/h；二段脱硫、硫铵及提盐设一套处理装置，尾气处理量20 000 m^3/h。目前脱硫、硫铵的尾气不能达标排放，需对现有VOCs治理装置进行升级改造，以满足国家环保要求，实现达标排放。

② 项目技术方案

脱硫、硫铵VOCs废气组分主要是颗粒物、氨、焦炉煤气及少量的苯、萘、硫化氢等。为保证尾气达标排放，满足环保要求，本项目脱硫硫铵VOCs净化工艺拟选择水洗＋吸收＋进焦炉燃烧工艺，即脱硫硫铵尾气先经水洗塔去除尾气中的颗粒物等杂质，并对氨进行初步净化，然后进入酸洗塔，对氨进行彻底净化，再进入碱洗塔，去除夹带的酸液，并去除尾气中的硫化氢及二氧化硫，经风机送至焦炉燃烧处理，尾气中VOCs组分被彻底燃烧分解，少量含氮、含硫化合物燃烧后生成的二氧化硫和氮氧化物可被焦炉烟气脱硫脱硝脱除。

③ 项目实施内容

重新对各排放点 VOCs 排放量进行校核并设计，以满足基本收集要求，并对现有已收集或未收集各排放源点进行收集改造，以保证收集效果。调整 VOCs 尾气净化工艺，解决硫铵产品变色、品质下降的问题及 VOCs 尾气排放不达标的问题。

本项目中 VOCs 产生于密闭储槽内溶剂的挥发、敞口设备中物料的挥发、生产过程中工艺排放等，故对于密闭储槽和工艺气体排放点的收集方式采用密封后配管收集，敞口设备采取先对设备进行密封，提高其严密性，减少尾气泄漏，再采取配管的方式收集。然后将尾气中含煤气和氨较高的脱硫反应槽和液封槽尾气引至煤气负压系统处理，其他排放点配管收集汇总后经水洗、酸洗、碱洗装置洗涤净化后送至焦炉燃烧处理。

④ 项目应用效果

本项目自 2021 年 9 月设备设施投用，改造后 VOCs 排放浓度 $\leqslant 20\ mg/m^3$（非甲烷总烃）；NO_x 排放浓度 $\leqslant 35\ mg/m^3$；SO_2 排放浓度 $\leqslant 15\ mg/m^3$；颗粒物排放浓度 $\leqslant 10\ mg/m^3$；NH_3 排放浓度 $\leqslant 5\ mg/m^3$；H_2S 排放浓度 $\leqslant 0.5\ mg/m^3$；HCN 排放浓度 $\leqslant 0.5\ mg/m^3$，完全满足《工业企业挥发性有机物排放控制标准》《炼焦化学工业污染物排放标准》和污染物超超低排放的相关要求，且具有脱除效率高、建设运营成本低、安全可靠等优势。该项目检测结果参照表 5.8。

表 5.8　项目检测结果

检测项目	单位	1	2	3	均值
氨	mg/m^3	1.10	1.01	1.07	1.06
非甲烷总烃	mg/m^3	5.75	6.32	6.40	6.16
酚类化合物	mg/m^3	2.6	2.4	2.2	2.4

5.技术适用性

VOCs 进焦炉燃烧工艺技术主要应用于焦化行业及煤化工行业，通过高温燃烧处理将 VOCs 分解为无害物质，VOCs 经高温燃烧有机和可燃气体被彻底分解成二氧化碳和水，而硫化氢、氨等无机气体经焦炉燃烧后生成的氮氧化物和二氧化硫可经焦炉烟气脱硫脱硝装置去除。

同时，该技术也可以为其他产生 VOCs 废气的工业领域提供参考和借鉴。

5.4.5　RTO 燃烧的焦化 VOCs 深度治理工艺

1.技术工艺背景

焦化作为煤化工行业中最为传统重工业性行业，在实际生产过程中所涉及的槽、罐、池、塔、器等设备很容易产生各种尾气和逸散气，由于逸散气点多面广而且成分复杂，依照旧的洗涤＋活性炭吸附工艺已经无法满足最新的环保标准，目前多数焦化企业对于高氧废气采用的是将废气引入焦炉燃烧的这种传统的治理工艺，但此种工艺在实际的生产过程中，在安全、稳定、达标性等方面仍存在诸多问题。

在国家焦化行业“上大关小、转型升级”的政策指引下，炼焦企业向大型化、现代化方向转型发展，对环保治理设施在安全、稳定、排放指标等方面有了更严格的要求，因此一种新的、更彻底的处理工艺应运而生。新的工艺是将化产区域各点位逸散的废气根据废气特征、工况进行高低氧分类处理，将密闭性好、氧体积浓度低的储槽、储罐等排放点位的废气引入煤气负压系统进行循环净化处理；将氧体积浓度高的、难以密闭收集的排放点位废气进入旋转阀式高温蓄热氧化焚烧炉（RTO）进行独立的焚烧处理。

RTO 蓄热式热氧化燃烧系统属于燃烧法的一种，将蓄热、热氧化集成为一体；有机物（VOCs）在一定温度下与氧气发生反应，生成 CO_2 和 H_2O，并放出反应热，在排出系统之前将热量蓄积在蓄热体中；蓄热体热回收率越高，说明其蓄积的热量越高，那么氧化废气所需要的热量就相应较低，在处理过程中就可以消耗很少的燃料或不消耗燃料，在体积浓度更高时甚至还可向外输出热量进行二次热回收利用。

2.技术工艺概述

RTO 蓄热式热氧化燃烧技术是一种高效有机废气治理技术，根据化产车间尾气组成性质特点，山东东尊华泰环保科技有限公司用从源头收集加预处理废气进 RTO 炉燃烧方式进行 VOCs 处理。

收集阶段 —— 通过压力平衡系统进行收集。

预处理阶段 —— 采用三段预处理装置，吸收洗涤尾气中的颗粒物、杂质、萘等，并对尾气进行降温，同时去除尾气中的氨、硫化氢、氰化氢等，采用的设计自动操作化系统，能够确保尾气吸收系统工作稳定，并降低操作人员劳动强度。

各排放点位废气经过收集处理通过水洗、酸、碱洗塔洗涤后，经引风机送入 RTO 设备界区、通过紧急切换阀由主风机送入旋转式 RTO，先经过旋转 RTO 的 5 个室预热至 760 ℃ 以上，在氧化室中充分湍流，温度达到 800 ℃ 以上，停留时间 $\geqslant$ 1.2s，废气中的氨气及有机废气得到充分氧化分解，再经过另外 5 个室，热量在陶瓷蓄热体中储存，净烟气通过烟囱排放。工艺流程如图 5.18 所示。

3.主要技术参数

化产各工段高氧 VOCs 汇总后进入水洗塔去除废气中的杂质、部分萘、氨等，再进入酸洗塔去除废气中的氨，然后进入碱洗塔去除废气中夹带的酸雾和硫化氢，并对废气进行降温，经捕雾器去除夹带的液滴后，再经风机送至 RTO 燃烧处理。为保证系统安全，在废气总管上设置可燃气体检测仪、CO 检测仪和快速切断阀，当废气中的可燃气体体积浓度达到 20%LEL 或 CO 体积浓度达到 1 600 ppm 时，系统报警，同时打开配风阀进行配风，当废气中可燃气体体积浓度达到 25%LEL 或 CO 体积浓度达到 2 000 ppm 时，紧急切断进 RTO 废气，废气经紧急泄放阀泄放。

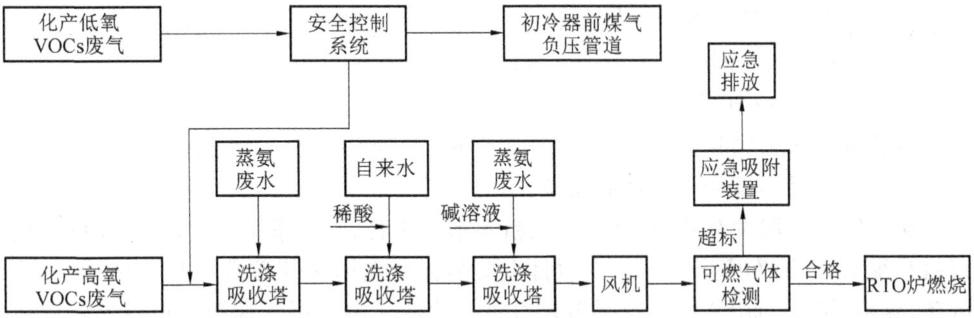

图 5.18　RTO 燃烧法 VOCs 废气深度治理工艺流程

RTO 蓄热式焚烧炉核心构造主要包括以下部分。

(1) 燃烧室(氧化室):燃烧室是 RTO 系统的核心区域,内部设有燃烧器。在这个高温环境下(通常在 800 ～ 1 200 ℃ 之间),废气中的有机物与氧气发生充分氧化反应,转化为二氧化碳和水蒸气。

(2) 蓄热体(陶瓷填料或蜂窝陶瓷):蓄热体是 RTO 的关键组成部分,一般由高热容量的陶瓷材料制成,如陶瓷球、陶瓷砖块或蜂窝状陶瓷结构等。蓄热体被分隔成至少两个或更多个独立的蓄热室,交替进行吸热和放热过程。废气进入其中一个蓄热室时,会预热到接近燃烧温度,然后进入燃烧室;而净化后的高温气体则通过另一个蓄热室释放热量,自身降温后排出。

(3) 切换阀系统:切换阀用于控制废气流动方向,确保废气始终从已被净化气体加热过的蓄热室进入,并将净化后的气体引导至未被加热的蓄热室进行热量回收。根据设计不同,可以采用两室、三室或多室切换阀系统来实现连续运行和高效能量回收。

(4) 进排气系统:进气系统包括风机和管道,负责将待处理的废气引入 RTO 装置;排气系统收集经过净化并冷却后的气体,确保排放达到环保标准。

(5) 辅助组件:温度控制系统,监测和控制各部分的温度,确保系统稳定运行及安全;防爆泄压装置,在异常情况下防止压力过高造成危险;余热回收系统,某些 RTO 还配备了换热器,进一步回收利用高温尾气中的热量;自动化控制系统,集成电气和仪表设备,实现对整个工艺流程的自动化监控和控制。

RTO 蓄热式焚烧炉主要依靠蓄热体的高效热交换能力和切换阀系统的精确控制,从而实现在不连续补充大量外部能源的情况下,连续且高效地处理含有 VOCs 的废气。改造后 VOCs 排放浓度 $\leqslant$ 20 mg/m^3(非甲烷总烃);NO_x 排放浓度 $\leqslant$ 35 mg/m^3;SO_2 排放浓度 $\leqslant$ 15 mg/m^3;颗粒物排放浓度 $\leqslant$ 10 mg/m^3;NH_3 排放浓度 $\leqslant$ 5 mg/m^3;H_2S 排放浓度 $\leqslant$ 0.5 mg/m^3;HCN 排放浓度 $\leqslant$ 0.5 mg/m^3,完全满足《工业企业挥发性有机物排放控制标准》《炼焦化学工业污染物排放标准》和污染物超超低排放的相关要求,且具有脱除效率高、建设运营成本低、安全可靠等优势。

4.主要应用案例及应用效果

(1) 技术工艺在湖南某能源公司的应用

① 项目及企业概况

湖南某能源公司目前有JNDK55－05F型，2×65孔5.5 m捣固焦炉2座，焦炉设计年产焦130万t，配套化产回收系统。

化产回收区域设有鼓冷系统1套、粗苯系统1套、脱硫系统1套、硫铵系统1套、蒸氨系统1套，油库库区1套。本项目主要是针对湖南某能源公司化产区域（鼓冷、脱硫、硫铵、粗苯、油库）内所有排放尾气进行治理。由于尾气逸散点位置比较分散，且逸散气的组成特性有所不同，需按照目前设备运行实际情况采取合适的治理方案。本次改造主要目的是为了解决化产区域逸散气不达标、无组织排放等问题，改善空气质量，使区域内各贮槽、污水沟渠放散气得到综合治理，最终达标排放。

② 项目技术方案

a.冷鼓单元VOCs尾气、洗脱苯单元VOCs尾气、油库单元低氧VOCs尾气分区收集汇总后，引至初冷器前煤气负压管道内回收处理。为保证系统安全，在负压回收尾气主管上安装在线氧含量分析仪，实时监测尾气中的氧体积浓度，当尾气中的氧体积浓度达到1.5%时报警，达到2%时，切断往负压煤气系统进VOCs尾气，VOCs尾气临时引至高氧VOCs尾气系统处理。

b.油库单元高氧VOCs尾气、脱硫单元VOCs尾气、硫铵单元VOCs尾气、蒸氨单元VOCs尾气分区收集汇总后，进入水洗塔去除尾气中的颗粒物等杂质，再进入酸洗塔，去除尾气中的氨，然后进入碱洗塔去除尾气中的硫化氢。出碱洗塔的尾气经捕雾器去除夹带的液滴后，经风机送至RTO炉焚烧处理，尾气中VOCs组分被彻底燃烧分解，燃烧后的烟气送至焦炉烟气脱硫脱硝装置前，经脱硫脱硝后，进入焦炉烟囱达标排放。为保证系统安全，在尾气进焦炉燃烧前设置在线可燃气体检测仪和原位激光式CO检测仪，实时检测尾气中可燃气体体积浓度和CO体积浓度。当尾气中可燃气体体积浓度达到10%LEL时或尾气中CO体积浓度达到800 ppm时报警，并打开配风阀配风稀释，当尾气中可燃气体体积浓度达到25%LEL时或尾气中CO体积浓度达到2 000 ppm时切断，尾气经活性炭吸附器吸附净化后再经紧急排放口排放。

c.项目实施内容

湖南某能源公司回收车间VOCs尾气收集治理项目回收车间尾气收集治理工艺采用负压回收工艺和洗涤吸收＋RTO燃烧工艺，即车间内密封状况较好排放点的低氧VOCs尾气引至煤气净化系统负压管道内回收处理，其他密封状况较差排放点的高氧VOCs尾气经水洗＋吸收后送至RTO燃烧处理。本项目新建回收车间尾气收集处理装置分为4个部分：① 低氧VOCs尾气收集装置；② 高氧VOCs尾气收集装置；③ 回收车间尾气预处理装置；④ 回收车间尾气燃烧装置(RTO)。尾气经过水洗塔、酸洗塔、碱洗塔处理后，送至下游工段。水洗塔和碱洗塔均采用蒸氨废水洗涤，碱洗塔配置有自动加碱装置，控制碱洗塔洗涤液 pH 值为 9.5 ～ 12.5；酸洗塔采用稀硫酸溶液进行洗涤，配置有自动加酸装置，控制洗涤液 pH 值为 2 ～ 6。每塔均配置 2 台耐腐蚀离心泵，一开一备。蓄热式燃烧炉（RTO）采用旋转式 RTO，具有净化效率高、热效率高、占地面积小等优点。

d.项目应用效果

公司尾气 VOCs 治理后，解决了化产区域逸散气不达标、无组织排放等问题，改善了空气质量，使区域内各贮槽、污水沟渠放散气得到了综合治理。

经第三方取样检测，各项指标满足《挥发性有机物无组织排放控制标准》(GB 37822—2019) 和《炼焦化学工业污染物排放标准》(GB 16171—2012) 相关指标要求。该项目检测结果参照表 5.9。

表 5.9　**项目检测结果**

检测点位	检测时间 2024－4－30	标干流量 / ($m^3 \cdot h^{-1}$)	湿度 /%	流速 /($m \cdot s^{-1}$)	温度 /℃	苯 / ($mg \cdot m^{-3}$)	非甲烷总烃 /($mg \cdot m^{-3}$)
Q1 RTO 焚烧炉的排放烟筒	第一次	27 253	3.29	14.9	127.2	7.58	10.6
	第二次	27 300	3.29	15.0	129.2	11.6	12.2
	第三次	27 200	3.35	14.9	127.7	7.03	9.72

(2) 技术工艺在山东某焦化公司的应用

① 项目及企业概况

山东某焦化公司化产及生化 VOCs 尾气目前送至焦炉内燃烧处理，现由于焦炉要进行高炉煤气改造，VOCs 尾气送焦炉燃烧的装置和管道影响了该项目的实施。为保证高炉煤气系统改造的顺利进行，拟拆除 VOCs 尾气送焦炉燃烧装置和管道，并将该部分尾气送至新建 RTO 燃烧处理。

② 项目技术方案

主要流程如下：自化产和污水来废气 → 废气体积浓度检测（小于 20%LEL）→ 中继风机（变频运行）→ 过滤器 → 阻火器 → 废气风机 → RTO(850 ～ 900 ℃) → 排气筒。

RTO 采用五室蓄热陶瓷热力焚烧装置（图 5.19），一个焚烧炉膛，五个能量回用体（陶瓷蓄热体），通过阀门的切换，回收高温烟气温度，达到节能净化效果。待处理有机废气进入蓄热室 A 的陶瓷介质层（该陶瓷介质“贮存”了上一循环的热量），陶瓷释放热量，温度降低，而有机废气吸收热量，温度升高，废气离开蓄热室后以较高的温度进入氧化室，此时废气温度的高低取决于陶瓷体体积、废气流速和陶瓷体的几何结构。在氧化室中，有机废气再由燃烧器补燃，加热升温至设定的氧化温度。使其中的有机物被分解成二氧化碳和水。由于废气已在蓄热室内预热，燃烧器的燃料用量大为减少。氧化室有两个作用：一是保证废气能达到设定的氧化温度，二是保证有足够的停留时间使废气中的 VOCs 充分氧化，本工程设计停留时间大于 1.2 s(900 ℃ 条件下)。废气流经蓄热室 A、B 升温后进入氧化室焚烧,成为净化的高温气体后离开氧化室,进入蓄热室 C、D(在前面的循环中已被冷却),释放热量,降温后排出,而蓄热室 C、D 吸收大量热量后升温(用于下一个循环加热废气)。处理后气体离开蓄热室 C、D,经烟囱排入大气。一般情况下排气温度比进气温度高约 50 ℃。循环完成后,进气与出气阀门进行一次切换,进入下一个循环,废气由蓄热室 B、C 进入,蓄热室 D、E 排出,能量被 D、E 炉内的陶瓷蓄热体截留,用于下一次循环。如此交替循环,产生的能量全部被蓄热体贮存起来,用于预热需要处理的废气,以达到节能效果。

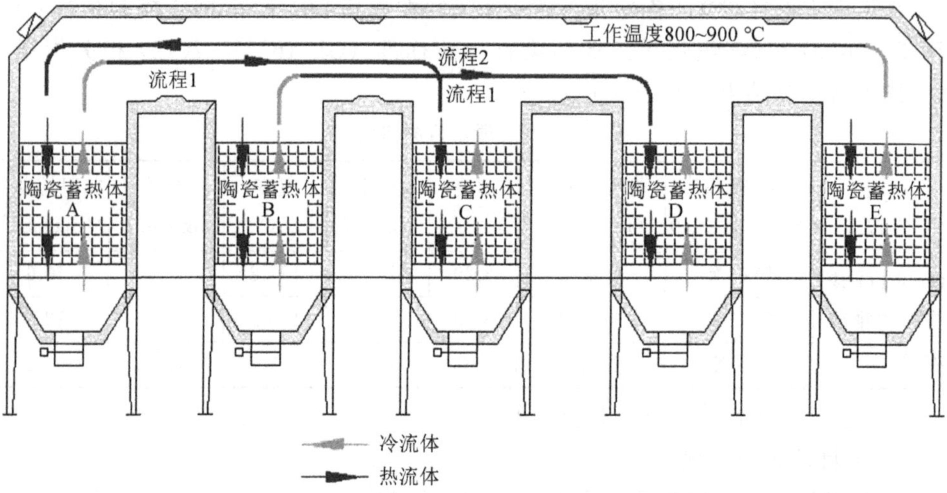

图 5.19　RTO 炉五室蓄热陶瓷热力焚烧装置图

③ 项目实施内容

来自化产和污水的废气在中继风机前汇总后送往 RTO 燃烧,在中继风机和 RTO 之间设置废气排放浓度检测、过滤器、阻火器,保证系统运行安全稳定。可燃气体排放浓度超标时尾气经活性炭箱紧急排放,可燃气体排放浓度合格时尾气经过滤器和阻火器进入 RTO 燃烧。过滤器和阻火器前后分别设置压差变送器,压差过大时切换到备用装置,并进行清理。在 RTO 后的排气筒设置 NMHC 在线监测设备 1 台,安装在线监测平台及爬梯,平台符合国家标准。RTO 装置采用 DCS 控制系统,实现各温度、压力检测与阀门自动控制保证系统安全运行。

④ 项目应用效果

装置运行后现场环境条件较好,无异味逸散,有机废气的净化率达到 99% 以上,经 RTO 排气筒处 CEMS 检测,非甲烷总烃排放值满足超低排放要求。该项目检测结果参照表 5.10。

表 5.10　项目检测结果

检测因子	RTO 装置进口		RTO 装置出口		去除率/%	排放标准	
	排放浓度/($mg \cdot m^{-3}$)	速率/($kg \cdot h^{-1}$)	排放浓度/($mg \cdot m^{-3}$)	速率/($kg \cdot h^{-1}$)		排放浓度/($mg \cdot m^{-3}$)	速率/($kg \cdot h^{-1}$)
非甲烷总烃	5810	87.15	10.72	1.05	98.8	50	17

5.技术适用性

本技术路线适用于焦化行业 VOCs 综合治理，经预处理及 RTO 燃烧后可满足 VOCs 排放相关要求。采用 VOCs 进 RTO 燃烧工艺具有运行成本低、废气处理系统与焦炉生产系统互不影响、对焦炉本体无影响、提高废气净化效率等特点，可以满足未来更高的环保指标要求，同时兼具高度安全性、稳定达标性、运行能耗低等优点，逐步成为焦化行业 VOCs 治理工艺的主流技术。

5.4.6　燃煤锅炉燃烧法处理 VOCs 工艺

1.技术工艺背景

由于工业行业产生的含 VOCs 的废气成分复杂、性质各异，其治理过程不像 SO_2 和 NO_x 那样单纯，即使是相同行业不同工艺或工况，都可能对控制技术的选择产生影响，因此，工艺和技术的选择无法复制。

目前应用于工业行业的主流 VOCs 控制技术主要分为回收利用技术和销毁技术。回收利用技术包括吸收法、吸附法以及膜分离法；销毁技术包括热力焚烧、催化燃烧、生物降解法、光催化降解法、等离子法等，针对 VOCs 成分的复杂性，前两种方法比较彻底，而后三种方法处理 VOCs 不同的成分，处理效果各异。针对工业源常用的技术有吸收法、吸附法、热力焚烧、催化燃烧以及生物降解法等。

甲醇在温度为 25 ℃ 时，饱和蒸气压可达 16.82 kPa，蒸气排放浓度达 217 g/m^3。甲醇煤化工生产过程中的 VOCs 废气主要为储罐、装车、生产过程以及隔油池废水挥发产生的含甲醇废气，主要成分为甲醇、非甲烷总烃(二甲醚以及其他烷烃类)。目前国内外比较常见的处理含甲醇废气的工艺技术主要有单冷冷凝＋变压吸附、多级冷凝＋变压吸附、冷凝＋水洗、三级水洗＋吸附、水洗＋燃烧法等 5 种。表 5.11 为甲醇煤化工企业不同废气 VOCs 治理工艺的比较，比较发现，采用回收预处理＋燃烧法是较为有效的处理方法。在采用燃烧法处理 VOCs 废气工艺时，如何充分利用废气中的有效成分，降低燃烧法的运行成本，是低成本解决 VOCs 和非常规污染物所面临的突出难题。通过有效收集、降低废气量，充分利用废气余热及废气中 VOCs 组分燃烧热值，从而提高燃烧热效率，可有效降低其运行成本。

表 5.11　甲醇煤化工企业不同废气 VOCs 治理工艺的比较

序号	技术组合工艺	主要技术原理	主要优点	主要缺点
1	单冷冷凝＋变压吸附	物料低温下饱和蒸气压和传质	可回收甲醇，适应负荷变化，设备投资中等，现场安装方便	能耗相对较高，吸附剂需要变温解析，正常运行时采用变压解析，产生一定量的固废
2	多级冷凝＋变压吸附	物料低温下饱和蒸气压和传质	可回收甲醇，适应负荷变化，设备投资中等，可利用现有丙烯冷源	吸附剂需要定期变温解析，正常运行时采用变压解析，产生一定量的危废
3	冷凝＋水洗	物料低温下饱和蒸气压和甲醇与水相似相溶	可回收甲醇，适应负荷变化	物料中乙烷较难处理，处理后 VOCs 较难达标排放，能耗高，产生一定量的甲醇废水
4	三级水洗＋吸附	甲醇与水相似相溶和传质	处理后可达标排放，适应负荷变化	投资较高，占地面积大，吸附剂更换频繁，甲醇废水产生量较大，产生一定量固废
5	回收预处理＋燃烧法	甲醇与水相似相溶和高温氧化反应	效率高，可回收处理部分甲醇，适应负荷变化	投资低，占地面积小，产生一定量的甲醇废水

煤化工行业的特点是利用煤焦化生产焦炭，副产的焦炉煤气综合利用制甲醇联产并合成氨。焦炉煤气制甲醇主要排放的工艺废气是甲醇合成弛放气、甲醇精馏不凝气、甲醇闪蒸槽闪蒸气，这部分工艺废气中氢和一氧化碳排放浓度较高，可作为燃料气回用。目前企业常采用两种做法，一种是送往转化预热炉，另一种是送往邻近焦化厂或合成氨综合利用。

影响 VOCs 废气中高效处理因素较多，其中影响最为直接的因素是废气量、VOCs 排放浓度、温度和含湿量。目前我国西部地区焦炉煤气制甲醇为煤化工的下游产业，焦炉煤气制甲醇工艺较少采用低温甲醇洗工艺，不会产生大风量、低含氧量的低温甲醇洗废气。焦炉煤气制甲醇企业主要的 VOCs 废气来自于罐区、装车站、隔油池，其中罐区、装车站废气主要成分为空气，甲醇排放浓度较高，可回收利用；隔油池污水来自于气柜排水、工艺废水及冷却水排水，以及汽提塔不凝气，其废气主要成分仍为空气，废气中 VOCs 成分较复杂，甲醇排放浓度较小，无法回收利用。

锅炉为甲醇煤化工空分压缩、合成压缩等必不可少的动力设备，利用锅炉燃烧处理废气 VOCs 污染物，是目前高效，也最为经济的治理工艺。燃烧法去除 VOCs 能够适合多种场合下废气的治理，在实现 VOCs 废气达标排放的同时还能够实现燃烧热能的回收利用。

2.技术工艺概述

根据现场实际情况，针对焦炉煤气制甲醇的 VOCs 污染现状，收集成品罐区、中间罐区、杂醇罐区的内浮顶罐通气孔以及固定顶罐呼吸阀、呼吸人孔的废气，收集及装车鹤管的尾气，以及贮油槽各逸散点的废气，该三部分的废气采用的技术路线为罐区贮罐、装车站、隔油池各逸散点 → 废气集气管道 → 风机输送 → 水洗塔洗涤 → 安全水封 → 锅炉一次风机配风燃烧。根据相关规范文件要求通过锅炉一次风机前管道配风，将 VOCs 气体稀释至甲醇组分爆炸下限的 25%。图 5.20 为该技术路线的工艺流程。

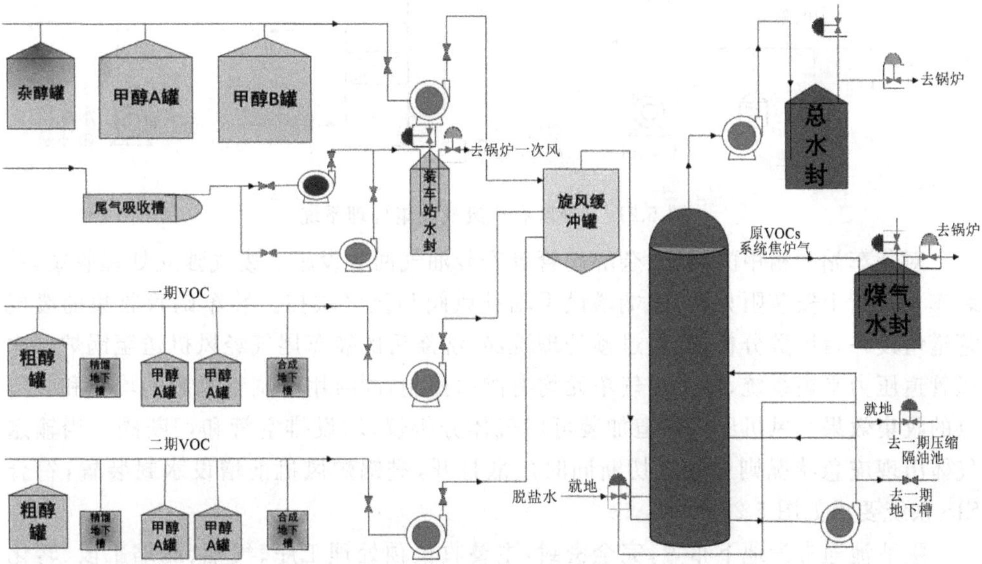

图 5.20　燃烧法工艺流程

3.主要技术参数

对罐区浮顶罐通气孔、固定顶罐呼吸阀和呼吸人孔等各个放散点采用“外部集气罩”敞口负压收集，集气罩通过法兰与管道连接。各储罐收集支管设置阻爆轰型阻火器，各并联收集风管的阻力应保持平衡，为便于风量平衡和操作管理，各吸风口设置手动阀门(罐顶)，通过阀门调节管道负压，保证收集点处压力约 −100 Pa。所有管线统一布置，风管设置不小于 0.005 的坡度，并在最低点设置专用排水管道，就近接至排水管道，排出凝结水或液态甲醇。预处理工艺如图 5.21 所示。在各收集管上风机前增加甲醇分析检测仪，各区域收集总管的末端设手动补风阀，当区域收集管路内甲醇体积分数超过 2.8%，检测仪表报警，手动开阀配风稀释，降低甲醇排放浓度，以保证管路安全。末端为风机最远端，此处补风既能保证安全有效，又能保证 VOCs 收集效率，同时管路末端设置远传压力表（带就地数显盘），正常工况下为负压，表明整条管路均在负压运行状态。当总收集管路内甲醇体积分数超过 4%，连锁关闭收集总管自控阀，并打开风机后事故放空管道自控阀，当收集管路内甲醇体积分数降到 2.8% 以下时，自动关闭事故放空自控阀，打开收集总管自控阀。

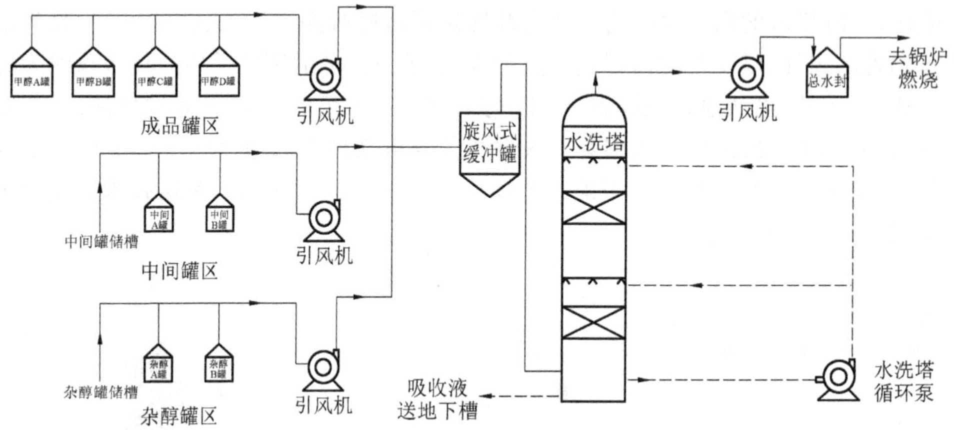

图 5.21　罐区有机废气收集处理系统

对装车站的精甲醇鹤管、杂醇鹤管等安装油气回收设施。废气独立处理收集，并装车气相管上安装阻火器，末端增设手动补风阀和氮气吹扫。装车鹤管收集的废气管道增设一台甲醇分析仪，经过预处理洗涤、洗涤后的装车尾气经风机送至锅炉一次风管道压力平衡系统，每个送气单元均有阀门控制，同时用于调整风量的均衡和收集点的收集效果。风机出口管道加装可燃气体分析仪，增设排空管和切断阀。当输送气体出现应急状况则主管道切断同时放散打开，进锅炉风机前增设水封装置，符合 SIS 系统要求如图 5.22 所示。

隔油池通常为地下布置，完全密封，主要收集预处理工序、气柜、压缩工段、转化工段、合成地下槽、精馏地下槽、常压塔回流槽等废液。隔油池的废气分别收集，通过独立的引风机汇入废气管道进行预处理，或直接进入锅炉一次风机管路。隔油池废气在进入主废气管道或锅炉一次风管路前加装可燃气体分析仪，增设排空管和切断阀。当输送气体出现应急状况则主管道切断同时放散打开，保证响锅炉安全稳定运行。

水洗塔采用填料塔，材质 Q235B，两层喷淋层，带离心雾化喷头，喷口处压力 ≥0.1 MPa，两层塑料鲍尔环填料，填料具有通量大、压降低、填料间隙具有较高的滞液量，强化传质过程等优点。塔顶设折流板 + 丝网除雾器，除雾结构高度 500 mm，以减少出口雾沫夹带。洗涤吸收塔对于收集的甲醇气的吸收效率不低于 50%。下层洗涤区设液位报警连锁仪表，高液位时打开自动排液阀，将多余的洗涤液排出至现有

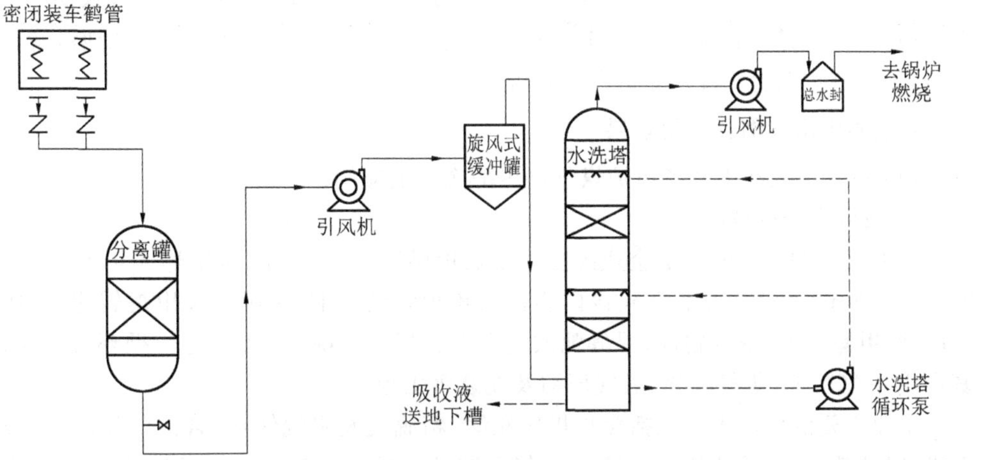

图 5.22　装车站有机废气收集处理系统

甲醇精馏工段；低液位时，自动打开补水阀，补充一定脱盐水，来保证液位稳定。水洗塔排出的洗醇水分两路进行回收，不合格的就近送至一期压缩隔油池，合格的回收至一期地下槽，作为精馏段配碱或预塔萃取水等使用如图 5.23 所示。

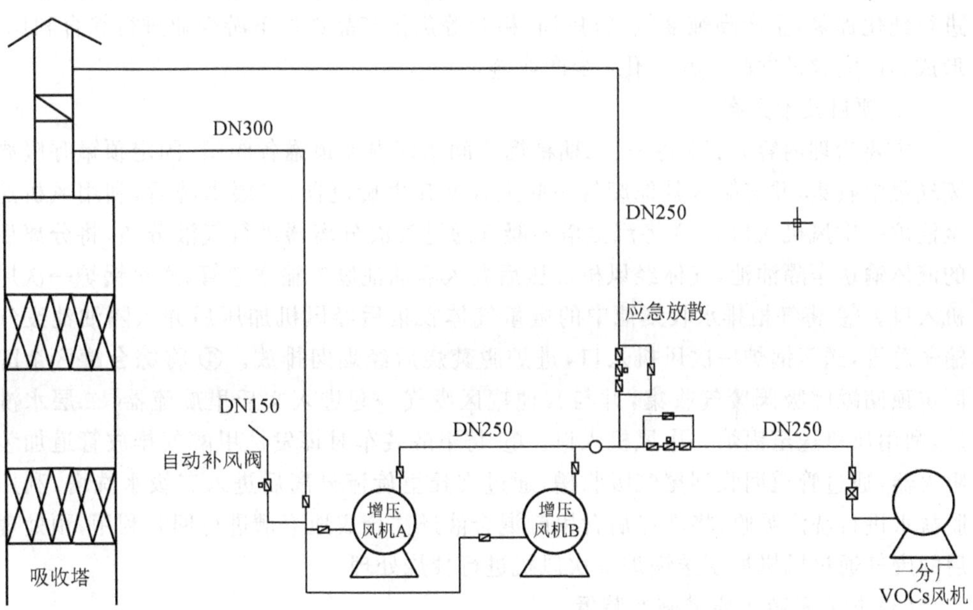

图 5.23　有机废气预处理系统

经过预处理洗涤、洗涤后的装车尾气经风机送至锅炉一次风管道压力平衡系统，每送气单元均有阀门控制，同时用于调整风量的均衡和收集点的收集效果。风机出口管道加装可燃气体分析仪，增设排空管和切断阀。当输送气体出现应急状况则主管道切断同时放散打开，进锅炉风机前增设水封装置，符合 SIS 系统要求。

净化后的VOCs气体经总管引风机输送，通过锅炉房前安全水封后，进入锅炉一次风机前，配风稀释焚烧处理。进锅炉一次风机前VOCs支管设远传/就地流量计仪表，便于监控两台炉配风量的分配情况。

4.主要应用案例及应用效果

（1）技术工艺在山西某焦炉煤气制甲醇企业的应用

① 项目及企业概况

山西某焦炉煤气制甲醇企业配套建设焦炉煤气联产20万t/a甲醇、6万t/a合成氨及3 000 m^3/h提氢工程。建设内容包括焦炉煤气压缩、精脱硫及甲烷转化、合成气压缩、甲醇合成、甲醇精馏、甲醇弛放气提氢、空分、甲烷化、氢氮气－循环气压缩、氨合成＋氨冷冻、氢气纯化、氢气压缩及充装等工程。

企业主要的生产工序包括焦炉煤气压缩、精脱硫及甲烷转化、合成气压缩、甲醇合成、甲醇精馏、甲醇弛放气提氢＋氮气压缩、甲烷化、氢氮气－循环气压缩、氨合成＋氨冷冻等生产装置，氢能装置建设氢气提纯、氢气压缩、氢气充装等，同时建设配套公辅系统及环保工程等。

焦炉煤气制甲醇工艺充分利用焦炉煤气富氢的特点，通过转化调整H/C，进行甲醇合成；甲醇弛放气提氢与空分氮气进行氨合成；利用甲醇弛放气富氢特点，对其进行纯化提氢，生产高纯度氢气；焦油、粗苯等焦化产品送往下游企业进行综合利用；形成园区完整的“煤－焦－化”全产业链。

② 项目技术方案

主要治理内容有：① 将一、二期精馏中间罐区内浮顶罐各阀门、固定顶罐呼吸阀废气集中收集，并与罐区其他废气一起进入文丘里旋流器、二层水洗后，利用风机送至锅炉一次风机入口。② 将汽提塔不凝气通过气液分离器进行气液分离，将分离后的液体输送至隔油池，气体经风机加压后并入隔油池废气输送总管，送至锅炉一次风机入口。③ 将气柜排水收集池中的微量气体收集后经风机加压后并入隔油池废气输送总管，送至锅炉一次风机入口，进炉膛焚烧后经烟囱排放。④ 将综合罐区杂醇固定顶储罐呼吸阀废气收集，并与其他罐区废气一起进入文丘里旋流器、二层水洗后，利用风机送至锅炉一次风机入口。⑤ 将甲醇装车时挥发性甲醇气排放管道加装阻火器，通过管道回收到尾气吸收槽，通过文丘里旋流分离后进入二级水洗塔，利用脱盐水进行洗涤吸收，将洗涤后含甲醇混合液送往合成地下槽进行回收利用，预处理后的废气通过风机加压送锅炉一次风机进行焚烧处理。

（3）技术示范主要措施及装置

图5.24为4个内浮顶罐、4个固定顶罐以及中间罐区储槽、杂醇罐区储槽的有机废气进行收集及预处理情况，废气经收集后经旋流器收集大颗粒液滴，并进入两层水喷淋，预处理后的VOCs废气进入锅炉一次风管道。

图5.25为装车站4个精甲醇鹤管、1个杂醇鹤管及油气回收设施，装车鹤管末端增设手动补风阀和氮气吹扫，并在装车气相管上安装阻火器。废气收集后独立处理，

经旋流器收集大颗粒液滴，并进入两级水喷淋，预处理后的 VOCs 废气进入锅炉一次风管道。

图 5.24　储罐及废气预处理设施

图 5.25　装车鹤管及废气预处理设施

隔油池废水主要来自于气柜水封水、甲醇精馏残液、转化废液等，最终去向为附近焦化厂废水进行集中处理。废水成分较复杂，其 COD 排放浓度为 2 000 ～ 4 000 mg/L、氨氮排放浓度为 200 ～ 500 mg/L、总酚排放浓度为 300 ～ 1 000 mg/L，挥发酚排放浓度为 50 ～ 300 mg/L，同时含氰化物、多环芳香族化合物及杂环化合物等有毒有害成分。这部分废水生化处理过程中产生较高排放浓度的 VOCs 废气，废气主要成分为甲醇、苯类等挥发性有机物。隔油池一般布置在地下，上部进行密封，该部分废气经收集后直接进入锅炉一次风。

③ 项目实施内容

根据该企业的实际情况，确定甲醇厂挥发性有机化合物VOCs回收、燃烧工程的设计范围及内容包括：预处理工序隔油池、气柜水封井、压缩工段隔油池、压缩工段水封槽、转化工段隔油池、转化工段汽提塔、合成地下槽、精馏地下槽、常压塔回流槽放空口、排放槽放空口、中间储罐区各储槽、甲醇装车鹤管、成品储罐区。厂区各装置区产生的VOCs组成及方式不尽相同，详细设计时，如需要对各尾气排放口的介质排放浓度进行测量则由乙方负责，对各装置尾气回收系统进行针对性的设计，包括增加进风量、仪表阀门连锁等，保证进入回收系统尾气中的易燃易爆介质排放浓度不达到爆炸极限。

④ 项目应用效果

表5.12为隔油池废气总管VOCs废气测试结果，废气来自于一期隔油池、二期隔油池、汽提塔不凝气，以及气柜排水收集池。该部分废气的废气量为13 028 m^3/h，废气非甲烷总烃排放浓度为216 mg/m^3，废气中甲醇排放浓度为169 mg/m^3。

表5.13为罐区预处理废气测试结果，废气主要为内浮顶罐通气孔、固定顶罐呼吸阀、中间罐区储槽、杂醇罐区储槽收集的有机废气，废气经旋流分离、二层水喷淋预处理后，经风机送入锅炉一次风管道。测试该部分预处理废气进锅炉燃烧前废气量为14 123 m^3/h，废气非甲烷总烃排放浓度为853 mg/m^3，废气中甲醇排放浓度为895 mg/m^3。

表5.14为装车站废气测试结果，废气主要来自于4个精甲醇装车站和一个杂醇装车站的装车鹤管，收集后的废气经旋流分离、二级水喷淋预处理，经风机送入锅炉一次风管道。该部分废气进锅炉燃烧前废气量为3 039 m^3/h，废气非甲烷总烃排放浓度为209 mg/m^3，废气中甲醇排放浓度为301 mg/m^3。

表5.12 隔油池废气总管VOCs废气测试结果

采样位置		隔油池废气总管进锅炉前			
检测时间		10:07	11:01	11:55	平均值
大气压 /kPa		95.8	95.8	95.8	95.8
废气平均温度 /℃		31.0	31.4	31.0	31.1
平均废气流量 /($m^3 \cdot h^{-1}$)		13 028			
检测项目	单位	检测结果			
		第一次	第二次	第三次	平均值
氨	mg/m^3	1.57	1.59	1.67	1.61
非甲烷总烃	mg/m^3	214	223	212	216
苯	mg/m^3	5.11	5.36	4.00	4.82
甲苯	mg/m^3	6.02	6.18	5.33	5.84
对 / 间二甲苯	mg/m^3	1.10	1.01	0.90	1.00
挥发性有机物	mg/m^3	13.9	14.0	11.8	13.2

续表5.12

采样位置		隔油池废气总管进锅炉前			
甲醇	mg/m³	159	167	182	169

表 5.13　罐区预处理废气测试结果

采样位置		罐区预处理废气进锅炉前			
检测时间		09:14	10:16	11:19	平均值
大气压 /kPa		95.8	95.8	95.8	95.8
废气平均温度 /℃		29.2	35.9	38.9	34.7
平均废气流量 /($m^3 \cdot h^{-1}$)		14123			
检测项目	单位	检测结果			
		第一次	第二次	第三次	平均值
氨	mg/m³	1.47	1.38	2.13	1.66
非甲烷总烃	mg/m³	810	822	926	853
苯	mg/m³	0.288	0.240	0.250	0.259
甲苯	mg/m³	0.092	0.098	0.100	0.097
对 / 间二甲苯	mg/m³	0.025	0.024	0.019	0.023
挥发性有机物	mg/m³	1.46	1.38	1.44	1.43
甲醇	mg/m³	836	867	982	895

表 5.14　装车站废气测试结果

采样位置		装车站废气进锅炉前			
检测时间		13:35	14:41	15:52	平均值
大气压 /kPa		95.8	95.8	95.8	95.8
废气平均温度 /℃		28.1	27.8	27.7	27.9
平均废气流量 /($m^3 \cdot h^{-1}$)		3039			
检测项目	单位	检测结果			
		第一次	第二次	第三次	平均值
氨	mg/m³	1.25	1.08	1.13	1.15
非甲烷总烃	mg/m³	211	208	209	209
苯	mg/m³	0.364	0.216	0.238	0.273
甲苯	mg/m³	0.320	0.165	0.078	0.188
对 / 间二甲苯	mg/m³	0.170	0.089	0.034	0.098
挥发性有机物	mg/m³	1.44	1.00	0.84	1.09

续表5.14

采样位置		装车站废气进锅炉前			
甲醇	mg/m^3	324	287	291	301

测试期间该公司1#、2#锅炉生产，总蒸汽负荷69～78 t/h，锅炉负荷率达86%以上。表5.15的锅炉燃煤量表明，测试期间2台锅炉燃煤量416.5～502.9 t/d。图5.26是测试期间锅炉烟气污染物的在线监测结果，在线监测数据表明，测试期间烟气排放的颗粒物排放浓度为0～1 mg/m^3、SO_2排放浓度为10～15 mg/m^3、NO_x排放浓度为25～35 mg/m^3。

表5.15　测试期间药剂用量及锅炉燃煤量

时间	脱硫氨水用量/t	脱硝氨水用量/t	燃煤量/t	备注
9月1日	8.85	2.60	416.5	
9月2日	9.78	2.75	452.3	
9月3日	9.94	2.89	423.5	
9月4日	8.63	4.02	483.5	
9月5日	9.95	4.31	489.4	
9月6日	10.69	4.26	473.1	
9月7日	10.18	4.47	501.1	
9月8日	9.78	4.36	494.2	
9月9日	7.73	6.91	502.9	

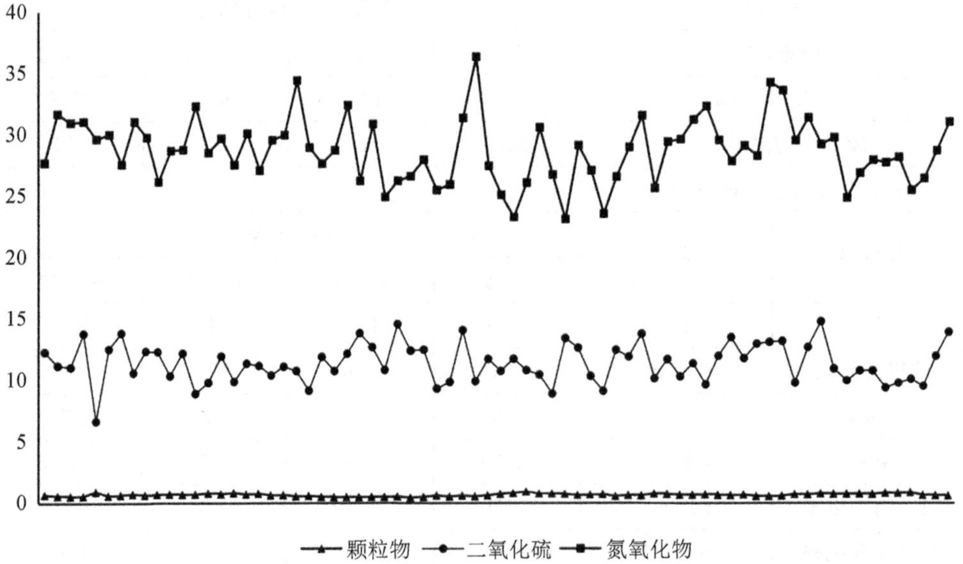

图5.26　测试期间锅炉烟气污染物在线监测数据曲线

表 5.16 为锅炉烟气污染物测试结果，测试结果表明烟气颗粒物、SO_2、NO_x 排放浓度分别为 < 1.0 mg/m^3、10 ~ 12 mg/m^3、22 ~ 25 mg/m^3，与图 5.26 所示的在线监测结果一致。烟气氨排放浓度为 2.04 ~ 2.15 mg/m^3，主要来自于SNCR脱硝及湿式氨法脱硫氨逃逸。分析表 5.16 的测试结果发现，有机废气经锅炉燃烧后，排放烟气的非甲烷总烃排放浓度为 0.56 ~ 0.94 mg/m^3，平均为 0.77 mg/m^3；烟气中甲醇排放浓度为 0.46 ~ 0.98 mg/m^3，平均为 0.73 mg/m^3。锅炉烟气量为 13 100 m^3/h。

表 5.16　锅炉烟气污染物测试结果

采样位置		锅炉烟气			
检测时间		13:44	14:47	15:51	平均值
大气压 /kPa		95.8	95.8	95.8	95.8
废气平均温度 /℃		69.1	69.5	69.2	69.3
烟气流量 /($m^3 \cdot h^{-1}$)		1.30×10^5	1.32×10^5	1.31×10^5	131 000
检测项目	单位	检测结果			
		第一次	第二次	第三次	平均值
颗粒物	mg/m^3	< 1.0	< 1.0	< 1.0	—
二氧化硫	mg/m^3	11	10	12	11
氮氧化物	mg/m^3	25	22	25	24
氨	mg/m^3	2.04	2.15	2.13	2.11
非甲烷总烃	mg/m^3	0.94	0.82	0.56	0.77
苯	mg/m^3	0.015	0.011	0.013	0.013
甲苯	mg/m^3	0.048	0.034	0.037	0.040
对 / 间二甲苯	mg/m^3	0.011	0.008	0.010	0.010
挥发性有机物	mg/m^3	0.46	0.38	0.41	0.42
甲醇	mg/m^3	0.98	0.76	0.46	0.73

该甲醇煤化工企业 20 万 t/a 的焦炉煤气制甲醇生产线，废气预处理装置回收甲醇 30 kg/h。工艺废气经预处理后利用锅炉燃烧可去除甲醇 14.8 kg/h，经锅炉燃烧后排放烟气中甲醇 0.096 kg/h，甲醇废气深度处理效率可达 99.4%。VOCs 废气经预处理进入锅炉非甲烷总烃总量为 15.5 kg/h，经锅炉燃烧后排放非甲烷总烃总量为 0.10 kg/h，采用锅炉燃烧后非甲烷总烃去除效率可达 99.3%。

5.技术适用性

本技术路线适用范围广，不存在催化剂中毒及二噁英等二次污染物，不受废气含硫、磷、硅及卤代烃等成分的影响，理论上可适用于任何有机气体，且不受废气含硫、磷、硅及卤代烃等成分的影响。为进一步降低后续锅炉的腐蚀等问题，建议对含氯、氟等有机气体进行洗涤等预处理。并且可同时处理废气中的 H_2、CO、CH_4 等成分，有效利用废气能量并回收废气热量，可实现降低二氧化碳排放的效果。

由于投资及运行成本相对较低，该技术工艺适用于任何配备锅炉的煤直接气化制甲醇、焦炉煤气制甲醇、氨醇联产制甲醇企业。对于挥发性有机物排放控制要求严格的地区，可用于新建或提标改造项目，或可用锅炉协同处理其他有机废气。

第6章　技术、经济和环境效益分析

甲醇煤化工行业的主要大气排放口为锅炉烟气排放。废气VOCs污染物来自于储罐呼吸和装车产生的含甲醇废气。甲醇煤化工行业废气成分较复杂，仅通过单一的技术路线很难实现达标排放的要求。需选择两种或多种工艺组合进行处理，实现达标排放。无论是多种还是单一的处理技术，对于企业来说均需要考虑其带来的技术、经济和环境效益。

以某企业每年生产20万t焦炉烟气制甲醇生产线为例，根据《第二次全国污染源普查产排污系数手册》，仅甲醇精馏尾气排放VOCs总量核算值为542 t/a。

根据20万t/a的焦炉煤气制甲醇示范企业测算，罐区、装车站和隔油池VOCs废气量达30 000 m^3/h，罐区、装车站VOCs废气经预处理回收甲醇30 kg/h，预处理后的废气非甲烷总烃排放浓度200～800 mg/m^3。采用将废气作为锅炉助燃空气的方法，可将非甲烷总烃排放浓度降低到0.1 mg/m^3，去除率达99.3%。以每年运行时间7 200 h计算，每年可减少VOCs排放320 t，减少CO_2排放186.9 t。

甲醇煤化工行业有机废气深度治理的实施，不仅能有效控制污染，而且会带来一定经济效益，由于采用有机废气作为锅炉助燃空气，有效利用废气的低位热值，对于1个年产20万t的焦炉煤气制甲醇示范企业每年可节省70.8 t标准煤，根据测算，直接经济效益达7.1万元。同时，每年还可少交320 t VOCs和186.9 t CO_2排污费。

由此可见，甲醇行业有机废气深度治理，对当地的环境质量起到积极的作用，可有效降低甲醇煤化工行业对环境的污染，能够实现社会、经济和环境三效益的和谐统一，对于我国经济的绿色持续发展具有深远意义。

6.1　技术效益分析

当前，我国现代煤化工技术创新实现重大突破，示范工程取得显著成效，现代煤化工产业步入发展快车道，其对实现煤炭清洁利用目标、丰富化工原料来源、调整能源供应模式、保障国家能源安全等具有深远现实意义，但在现代煤化工各生产工艺环节中排放大量挥发性有机物，对当前大气质量产生多重环境效应。因此，甲醇煤化工废气深度治理技术方案的研发可以有效降低甲醇煤化工行业对环境的污染，对于我国经济的绿色持续发展具有深远意义。

废气治理过程中的传统技术往往呈现"治标不治本"的情况，若想从根本上解决甲醇煤化工废气的问题，就应该注重先进技术的应用，并做好新技术研发及创新工作，切实提升工业废气治理技术效率。以推动科学技术创新来提升企业综合竞争力，引导企业研究创新清洁生产技术，在产污环节配备相应的废气处理装置，保证废气的达标排放，进而实现甲醇煤化工的绿色生产，同时提升企业的综合竞争力。

新型含甲醇废气 VOCs 治理工艺、烟气脱硫技术、烟气除尘技术、烟气中氮氧化物控制技术以及 CO_2 捕获、封存技术的革新，可以有效发挥科技创新及推广应用优势，促进产业创新试验区的建立，提升自主创新能力，加速科技创新成果转化应用，从而带动产业快速发展。有助于加快推进供给侧结构性改革，全面贯彻落实国家关于创新驱动、创业创新的一系列政策措施。甲醇煤化工废气深度治理技术的运用，可以保证甲醇煤化工产业结构符合绿色环保的发展理念，使得高污染、低技术水平行业的发展受到相关政策的抑制，对我国的宏观调控政策的落实和经济结构的调整具有促进作用，为国民经济的可持续发展，降低企业运营成本，提高经济效益和社会效益产生明显的效果，这是贯彻落实绿水青山就是金山银山发展理念、构建和谐社会的重大举措，是建设资源节约型、环境友好型社会的必然选择，是推进经济结构调整、转变经济增长方式的必经之路，是维护中华民族长远利益的必然要求。同时，甲醇煤化工废气深度治理技术的创新，对煤化工行业的绿色可持续发展产生了重要作用，开辟了甲醇煤化工废气治理新途径，带动了甲醇煤化工的全面发展与进步，为甲醇煤化工尾气深度治理技术发展做出了突出贡献。

6.2 经济效益分析

甲醇煤化工行业的废气主要来自煤炭燃烧、储罐呼吸和装车产生的含甲醇废气，以及焦炉烟气和化产废气。

甲醇煤化工废气深度治理的经济效益包括回收生产所需的原材料；废物再生利用；回收的水费；减少缴纳的排污费；减少赔偿费和罚款；减少因污染造成农业减产、粮食和蔬菜受到污染的损失；减少因污染使草原毁坏、畜牧业减产和牲畜受害等损失；减少因空气污染造成工业设备、构筑物和仪器仪表的加剧损失；改善产品质量，增加产品产量等效益。

甲醇煤化工废气深度治理的经济效益可分为直接经济效益和间接经济效益，大多数废气治理的直接经济效益不明显，甚至亏损。但间接经济效益可能是巨大的，而这一点往往未被人们所忽视。间接经济效益是企业不能直接得到、不能直接计量，而给予社会、给予其他企业的经济效益。提高企业经济效益，不仅要考虑本企业直接得到的经济效益，而且要考虑是否有利于提高其他企业的经济效益，是否有利于解决就业、环境污染等社会问题。

通过大气污染物深度治理技术，企业可以降低成本、提高产出率和利润空间，进一步加大治理力度，还有利于淘汰落后工艺和产能，促进清洁化生产，优化产业结构和产业布局。同时能够促进新的生产技术、治理技术和新兴产业的发展，提高区域竞争力，推动区域经济发展，实现全面的经济效益。因此，企业应该积极推进污染深度治理工作，不断引入新的技术手段，提高企业的环保水平，以适应市场的需求和发展趋势，从而实现长期稳定的经济发展和社会效益。

1.成本降低

虽然深度治理技术的投资成本较高，但其长期运营成本则较低。采用深度治理技术，不仅可以降低能源消耗，还能够减少外部治理成本和社会负担，以下举例说明。

(1) 石灰石－石膏法脱硫托盘塔技术，脱硫部分改造投资约 2 500 万元，运行成本约 0.04 元 /(kW・h)，较改造前增加 0.015 元 /(kW・h)。虽然投资成本增加了，但是相比改造前(脱硫塔出口在线检测装置显示 SO_2 排放浓度不大于 50 mg/m^3，均值为 45 mg/m^3；粉尘排放浓度不大于 10 mg/m^3，均值为 8 mg/m^3)，改造后的 SO_2 排放浓度发生大幅度减少，脱硫塔出口 SO_2 排放浓度小于 35 mg/m^3，均值为 30 mg/m^3；粉尘排放浓度小于 5 mg/m^3，均值为 3.5 mg/m^3。此外，对改造前后的运行成本进行了对比(包括循环泵的电耗、引风机的电耗)，见表 6.1。在同样的使用环境下，使用托盘虽然会增加引风机的电耗，但是总运行成本比使用喷淋层节约近 8%。所以，从运行成本上分析，托盘的使用更具有经济优势。同时，托盘的使用还避免了循环泵及喷淋层的日常维护检修所需要的成本支出。

表 6.1　改造前后的运行成本分析

成本	改造前		改造后
项目	循环泵	引风机	引风机
小时电耗 /(kW・h)	176	1 320	1 388
成本 / 元	61.6	462	485.8
合计 / 元	523.6		485.8

(2) 甲醇合成大型化，不仅可以大大减少 VOCs 的挥发量而且甲醇制作成本下降。如冷管式甲醇合成塔、水管式甲醇合成塔、固定管板列管式合成塔、内换热式绝热换热合成塔、外换热式绝热换热合成塔来合成甲醇的经济效益明显，甲醇装置规模由 30 万 t/a 提高到 150 万 t/a 后，单位产品的投资可降低 1/4，产品成本可降低 1/5。

(3) 挡风抑尘网技术，露天料场使用多孔板波纹式组合防风网墙，风速大于 4 m/s 时，可使料场内风速降低 60% 以上，在周边 300 ～ 3 000 m 范围内抑制粉尘达 85% 以上，减少了物料损失和粉尘排放。该技术适用于甲醇煤化工露天煤场的扬尘治理，尤其适用于风速较大、空气干燥的北方地区。

以年储运 200 万 t 煤计算，每年可减少煤尘逸散 1 000 t 以上，1 000 t 标准煤所发出的热量等于 8 141 000 kW・h，每年减少相应的经济损失约在 100 万 ～ 150 万元之间。

(4)SCR脱硝技术是指氨气作为脱硝剂被喷入脱硝装置中，在催化剂的作用下将高温烟气中的NO_x分解成为N_2和H_2O，其脱硝效率为90%左右，喷氨和催化剂损耗等的运行成本为0.5 ～ 1.5 min/(kW・h)，拱上燃烧方式运行成本更高，约2 min/(kW・h)。虽然SCR脱硝技术使甲醇煤化工成本提高，也就是直接经济效益降低但是对于间接经济效益来说，是增加的。

2.技术更新可节省费用提高利润

随着科技进步，技术也在不断更新，采用新型设备，可以淘汰落后工艺和产能，促进清洁化生产，提高生产效率，增加产出率和利润空间。

以某甲醇煤化工工艺有机废气深度治理示范项目为例，充分利用甲醇合成弛放气、甲醇精馏不凝气、甲醇闪蒸槽闪蒸气的热值。通过利用其作为转化预热炉的燃料气，每小时可节省15 000 m^3以上的燃料气，焦炉煤气以0.35元/m^3，以每年运行时间7 200 h计算，每年仅燃料气就可节省3 780万元。

罐区、装车站以及隔油池的有机废气深度治理技术的应用，增强了企业的生存竞争能力，促进了当地的经济发展并促进了企业的高质量发展，增加了当地居民的经济收入，提高了公众的生活质量。对于一个20万t/a的焦炉煤气制甲醇企业，如果采用RTO处理30 000 m^3/h的VOCs废气，系统投资可达890万元，其中RTO设备费420万元。RTO设备需要耗电115 kW，每小时需要燃烧焦炉煤气120 m^3/h，运行电耗以0.4元/kWh、焦炉煤气以0.35元/m^3计算，若年运行时间按7 200 h，则每年需要运行费63.36万元。而利用示范企业所采用的技术，系统总投资仅500万元。通过预处理回收甲醇的方法，每小时可回收甲醇30 kg，每年可回收甲醇216 t。

将废气作为锅炉助燃空气的方法，可显著降低VOCs废气处理费用。以甲醇低位热值为4 650 kCal/kg(1 kcal=4.186 8 kJ)计算，测算每年可节省70.8 t标准煤，每年可节省燃煤7.1万元，基本可以抵消了每年预处理有机废气所需的电耗费用。

同时，以每年运行时间7 200 h计算，每年仅VOCs、CO_2可分别节省320 t、186.9 t的排污费。

3.优化产业结构和产业布局

污染物深度治理技术的应用需要相关环保设备和材料，推动了环保产业的发展，促进了产业结构的优化。例如，烟气脱硫、除尘等设备的需求增加，推动了环保设备制造业的发展。为了实现污染物深度治理，需要不断研发和应用新的治理技术和设备。这促进了技术创新和升级，推动了产业结构的优化。

污染物深度治理技术的应用需要企业具备相关技术和设备，推动了企业向环保技术和装备的研发和生产转型。这有助于提升企业的竞争力，加快形成新质生产力。多环节协同配合，如设备制造、运维和技术支持等，也促进了区域内相关企业的合作与协同发展，优化了产业布局。此外，对资源进行高效利用，包括能源、原材料和废物的回收利用等，这促进了资源的集约化利用。

4.提升企业形象

随着社会环保意识的不断增强，企业的环保形象也日益重要。通过深度治理技术的运用，企业可以达到国家和地方的环境标准，减少对环境造成的影响，并向公众展示自身的环保形象，提升企业的美誉度、信誉度以及竞争力，提升企业的可持续发展能力。

5.提高区域竞争力，推动经济发展

当一个区域拥有了先进的污染物深度治理技术，就能够吸引更多的环保企业、研发机构和人才落户，形成环保产业集群，提升区域的环保产业竞争力。同时相关的环保设备制造和维护服务可以提供就业机会，增加就业岗位；环保技术的研发和应用可以带动相关产业链条的发展，形成产业集聚效应。此外，拥有先进的污染物深度治理技术，该区域在环保方面的形象和吸引力会得到提升。这有助于吸引更多的投资、人才和资源流入，促进新的生产技术、治理技术和新兴产业的发展，提高区域竞争力，推动区域经济发展。

以山西某煤化工公司为例，137 万 t/a 焦化配套 20 万 t/a 焦炉煤气制甲醇联产合成氨及提氢工程项目建成后，提高以下经济效益：① 增加了地方财政收入，同时为企业创造大量资金，经济效益较好；② 拟建工程完成后，增强了企业的生存竞争能力，促进了当地的经济发展并改善了区域的环境状况，增加了当地居民的经济收入，提高了公众的生活质量。

山西某煤化工公司焦炉煤气制甲醇项目本着既要发展经济，又要保护环境，本着可持续发展战略的宗旨进行工程建设，建设中注重了对工程污染物的治理，加大了环保投资力度，本次评价，将主要对工程所投入的环保投资所收到的环境保护效果进行评价。

(1) 环境经济效益指标。

根据工程分析所确定的污染源，工程设计及建设过程中应按环境保护对策分析专题中所提要求完善环境保护治理措施，本工程环保措施的投资共计 1 502 万元，占工程总投资的 2.3%。

本工程环保费用总指标 C = 治理费用(C_1) + 辅助费用(C_2) = 300.4 万元 + 14 万元 = 314.4 万元

费用总指标由治理费用和辅助费用两部分组成，其中治理费用指一次性投资和运行费用，辅助费用是为了充分发挥治理方案的效益而发生的管理、科研、监测、办公费用。

污染治理措施的实施，不仅可以有力控制污染，而且会带来一定的经济效益，这部分效益体现在两方面，一是直接经济效益(R_1)，环保措施实施后对废物回收而获得的价值，二是间接经济效益(R_2)，环保措施实施后所带来的社会效益和环境效益。本工程在污染治理过程中回收和利用的各种物料及节能降耗所带来的经济效益情况见表 6.2。

表 6.2　环保措施经济效益一览表

序号	项目	回收物料名称	回收量	价值 /(万元·a^{-1})
1	工艺冷凝液回用	循环水	32 万 m^3/a	50
2	洗醇塔回收弛放气中甲醇	甲醇	1 340 t/a	270
合计				320

由表 6.2 可知，本工程环保投资所创造的直接经济效益为 320 万元 /a。

间接经济效益是由环保设施投入运行期间，所能减少的损失，因无实际数据，取直接经济效益的 5% 计算，则 $R_2 = R_1 \times 5\% = 16$ 万元。本工程经济损益总指标 $R = R_1 + R_2 = 336$ 万元。

2.环境经济效益静态分析

① 年净效益

年净效益为环保投资的直接经济效益扣除工程每年的环保费用，即

$$320 - 314.4 = 5.6(\text{万元})$$

② 效益费用比

采用效益与费用法进行分析，环境效益为

$$E = \text{环境经济效益} / \text{环保费用} = 320/314.4 = 1.02 > 1$$

说明本工程环保投资的经济效益为正效益。

6.3　社会效益分析

随着我国煤化工技术发展，现代煤化工产业在煤制油、煤制气、煤制烯烃、芳烃、乙二醇等方面取得了长足的进步。煤化工过程中不可避免产生挥发性有机物 VOCs，VOCs 气体种类繁多且成分复杂，主要包括非甲烷碳氢化合物如烯烃、烷烃、炔烃、芳香烃等，以及醛、醇、酮、醚、酚等含氧有机物，含氮、含硫化合物以及卤代烃等。煤化工生产过程将排放大量挥发性有机物 VOCs，根据《第二次全国污染源普查产排污系数手册》，对于每年生产 20 万 t 焦炉烟气制甲醇生产企业，仅甲醇精馏尾气 VOCs 产生总量核算值为 542 t/a。

甲醇煤化工企业有机废气深度治理技术应用，可提升大气污染治理技术水平。通过利用含氢、CO 丰富的甲醇合成弛放气、精馏不凝气以及闪蒸槽闪蒸气通过压力平衡系统进入燃气系统，作为转化预热炉燃料气及合成氨原料气，利用罐区、装车站以及隔油池的有机废气作为锅炉助燃空气，实现 VOCs 废气污染的全过程、高效控制，该治理工艺作为先进的有机废气治理技术，通过示范推进区域污染治理，带动大气污染治理技术水平提升，进而带动地方工业规模生产和环境建设。

通过废气有机成分的资源化利用，可有效节约资源。甲醇煤化工废气深度治理技术的创新，对煤化工行业的绿色可持续发展产生了重要作用，开辟了甲醇煤化工废气治理新途径，带动了甲醇煤化工的全面发展与进步，为甲醇煤化工尾气深度治理技术发展做出了突出贡献。

以焦化项目剩余焦炉煤气为原料生产合成氨和甲醇项目，延伸了煤炭行业产业链，提高了产品的附加值，实现地方经济发展和企业产业升级的多赢目的。甲醇煤化工废气深度治理技术的运用，可以保证甲醇煤化工产业结构符合绿色环保的发展理念，使得高污染、低技术水平行业的发展受到相关政策的抑制，对我国的宏观调控政策的落实和经济结构的调整具有促进作用，为国民经济的可持续发展，降低企业运营成本，提高经济效益和社会效益会产生明显的效果。

(1) 山西某煤炭气化公司焦炉煤气制甲醇联产合成氨及提氢工程项目的建设，具有良好的社会效益，主要表现为以下几个方面：

① 发展煤化工产业链、促进循环经济发展

该项目通过焦化产能置换，淘汰不符合焦化行业准入条件的落后产能，建设符合国家产业政策、技术装备水平较高、能源消耗较低、环境污染小的焦化项目。同时以焦化项目剩余焦炉煤气为原料生产合成氨和甲醇项目，延伸了煤炭行业产业链，提高了产品的附加值，本项目的建设符合国家和山西省的经济发展规划，符合当地规划，是促进地方经济发展和企业产业升级的多赢项目。

② 有利于企业自身可持续发展，带动当地经济发展

该工程建设不仅有利于企业自身的可持续发展，而且还可带动当地区域的经济发展。一方面可以为国家带来一定的利税；另一方面，也可带动当地相关产业进一步发展，如运输、交通等带来发展机会，并对其起到推动作用，为当地的经济发展做出贡献。对解决农村剩余劳动力，增加就业机会，改善村民生活水平和地方的安定团结具有一定的积极作用。

③ 促进污染源治理

该工程采用成熟可靠的技术和设备，体现了“清洁生产”的原则，通过环境污染的全过程控制，充分合理利用公司剩余焦炉煤气资源，生产甲醇、合成氨产品，通过工程分析，工程产生的废气采取有效治理措施之后能够满足排放标准要求。无废水外排，固体废物得到综合利用。通过本项目的建设必将对本区域污染治理起到积极的推动作用，进而带动地方工业规模生产和环境建设。

④ 有效节约资源

该项目产生的焦炉煤气除了自用外，其余供甲醇、合成氨项目生产。该项目充分利用企业资源，既可提高企业经济效益，又能促进地方经济发展，实现双赢。

⑤ 维护社会稳定

项目建设为社会提供了新的就业岗位，对缓解求职就业压力、维护社会稳定有积极作用。并将增加就业者的经济收入、改善就业者及其家属的生活质量，为国家、为

当地社会经济发展做出积极贡献。

该工程的建设符合国家及当地总体规划要求，可促进当地煤化工产业链延伸，加速地方经济发展，在取得良好经济效益的同时，还会为地方带来良好的社会效益。

(2) 山西某新能源公司焦炉煤气制甲醇项目投产后，在以下几方面产生良好的社会效益：

① 甲醇辛烷值高，燃烧性能好，可以用作汽车燃料，是极佳的石油替代品。我国石油短缺，近年来进口原油逐年增加，寻求石油替代品，维护国家石油安全已成为我国政府必须解决的重要问题，该工程的建设虽然不能根本上解决石油短缺问题，但为寻求石油替代品迈出了坚实的一步。随着企业的发展，以焦炉煤气为原料生产甲醇技术将会更加完善，生产经验更加丰富，为将来大规模生产甲醇积累丰富的经验。

② 该工程将提供502人的就业岗位，从一定程度上缓解了当地就业压力，并且将增加就业者的经济收入、改善就业者及其家属的生活质量，另外，通过就业，使其掌握了一定的技术，成为一名技术人员，在以焦炉煤气制甲醇行业中，必将产生一部分专业人才，为将来大规模的生产提供人才支持和技术支持。

③ 该工程每年上缴一定的利税，有效增加了当地政府的财政收入，相应地带动了当地经济的发展，也为当地医疗教育、环境卫生等公益事业的改进提供了经济支持。

6.4 环境效益分析

甲醇煤化工作为能源和化工产业的重要组成部分，在生产过程中会产生多种大气污染物，如硫化物、氮氧化物、挥发性有机物、颗粒物等，这些污染物对环境和人体健康构成威胁。因此，实施甲醇煤化工大气污染物的深度治理技术，不仅有助于减少污染物排放，改善大气环境，还能节省资源、降低环境风险，实现全面的环境效益。

(1) 减少污染物排放

通过使用高效脱硫剂，如氢氧化钙或活性焦，实现 SO_2 的深度脱除；利用 SCR 或 SNCR 技术，有效降低 NO_x 排放；采用吸附、吸收或分解处理技术，减少挥发性有机化合物的排放；安装高效的除尘装置，如电除尘器或布袋除尘器，减少颗粒物排放。

(2) 改善大气环境

通过深度治理技术，显著降低大气中的污染物排放浓度，改善空气质量；减少污染物排放，还可降低对植被和野生动物的负面影响，保护生物多样性。

(3) 节省资源

利用余热回收系统，将废气中的热量转换为可用能源，提高能源利用效率；通过副产品的回收和再利用，如将脱硫副产品用于建筑材料，实现资源的循环利用。

(4) 减少环境风险

减少污染物排放，降低对公众健康的影响，尤其是呼吸系统疾病的风险；通过优化工艺和设备，减少环境事故的发生，如泄漏、爆炸等。

以新疆某能源公司甲醇煤化工净化装置VOCs尾气超净排放及热能综合利用装置为例。2019 年前，由于单套装置排气量较大（单套装置 56 000 m^3/h）、尾气中VOCs 成分极其复杂、VOCs 排放浓度在爆炸极限范围内但是达不到持续燃烧的条件导致安全风险系数很高、VOCs 排放浓度远超国家最新环保排放标准等原因，综合治理难度较大，国内外尚无治理成功的案例。

该新能源公司本着清洁生产、科学发展，打造环境友好型煤化工标杆企业为出发点，不断探索、自主论证创新，开发出一系列创新产品，主要如下：

① 开发出同轴大套小、差变功率的高效旋风低氮燃烧器，并配置超高温“气锁”式空气预热器，在超强涡流形态下，利用高温空气引发 VOCs 链式连锁分解反应，短时间释放出大量热量，打破常规类似工艺能耗较高瓶颈，实现低燃料气（300 m^3/h 以内）低能耗目标。

② 开发出新型无火焰旋风三级七层空气、燃气、废气高效复合型低氮燃烧器和 L 型高温氧化炉，解决了国内外燃烧炉工艺必然引发的高排放浓度氮氧化物污染问题，实现无脱硝设施下氮氧化物超低排放。同时巧妙避免了类似蓄热氧化微小空间爆炸的安全问题，无 RTO 工艺昂贵的提升阀和易损的蓄热体，投资成本和运行费用大幅降低。

③ 高效旋风燃烧器超强涡流形态下，通过高温氧化链式连锁反应，实现 VOCs 去除率 99.8% 以上的目标。

④ 配套增设余热回收锅炉，回收高排放浓度 VOCs 分解释放的能量，副产大量蒸汽。

目前该装置已稳定运行，VOCs 去除率高达 99.8% 以上，VOCs 排放浓度在 80 mg/m^3 以内，年减排 VOCs、一氧化碳、硫化氢、甲醇等数量较为可观，同时年副产 40 万 t 蒸汽，实现废气再利用，相当于减少碳排放 13.3 万 t，达到环保和经济效益双丰收，较大地促进伊吾县、哈密地区，乃至新疆维吾尔自治区实现绿色发展、节能降耗减排的目标，为新疆的产业转型升级、生态文明和可持续发展做出较大贡献。

更重要的是开发的低氮、低燃料气、高VOCs去除率、低成本、大流量高排放浓度VOCs 废气的高温氧化无火焰余热回收节能型废气治理工艺将会大面积推广到煤化工行业废气治理装置，走出行业内大流量高排放浓度废气长期无法有效治理的困境，实现环保效益和经济效益双丰收，真正意义上践行“绿水青山就是金山银山”理念，普惠民生福祉。

以山西某新能源有限公司焦炉煤气联产 20 万 t/a 甲醇、6 万 t/a 合成氨及 3 000 m^3/h 提氢工程项目为例。该公司利用周边剩余焦炉煤气，采用压缩、脱硫、转化、甲醇低压合成、三塔精馏工艺建设年产 20 万 t 甲醇工程。配套建设焦炉煤气联产 20 万 t/a 甲醇、6 万 t/a 合成氨及 3 000 m^3/h 提氢工程。建设内容包括焦炉煤气压缩、精脱硫及甲烷转化、合成气压缩、甲醇合成、甲醇精馏、甲醇弛放气提氢、空分、甲烷化、氢氮气－循环气压缩、氨合成＋氨冷冻、氢气纯化、氢气压缩及充装等工程。

企业主要的生产工序包括焦炉煤气压缩、精脱硫及甲烷转化、合成气压缩、甲醇合成、甲醇精馏、甲醇弛放气提氢＋氮气压缩、甲烷化、氢氮气－循环气压缩、氨合成＋氨冷冻等生产装置，氢能装置建设氢气提纯、氢气压缩、氢气充装等，同时建设配套公辅系统及环保工程等。

焦炉煤气制甲醇工艺充分利用焦炉煤气富氢的特点，通过转化调整 H/C，进行甲醇合成；甲醇弛放气提氢与空分氮气进行氨合成；利用甲醇弛放气富氢特点，对其进行纯化提氢，生产高纯度氢气；焦油、粗苯等焦化产品送往下游企业进行综合利用；形成园区完整的“煤－焦－化”全产业链。

公司共有一期中间罐区、二期中间罐区、成品罐区等 8 个贮罐，主要储存精甲醇、杂醇，现有 4 个精甲醇装车站、1 个杂醇装车站，一期、二期各有 1 个隔油池，贮油罐的呼吸阀、呼吸人孔、装车以及隔油池的废气需收集进行治理。根据现场实际情况，废气深度治理的技术路线为：成品、一期及二期罐区 → 集气罩收集 → 一级风机输送 → 水洗塔洗涤 → 一、二级风机输送 → 安全水封 → 锅炉一次风机配风焚烧，装车站废气 → 洗涤 → 风机输送 → 安全水封 → 锅炉一次风机配风焚烧，隔油池废气中甲醇体积浓度 200 ～ 1 000 ppm，然后进入锅炉燃烧。

公司有 3×40 t/h 循环流化床锅炉，三台锅炉共用一座烟囱，高度为 80 m。2017 年公司投资三千余万元对三台燃煤锅炉尾气排放进行了深度治理，实施脱硫脱硝除尘改造项目，增加两套氨法脱硫装置，增加三套 SNCR 脱硝装置，增加两套低压脉冲袋式除尘器。锅炉执行山西省《锅炉大气污染物排放标准》(DB 14/1929—2019) 限值，颗粒物、二氧化硫、氮氧化物分别不高于 20 mg/m^3、100 mg/m^3 和 150 mg/m^3。

通过将甲醇煤化工企业的有机废气收集，利用现有的燃煤锅炉燃烧，可实现有机废气高效治理，同时还可充分利用有机废气的热值，达到节能的效果，降低煤耗，降低企业的碳排放。

常规有机废气处理工艺适用于多级水喷淋吸收＋活性炭吸附工艺，具有操作简单、投资小、应用范围广等特点，对中低排放浓度 VOCs 处理效率能达到 90% 以上。适用于对无法达标的甲醇罐区、装车回收废气提标改造，也可用于新建或改造其他工艺废气的深度处理设施。但活性炭吸附材料吸附能力接近饱和时需及时更换，吸附剂再生或作为危废处理时增加了运行费用，限制了该技术工艺在甲醇煤化工行业的推广应用。采用将废气作为锅炉助燃空气的方法，可将非甲烷总烃排放浓度由深度治理前的 209 ～ 853 mg/m^3 降低到 0.1 mg/m^3，去除效率达 99.3%；预处理废气甲醇排放浓度由 301 ～ 895 mg/m^3 降低到 0.1 mg/m^3 以下，去除效率达 99.4%。每年可节省 70.8 t 标准煤，可减排 CO_2 达 186.9 t。

第7章　发展建议

甲醇煤化工废气深度治理技术的运用，可以保证甲醇煤化工产业结构符合绿色环保的发展理念，使得高污染、低技术水平行业的发展受到相关政策的抑制，对我国的宏观调控政策的落实和经济结构的调整具有促进作用，为国民经济的可持续发展，降低企业运营成本，提高经济效益和社会效益会产生明显的效果。

甲醇煤化工废气深度治理技术的创新，虽然对煤化工行业的绿色可持续发展产生了重要作用，开辟了甲醇煤化工废气治理新途径，带动了甲醇煤化工的全面发展与进步，为甲醇煤化工尾气深度治理技术发展做出了突出贡献，但其推广应用依然存在突出问题，未来仍面临诸多挑战，需要加强监管力度，推进技术创新，引导企业加快绿色转型，减少对环境的不良影响。

7.1　影响深度治理技术推广应用的科技问题

甲醇煤化工行业作为高能耗、高污染的产业，近年来虽然在大气污染物的深度治理上取得了一定的进展，但在技术推广应用的过程中，仍然面临一系列的科技问题和挑战。

(1) 技术成熟度不足

当前，甲醇煤化工行业的大气污染物深度治理技术尚未完全成熟，特别是对于复杂组分的废气处理、高排放浓度VOCs的净化等。尽管一些新兴技术如光催化、等离子体和生物法等显示出潜力，但它们在大规模工业应用中的稳定性、效率和经济性仍需进一步验证和优化。

(2) 缺乏统一的技术标准和规范

甲醇煤化工行业缺乏国家层面的统一技术标准和规范，导致企业在选择治理技术时缺乏明确的指导，容易出现技术选型不当，影响治理效果。此外，不同地区的环保要求和标准不一，也增加了技术选型的复杂性。

(3) 高昂的技术成本

深度治理技术的设备投资和运营成本较高，对于许多甲醇煤化工企业来说，这可能是一个重大的经济负担。尤其是在当前经济形势下，企业的投资回报压力较大，可能会影响其采用先进治理技术的决策。

(4) 治理效果评估难度大

甲醇煤化工工艺的多样性和复杂性导致污染物排放的监测和治理效果评估面临挑战。缺乏有效的监测手段和评估体系,使得对治理技术的实际效果难以进行准确评价。

(5) 环境管理能力不足

许多甲醇煤化工企业在环境管理方面存在短板,缺乏专业的环保团队和先进的管理手段。环保意识和管理水平参差不齐,导致环保措施执行不到位,影响治理效果。

(6) 技术研发和创新投入不足

与国际先进水平相比,甲醇煤化工行业在大气污染物深度治理技术的创新和研发上投入不足。缺乏长期、持续的技术研发计划,以及与科研机构和高校的深入合作。

(7) 政策支持和激励机制不完善

虽然国家和地方政府对环保技术的研发和应用给予了一定的支持,但整体上激励机制尚不完善。税收优惠、财政补贴等政策措施的实施力度和覆盖面有待加强。

(8) 公众环保意识和参与度不高

公众对甲醇煤化工行业环保问题的认识不足,参与度有限。企业与社区、公众之间的沟通和互动不够,未能形成良好的环保共治氛围。

甲醇煤化工行业要想实现大气污染物的深度治理,需要从技术研发、标准制定、成本控制、效果评估、管理能力提升、政策支持以及公众参与等多个方面进行综合施策。通过加强科技创新、完善政策体系、提升管理水平、增强公众意识等措施,可以有效推动深度治理技术的广泛应用,实现行业的绿色可持续发展。

7.2 发展趋势预测

煤炭和石油在燃烧时,大量的能源消耗会对生态系统造成破坏,因此寻找一种高效、清洁的能源来替代传统化石燃料,已经成为世界各国的共同目标。甲醇煤化工的出现和使用,使这个问题得到很好的解决,既可为工业化生产带来充足能源,也可降低有毒有害物质的排放量,减少后续处理成本。当前,我国对甲醇燃料及其附属品的开发与利用需求日益增长,甲醇生产在我国国民经济中占有举足轻重的地位。甲醇煤化工的大规模使用,也将对我国的石油供应和天然气供应的结构调整起到积极的推动作用。

鉴于甲醇煤化工能有效减轻我国对外部石油和天然气资源的依赖,增强了国家的能源自给能力,我国政府一直将煤化工产业,特别是甲醇煤化工技术,视为重点发展领域。尽管目前一些甲醇煤化工企业的能效未达到行业标准,但通过实施节能改造,这些企业将提高效率,符合国家清洁能源的发展战略。作为煤炭行业转型升级的关键路径，甲醇煤化工不仅代表了煤炭资源的高效清洁应用，也迎合了市场对这类产品不断增长的需求。

国家政策的支持为甲醇煤化工行业的绿色转型提供了动力。相关部门如工业和信息化部、国家发展改革委出台了一系列政策文件，包括《高耗能行业重点领域节能降碳改造升级实施指南(2022 年版)》《氢能产业发展中长期规划(2021—2035 年)》以及《关于印发“十四五”全国清洁生产推行的通知》，这些政策旨在提升甲醇煤化工产业的能效和产能利用率，同时推动企业向更集中、更大规模的方向发展，以实现行业内的集约化和规模化经营。通过这些措施，甲醇煤化工产业正朝着更加可持续和环境友好的方向发展。

甲醇煤化工产业在大气污染物深度治理方面的技术发展趋势，可参照以下几个方面。

(1) 从湿法向干法治理技术的转变

鉴于湿法脱硫除尘技术在效率和二次污染方面的局限性，甲醇煤化工行业正逐步倾向于采用干法技术。干法技术以其高效率、低能耗、易于操作和维护等优点，越来越受到重视。

(2) 从单一污染物控制向多污染物协同治理的演进

随着环境标准的提高和对空气质量要求的增加，甲醇煤化工行业正逐步发展多污染物协同治理技术。这种技术能够同时减少多种污染物的排放，如粉尘、二氧化硫、氮氧化物等，实现污染物的全面控制，促进环境质量的整体改善。

(3) 从末端治理向源头和过程控制的转移

传统的末端治理技术虽然在污染物减排方面发挥了重要作用，但存在成本高、效率低等问题。甲醇煤化工行业正逐步重视从源头和过程中控制污染物的产生，通过优化工艺流程、改进操作条件等措施，从根本上减少污染物的排放。

(4) 污染物控制与节能、资源利用的结合

在技术开发和应用中，甲醇煤化工行业越来越注重污染物控制与节能、资源利用的结合。通过提高能源利用效率、充分利用生产过程中的余热和废弃物，实现污染物脱除过程中能源和资源的最小消耗，推动行业的绿色发展。

(5) 智能化、信息化和数字化技术的应用

智能化、信息化和数字化技术的应用正在改变甲醇煤化工行业的污染物治理方式。基于人工智能的在线监测系统能够自动识别故障并提供解决方案，提高设备的稳定性和可靠性，实现更加高效和智能化的污染物治理。

(6) 绿色、低碳、循环经济理念的融入

面对全球环境问题的挑战，甲醇煤化工行业正逐步融入绿色、低碳、循环经济的理念。通过将废弃物转化为资源，实现资源的最大化利用，推动污染物深度治理技术的绿色发展。

(7) 多元化、组合化技术方案的实施

鉴于不同污染源的特点和污染物组成，甲醇煤化工行业正逐步采用多元化、组合化的治理技术。通过不同技术的优势互补，实现更加高效的污染物治理效果。

(8) 前沿技术的研究与应用

甲醇煤化工行业正积极探索和应用前沿技术，如光催化、等离子体技术、纳米材料技术等。这些技术具有高效、节能、环保的特点，能够提高污染物治理的效率，减少对环境的影响。

(9) 系统化管理模式的建立与应用

甲醇煤化工行业正逐步建立系统化的管理模式，通过完善的数据监测和评估体系，从源头上控制污染排放。这种模式增强了企业的环保意识和责任感，促进了污染物深度治理技术的发展。

(10) 环保政策和标准的遵循与超前布局

甲醇煤化工企业需要密切关注国家和地方的环保政策变化，确保治理技术符合最新的环保法规和排放标准。同时，企业应进行超前布局，提前研发和采用符合未来环保要求的技术。

(11) 公众参与和信息公开的加强

加强与公众的沟通和信息公开，提高环境治理的透明度，通过公众参与提升企业的环保责任和形象。

(12) 国际合作与交流的拓展

积极参与国际合作与交流，引进和吸收国外先进的污染治理技术和管理经验，提升国内甲醇煤化工行业的国际竞争力。

通过上述措施，甲醇煤化工产业将能够更有效地进行污染物的深度治理，实现环境效益和经济效益的双赢，推动行业的可持续发展。

7.3 主要建议

在清洁能源需求量日益提升的大背景下，甲醇煤化工工艺技术得到了空前发展，所制得的甲醇燃料在提升煤炭资源综合利用率的同时，在一定程度上改善了我国能源供应结构。为使甲醇煤化工工艺适应环保清洁的经济发展理念，需做好“三废”处理，借助相关科学技术应用，将产生的废气、废渣、废水进行科学化处理，确保其能够达到直接排放标准，真正实现生态环境的科学保护。

甲醇煤化工工艺废气 VOCs 排放浓度较低，主要为不凝气体成分，含大量 CO、H_2、CH_4 等高热值成分，甲醇弛放气等含富 H_2 的工艺废气的一般可直接应用到合成氨工艺；或者甲醇合成弛放气、精馏不凝气以及闪蒸槽闪蒸气。甲醇罐区废气、装车回收废气含较高排放浓度的甲醇等 VOCs 气体成分，可采用负压回收法处理这部分工艺气，进入燃料气收集管网，作为预热炉的燃料。对罐区、装车，以及隔油池等低排放浓度的 VOCs 废气，则考虑将废气作为锅炉的助燃空气，有效回收废气的热值，且可使废气 VOCs 成分充分分解，废气 VOCs 处理效率一般高于 90%，最高可达 98% 以上。当废气产生量大于加热炉使用量时，考虑到系统安全和环境问题，可直接将多余的废气引入厂外其他热处理设备进行焚烧处理。

目前化工项目的布局均是以产业集群化方式设置大型化工园区，对于工业园区内的甲醇煤化工企业，可以考虑废气综合一体化治理方式，即改变目前废气治理设施布置分散、人员劳动强度大、操作复杂的现状，将所有的废气和处理技术集中到一起，开发集成度高、占地面积小、能耗低、操作控制便捷的废气治理工艺，在化工园区内建立独立项目或企业对其他化工项目的废气汇集后统一处理，如针对不凝气或原料气可统一收集后汇入燃料气管道，然后合理分配给动力界区掺烧处理；对有回收价值的可通过收集后进行统一回收处理。可以有效回收工艺废气的能量利用，又能确保环境效益。

推荐焦炉加热优先采用废气循环技术，将焦炉燃烧废气回配至焦炉燃烧加热系统，减少 NO_x 产生量。新建常规机焦炉采用分段(多段) 加热技术，向焦炉燃烧室立火道分段供入煤气或空气，形成多点燃烧，在实现焦炉均匀加热的同时，降低燃烧强度，减少 NO_x 产生量。目前针对焦炉烟气超低排放控制技术路线相对较成熟，重点地区焦化企业多数均已完成焦炉烟气超低排放技术改造，在超低排放控制的基础上，对 SDS 脱硫 + SCR 脱硝、SDA 脱硫 + SCR 脱硝等的组合工艺进一步优化，可实现焦炉烟气 $PM_{2.5}$、NO_x 等污染物的深度治理，使颗粒物、SO_2 和 NO_x 的排放浓度分别低于 8 mg/m³、30 mg/m³ 和 100 mg/m³。

焦化企业化产废气处理应考虑生产工艺、操作方式、废气性质、处理方法等因素，对挥发性有机物废气进行分类收集、分类处置。具体工艺为“洗油洗 + 水洗 + 蒸汽加热 + 焦炉燃烧”。对粗苯工段、苯储罐、装车废气具有较高回收价值，通过引入煤气负压系统或采用冷凝回收。氮封负压法是指对冷鼓(一般不包括焦油氨水分离装置排渣口)、粗苯、油库区等工段的密封槽罐进行氮封处理，并采用压力平衡技术将各槽罐逸散的低含氧 VOCs 废气送入煤气负压管道，依托煤气净化设备处理 VOCs。

甲醇煤化工企业在进行大气污染物深度治理时，需要综合考虑多种因素，确保既能有效控制污染物排放，又能实现经济效益的最大化。以下是一些主要建议。

(1) 技术与工艺优化

甲醇煤化工企业应积极采用先进的煤气化技术，比如煤粉加压气化(GSP)、壳牌干粉煤加压气化(SCGP)、多喷嘴对置式水煤浆气化等，这些技术能提高煤的转化效率，减少污染物的生成。同时，通过优化工艺流程，实现生产过程的自动化和智能化，减少人为因素导致的环境污染。企业还应定期对工艺设备进行升级改造，以适应新的环保要求，提高资源的利用效率，减少能源消耗和原材料浪费。

(2) 源头削减与清洁生产

企业应实施源头削减策略，通过优化原料选择和配比，提高原料煤的性质稳定性，减少污染物的生成。采用清洁生产技术，如全密闭、连续化生产，减少生产过程中的污染物逸散。此外，通过改进合成甲醇的催化剂，提高反应效率和选择性，减少副产物的生成，实现原子经济性，从而降低废物的产生和处理成本。

(3) 过程控制与泄漏检测

甲醇煤化工企业必须建立严格的设备和管阀件泄漏检测与修复(LDAR)程序，定期检测设备和管线组件的密封点，及时发现并修复泄漏点，减少VOCs的无组织排放。此外，应采用高效工艺与设备装置，如无泄漏或泄漏量小的机泵和管阀件，以及密闭采样或等效设施，以降低污染物的排放。

(4) 末端治理技术的合理选择与应用

根据废气的排放浓度、组分、温度和湿度等特性，选择适宜的末端治理技术。对于高排放浓度废气，可采用冷凝回收技术进行有机物的回收；对于低排放浓度废气，可采用吸附浓缩后处理技术、吸收技术、生物技术等。同时，采用组合技术进行深度净化，如吸附浓缩＋催化燃烧、冷凝＋吸附回收等，以实现废气的高效处理。

(5) 资源回收与循环利用

在废气治理过程中，应重视对有价值有机物的回收利用，如通过冷凝、吸附等方法回收甲醇等有机物，减少资源浪费，同时降低治理成本。此外，应建立循环水冷却系统，减少水资源的消耗，并通过废水处理和回用，提高水资源的循环利用率。

(6) 清洁能源与碳中和战略

面对未来对碳减排的要求，甲醇煤化工企业应积极发展绿色甲醇生产技术，利用太阳能、风能等可再生能源，通过电解水产生氢气，再与二氧化碳反应生成甲醇，实现生产过程的碳中和。同时，探索应用CCUS(碳捕集、利用与封存)技术，减少工业过程中的CO_2排放。

(7) 监测与智能管理体系的建立

建立完善的污染物监测监控体系，采用自动化、智能化技术对污染物排放进行实时监控和管理。利用物联网、大数据等技术，实现对生产过程的实时监控和数据分析，及时发现问题并采取措施，提高环境管理的效率和响应速度。

(8) 环境管理体系建设与能力提升

加强企业环境管理能力，建立健全环保管理体系，提升环保意识和责任感。通过培训和教育，提高员工的环保知识和技能，确保环保措施得到有效执行。同时，建立环境风险评估和应急预案，提高企业应对突发环境事件的能力。

(9) 政策和标准的遵循与超前布局

密切关注国家和地方环保政策的变化，确保治理技术符合最新的环保法规和排放标准。同时，企业应超前布局，提前研发和采用符合未来环保要求的技术，以实现可持续发展。

(10) 持续技术创新与研发投入

投资研发新技术，与科研机构合作，不断探索更高效、更经济的污染物治理技术。鼓励企业内部创新，支持员工提出改进建议，促进技术进步和创新。同时，关注国际先进的环保技术和管理经验，积极引进和消化吸收，提升企业的环保技术水平。

参考文献

[1] 国家环境保护总局和国家质量监督检验检疫总局. 煤炭工业污染物排放标准：GB 20426—2006[S]. 北京：中国标准出版社，2006.

[2] 国家质量监督检验检疫总局，中国国家标准化管理委员会. 环境空气质量标准：GB 3095—2012[S]. 北京：中国环境科学出版社，2016.

[3] 生态环境部.《环境空气质量标准》第 1 号修改单：GB 3095—2012/XG1—2018[S]. 北京：中国环境科学出版社，2018.

[4] 环境保护部，国家质量监督检验检疫总局. 炼焦化学工业污染物排放标准：GB 16171—2012[S]. 北京：中国环境科学出版社，2012.

[5] 国家市场监督管理总局，国家标准化管理委员会. 烧结砖瓦工业大气污染物治理设施技术要求：GB/T 42264—2022[S]. 北京：中国标准出版社，2022.

[6] 国家市场监督管理总局，国家标准化管理委员会. 焦炉煤气制取甲醇技术规范：GB/T 38927—2020[S]. 北京：中国标准出版社，2020.

[7] 国家质量监督检验检疫总局，中国国家标准化管理委员会. 甲醇单位产品能源消耗限额 第 1 部分：煤制甲醇：GB 29436.1—2012[S]. 北京：中国标准出版社，2013.

[8] 国家质量监督检验检疫总局，中国国家标准化管理委员会. 甲醇单位产品能源消耗限额 第 2 部分：天然气制甲醇：GB 29436.2—2015[S]. 北京：中国标准出版社，2016.

[9] 国家质量监督检验检疫总局，中国国家标准化管理委员会. 甲醇单位产品能源消耗限额 第 3 部分：合成氨联产甲醇：GB 29436.3—2015[S]. 北京：中国标准出版社，2016.

[10] 国家质量监督检验检疫总局，中国国家标准化管理委员会. 甲醇单位产品能源消耗限额 第 4 部分：焦炉煤气制甲醇：GB 29436.4—2015[S]. 北京：中国标准出版社，2016.

[11] 环境保护部，国家质量监督检验检疫总局. 石油化学工业污染物排放标准：GB 31571—2015[S]. 北京：中国环境科学出版社，2015.

[12] 环境保护部，国家质量监督检验检疫总局.《石油化学工业污染物排放标准》国家标准第 1 号修改单：GB 31571—2015/XG1—2024[S]. 北京：中国环境科学出版社，2024.

[13] 中华人民共和国生态环境部，国家市场监督管理总局. 挥发性有机物无组织排放控制标准：GB 37822—2019[S]. 北京：中国环境出版社，2019.
[14] 国家质量监督检验检疫总局，中国国家标准化管理委员会. 燃煤烟气脱硫设备 第 1 部分：燃煤烟气湿法脱硫设备：GB/T 19229.1—2008[S]. 北京：中国标准出版社，2008.
[15] 国家质量监督检验检疫总局，中国国家标准化管理委员会. 燃煤烟气脱硫设备 第 2 部分：燃煤烟气干法/半干法脱硫设备：GB/T 19229.2—2011[S]. 北京：中国标准出版社，2012.
[16] 环境保护部，国家质量监督检验检疫总局. 锅炉大气污染物排放标准：GB 13271—1991[S]. 北京：中国环境出版社，2014.
[17] 国家质量监督检验检疫总局，中国国家标准化管理委员会. 火电厂大气污染物排放标准：GB 13223—2011[S]. 北京：中国环境科学出版社，2012.
[18] 环境保护部，国家质量监督检验检疫总局. 石油炼制工业污染物排放标准：GB 31570—2015[S]. 北京：中国环境科学出版社，2015.
[19] 环境保护部，国家质量监督检验检疫总局.《石油炼制工业污染物排放标准》国家标准第 1 号修改单：GB 31570—2015/XG1—2024[S]. 北京：中国环境科学出版社，2024.
[20] 中华人民共和国住房和城乡建设部. 化工建设项目环境保护工程设计标准：GB/T 50483—2019[S]. 北京：中国计划出版社，2019.
[21] 国家质量监督检验检疫总局，中国国家标准化管理委员会. 焦化安全规程：GB 12710—2008[S]. 北京：中国标准出版社，2009.
[22] 国家环境保护局，国家技术监督局. 恶臭污染物排放标准：GB 14554—1993[S]. 北京：中国标准出版社，1994.
[23] 国家质量监督检验检疫总局，中国国家标准化管理委员会. 袋式除尘器用过滤单元设计及安装技术要求：GB/T 35184—2017[S]. 北京：中国标准出版社，2017.
[24] 国家质量监督检验检疫总局，中国国家标准化管理委员会. 袋式除尘器技术要求：GB/T 6719—2009[S]. 北京：中国标准出版社，2009.
[25] 环境保护部. 火电厂烟气脱硝工程技术规范 选择性催化还原法：HJ 562—2010[S]. 2010.
[26] 环境保护部. 火电厂烟气脱硝工程技术规范 选择性非催化还原法：HJ 563—2010[S]. 北京：中国环境科学出版社，2010.
[27] 中华人民共和国环境保护部. 烟气循环流化床法烟气脱硫工程通用技术规范：HJ 178—2018[S]. 北京：中国环境科学出版社，2018.
[28] 中华人民共和国环境保护部. 氨法烟气脱硫工程通用技术规范：HJ 2001—2018[S]. 北京：中国环境科学出版社，2018.

[29] 中华人民共和国环境保护部. 袋式除尘工程通用技术规范：HJ 2020—2012[S]. 北京：中国环境科学出版社，2013.
[30] 中华人民共和国生态环境部. 工业锅炉污染防治可行技术指南：HJ 1178—2021[S]. 北京：中国环境科学出版社，2021.
[31] 中华人民共和国环境保护部. 火电厂污染防治可行技术指南：HJ 2301—2017[S]. 北京：中国环境出版社，2017.
[32] 中华人民共和国生态环境部. 排污许可证申请与核发技术规范 煤炭加工—合成气和液体燃料生产：HJ 1101—2020[S]. 北京：中国环境科学出版社，2020.
[33] 生态环境部. 燃煤电厂超低排放烟气治理工程技术规范：HJ 2053—2018[S]. 北京：中国环境科学出版社，2018.
[34] 中华人民共和国环境保护部. 建设项目环境影响评价技术导则 总纲：HJ 2.1—2016[S]. 北京：中国环境科学出版社，2017.
[35] 生态环境部. 环境影响评价技术导则 大气环境：HJ 2.2—2018[S]. 北京：中国环境科学出版社，2018.
[36] 环境保护总局. 大气污染物无组织排放监测技术导则：HJ/T 55—2000[S]. 北京：中国环境科学出版社，2004.
[37] 中华人民共和国环境保护部. 固定源废气监测技术规范：HJ/T 397—2007[S]. 北京：中国环境科学出版社，2008.
[38] 中华人民共和国环境保护部. 排污单位自行监测技术指南 总则：HJ 819—2017[S]. 北京：中国环境科学出版社，2017.
[39] 生态环境部. 排污单位自行监测技术指南 石油化学工业：HJ 947—2018[S]. 北京：中国环境出版社，2018.
[40] 中华人民共和国环境保护部. 排污单位自行监测技术指南 钢铁工业及炼焦化学工业：HJ 878—2017[S]. 北京：中国环境科学出版社，2017.
[41] 中华人民共和国环境保护部. 恶臭污染环境监测技术规范：HJ 905—2017[S]. 北京：中国环境科学出版社，2017.
[42] 中华人民共和国环境保护部. 大气污染治理工程技术导则：HJ 2000—2010[S]. 北京：中国环境科学出版社，2011.
[43] 环境保护总局. 清洁生产标准炼焦行业：HJ/T 126—2003[S]. 北京：国环境科学出版社,2003.
[44] 生态环境部. 炼焦化学工业污染防治可行技术指南：HJ 2306—2018[S]. 北京：中国环境出版社，2018.
[45] 中华人民共和国工业和信息化部. 循环半干法烟气脱硫脱硝一体化装置：JB/T 13244—2017[S]. 北京：机械工业出版社,2017.
[46] 环境保护部.关于执行大气污染物特别排放限值的公告[EB/OL]. (2013－02－27) [2024 － 10 － 12] https://www. mee. gov. cn/gkml/hbb/bgg/201303/

t20130305_248787.htm.

[47] 国务院.国务院关于印发打赢蓝天保卫战三年行动计划的通知[EB/OL].(2018－07－03)[2024－10－12] https://www.gov.cn/zhengce/content/2018－07/03/content_5303158.htm.

[48] 环境保护部.关于进一步加强环境影响评价管理防范环境风险的通知[EB/OL].(2012－07－03)[2024－10－12] https://www.mee.gov.cn/gkml/hbb/bwj/201207/t20120710_233249.htm.

[49] 环境保护部.关于印发《建设项目主要污染物排放总量指标审核及管理暂行办法》的通知[EB/OL].(2014－12－31)[2024－10－12] https://www.mee.gov.cn/gkml/hbb/bwj/201501/t20150106_293856.htm.

[50] 环境保护部.关于贯彻实施国家主体功能区环境政策的若干意见[EB/OL].(2015－07－23)[2024－10－12] https://www.mee.gov.cn/gkml/hbb/bwj/201508/t20150803_307652.htm.

[51] 环境保护部.关于印发《石化行业挥发性有机物综合整治方案》的通知[EB/OL].(2014－12－05)[2024－10－12] https://www.mee.gov.cn/xxgk2018/xxgk/xzgfxwj/202301/t20230116_1013210.html.

[52] 环境保护部,国家发展和改革委员会,财政部,等.关于印发《"十三五"挥发性有机物污染防治工作方案》的通知[EB/OL].(2017－09－14)[2024－10－12] https://www.mee.gov.cn/gkml/hbb/bwj/201709/t20170919_421835.htm.

[53] 环境保护部.关于发布计算污染物排放量的排污系数和物料衡算方法的公告[EB/OL].(2017－12－27)[2024－10－12] https://www.mee.gov.cn/gkml/hbb/bgg/201712/t20171229_428887.htm.

[54] 生态环境部.重点行业挥发性有机物综合治理方案[EB/OL].(2019－06－26)[2024－10－12] https://www.mee.gov.cn/xxgk2018/xxgk/xxgk03/201907/t20190703_708395.html.

[55] 生态环境部.关于提升危险废物环境监管能力、利用处置能力和环境风险防范能力的指导意见[EB/OL].(2019－10－16)[2024－10－12] https://www.mee.gov.cn/xxgk2018/xxgk/xxgk03/201910/t20191021_738260.html.

[56] 环境保护部办公厅.关于落实大气污染防治行动计划严格环境影响评价准入的通知[EB/OL].(2014－03－25)[2024－10－12] https://www.mee.gov.cn/gkml/hbb/bgt/201404/t20140401_269990.htm.

[57] 环境保护部.石化行业挥发性有机物综合整治方案[EB/OL].(2014－12－05)[2024－10－12] https://www.mee.gov.cn/gkml/hbb/bwj/201412/t20141211_292842.htm.

[58] 环境保护部.建设项目主要污染物排放总量指标审核及管理暂行办法[EB/OL].(2014－12－30)[2024－10－12] https://www.gov.cn/gongbao/

content/2015/content_2847867.htm.

[59] 国务院.中共中央国务院关于加快推进生态文明建设的意见[EB/OL].(2014－04－25)[2024－10－12] https://www.gov.cn/gongbao/content/2015/content_2864050.htm.

[60] 环境保护部办公厅.关于印发《石化行业 VOCs 污染源排查工作指南》及《石化企业泄漏检测与修复工作指南》的通知[EB/OL].(2015－11－18)[2024－10－12] https://www.waizi.org.cn/doc/65105.html.

[61] 环境保护部.关于以改善环境质量为核心加强环境影响评价管理的通知[EB/OL].(2016－10－27)[2024－10－12] https://www.mee.gov.cn/gkml/hbb/bwj/201610/t20161031_366546.htm.

[62] 国务院.控制污染物排放许可制实施方案[EB/OL].(2016－11－10)[2024－10－12] https://www.gov.cn/gongbao/content/2016/content_5145563.htm.

[63] 国务院.国务院关于支持山西省进一步深化改革促进资源型经济转型发展的意见[EB/OL].(2017－09－01)[2024－10－12] https://www.gov.cn/gongbao/content/2017/content_5225862.htm.

[64] 环境保护部.建设项目危险废物环境影响评价指南[EB/OL].(2017－09－01)[2024－10－12] https://www.mee.gov.cn/gkml/hbb/bgg/201709/t20170913_421401.htm.

[65] 国家发展改革委,工业和信息化部.关于促进石化产业绿色发展的指导意见[EB/OL].(2017－12－05)[2024－10－12] https://www.gov.cn/xinwen/2017－12/13/content_5246610.htm.

[66] 国家发展和改革委员会.产业结构调整指导目录(2019 年本)[EB/OL].(2019－10－30)[2024－10－12] https://www.gov.cn/xinwen/2019－11/06/content_5449193.htm.

[67] 工业和信息化部.焦化行业规范条件[EB/OL].(2020－06－11)[2024－10－12] https://www.gov.cn/zhengce/zhengceku/2020－06/17/content_5519872.htm.

[68] 生态环境部.国家危险废物名录(2021 年版)[EB/OL].(2020－11－25)[2024－10－12] https://www.mee.gov.cn/gzk/gz/202112/t20211213_963867.shtml.

[69] 生态环境部.关于统筹和加强应对气候变化与生态环境保护相关工作的指导意见[EB/OL].(2021－01－11)[2024－10－12] https://www.mee.gov.cn/xxgk2018/xxgk/xxgk03/202101/t20210113_817221.html.

[70] 国务院.国务院关于加快建立健全绿色低碳循环发展经济体系的指导意见[EB/OL].(2021－02－02)[2024－10－12] https://www.gov.cn/gongbao/content/2021/content_5591405.htm.

[71] 生态环境部.关于加强高耗能、高排放项目生态环境源头防控的指导意见[EB/OL].(2021－05－31)[2024－10－12] https://www.mee.gov.cn/xxgk2018/xxgk/xxgk03/202105/t20210531_835511.html.

[72] 生态环境部.关于加快解决当前挥发性有机物治理突出问题的通知[EB/OL].(2021－08－04)[2024－10－12] https://www.mee.gov.cn/xxgk2018/xxgk/xxgk03/202108/t20210805_854161.html.

[73] 环境保护部.关于推进大气污染联防联控工作改善区域空气质量的指导意见[EB/OL].(2010－06－21)[2024－10－12] https://www.mee.gov.cn/gkml/sthjbgw/qt/201006/t20100621_191108_wh.htm.

[74] 环境保护部，发展改革委，财政部.重点区域大气污染防治“十二五”规划[EB/OL].(2012－10－29)[2024－10－12] https://www.gov.cn/gongbao/content/2013/content_2344559.htm.

[75] 国务院.“十三五”生态环境保护规划[EB/OL].(2016－11－24)[2024－10－12] https://www.mee.gov.cn/zcwj/gwywj/201811/t20181129_676583.shtml.

[76] 国家发展改革委，国家能源局.氢能产业发展中长期规划[EB/OL].(2021－2035)[2024－10－12] https://www.gov.cn/xinwen/2022－03/24/content_5680973.htm.

[77] 闫国春，温亮，薛飞.现代煤化工产业发展现状、问题与建议[J].中国煤炭，2022，48(08):1－6.

[78] 柳川川.现代煤化工产业及科技发展现状与展望[J].化工设计通讯，2021，47(3):3－4.

[79] 黄玫.煤化工产业发展现状及趋势探析[J].化工管理，2019(13):99－100.

[80] 李志强.煤化工的精细化产业发展现状及建议[J].化工设计通讯，2019，45(7):23－24.

[81] 周明.煤化工产业发展现状与对策研究[J].百家争鸣，2023(21):187－189.

[82] 刘新.新型煤化工产业现状及发展方向[J].山西化工，2023，43(12):39－40.

[83] 王明华，毛亚林，李瑞峰.现代煤化工技术现状及趋势分析[J].煤炭加工与综合利用，2017(2):17－20.

[84] 刘涛，闫凯，赵旭，等.论我国现代煤化工产业发展现状及策略[J].中国石油和化工标准与质量，2018，38(11):104－105.

[85] 洪良，王成，高翔，张欢园.90 万 t/a 煤制甲醇项目气化工艺路线探析[J].煤炭加工与综合利用，2017(8):13－14，19.

[86] 孙伟伟，李启民，张佩龙，等.探讨节能减排技术在新型煤化工领域的应用标准[J].中国石油和化工标准与质量，2022，42(14):179－181.

[87] 金南愚.煤化工装置排放废气综合治理改造实践研究[J].产业科技创新，2023，5(3):50－52.

[88] 董赞勇.煤制甲醇工艺及三废处理问题探讨[J]. 当代化工研究，2023(15)：159－161.
[89] 周亚锋，李坡.煤制甲醇酸气综合利用技术[J]. 聚酯工业，2023，36(1)：43－45.
[90] 张娟玮.低温甲醇洗在煤制甲醇中总硫超标调节措施[J]. 山西化工，2022，42(3)：95－96＋130.
[91] 张琪.煤制甲醇工艺及三废处理措施[J]. 化工管理，2022(18)：40－42.
[92] 郝变霞.煤制甲醇工艺及三废处理措施[J]. 云南化工，2021，48(4)：152－154.
[93] 刘芳芳.煤制甲醇工艺及三废处理措施[J]. 化工管理，2020(32)：127－128.
[94] 席国辉，楚永利.煤制甲醇企业三废减排的技术与方法[J]. 河南化工，2016，33(9)：46－48.
[95] 刘凡石.煤制甲醇工艺及三废处理措施[J]. 化工管理，2014(27)：187，189.
[96] 安树伟，郁鹏，母爱英.基于污染物排放的京津冀大气污染治理研究[J]. 城市与环境研究，2016(2)：17－30.
[97] 董洁，李梦茹，孙若丹，等.我国空气质量标准执行现状及与国外标准比较研究[J]. 环境与可持续发展，2015(5)：87－92.
[98] 邓兴智，钟伟强，刘秀珍，等.钙基移动床干法脱硫除尘一体化技术探讨[J]. 研究与开发，2021(9)：19－25.
[99] 张金成.几种煤气发电干法烟气治理工艺对比[J]. 冶金动力，2024(3)：107－110.
[100] 田恬，路光杰，马丽.2021 年脱硫脱硝行业发展评述及展望[J]. 中国环保产业，2022(3)：14－17.
[101] 潘俊萍，汤秀丽，刘浩.烟气一体化超低排放技术的应用与研究进展[J]. 资源节约与环保，2022(9)：1－4.
[102] 徐颂，彭佳，陈海军，等.干法碳酸氢钠脱硫过程及影响因素分析[J]. 环境工程，2019，37(6)：102－106.
[103] 黄学敏，马广大.干法烟气脱硫用高效粒状脱硫剂的研究[J]. 西安建筑科技大学学报(自然科学版)，2000，32(3)：245－247.
[104] 李树华.高炉煤气加热焦炉的烟气净化技术分析[J]. 煤化工，2019，47(2)：16－20.
[105] 钱虎林，江静，杨磊.焦炉烟气污染前端控制措施及脱硫脱硝工艺选择[N]. 世界金属导报，2019－12－10(B12).
[106] 祁大鹏.焦炉烟气脱硫脱硝工艺及控制技术[J]. 化工设计通讯，2018，44(10)：207，226.
[107] 薛友祥，唐钰栋，李福功，等.除尘脱硝一体化高温陶瓷过滤材料研究进展[J]. 现代技术陶瓷，2020，41(5)：269－280.
[108] 朱召平.高温超净电袋复合除尘技术在氢氧化铝焙烧炉上的应用与研究[J].

环境科学与管理,2021,46(9):93－97.
[109] 朱召平,娄彤,信明勋,等.高温超净电袋复合除尘技术及其在水泥行业的应用前景探讨[J]. 水泥,2020(4):51－54.
[110] 张竣清.火电厂脱硫与脱硝同除尘及烟塔的一体化技术探索[J]. 百科论坛电子杂志,2020(13):1551－1552.
[111] 刘涛,曾珍英.烟气脱硫技术及脱硫脱硝除尘与环保策略研究[J]. 区域治理,2020(11):148.
[112] 颉青尧.关于火电厂烟气脱硫脱硝技术应用与节能环保的相关分析研究[J]. 今日自动化,2021(12):71－73.
[113] 高强,梁宇.试析烟气脱硫脱硝技术在火电厂大气污染治理工作中的运用[J]. 生态环境与保护,2021,4(4):27－28.
[114] 吴占兴,罗坚,张卓臣.干法钙基固定床及烟气循环流化床技术在烧结砖瓦窑炉中的应用及其前景展望[J]. 砖瓦,2022(6):27－30.
[115] 李枭鸣.高温除尘脱硝一体化技术的开发及应用研究[J]. 环境科学与管理,2022,47(12):101－105.
[116] 丁少良,邵峥.烟气脱硫技术及脱硫脱硝除尘与环保策略[J]. 应用能源技术,2023(5):6－10.
[117] 许瑞杰,闫炳宽,韩海照,等.除尘与低温脱硝一体化技术概述[J]. 耐火与石灰,2023,48(3):38－39.
[118] 聂孙建,闫梦良,梁燕,等.除尘脱硝一体化滤料的制备及其性能研究[J]. 安徽化工,2024,50(1):124－128.
[119] 任璞.焦化厂锅炉脱硫脱硝及烟气除尘技术探究[J]. 山西冶金,2024,47(1):213－215.
[120] 黄晓平,赵尚文,翟林,等.高效滤筒除尘技术在布袋除尘器扩容改造上的应用[J]. 山西冶金,2022,45(7):99－100,103.
[121] 汤吉.煤制甲醇生产工艺优化与节能减排[J]. 化学工程与装备,2021(8):29－30.
[122] 邢珊珊.煤制甲醇生产工艺优化与节能减排方法的探讨[J]. 科学技术创新,2021(14):169－170.
[123] 王伟冲.煤制甲醇生产工艺优化与节能减排措施[J]. 化工设计通讯,2020,46(7):10,28.
[124] 冯璐.煤制甲醇生产工艺优化与节能减排策略[J]. 山西化工,2019,39(1):98－100.
[125] 段梦凡.关于除尘技术研究分析[J]. 技术与市场,2019,26(3):155.
[126] 肖吉,蔡晓君,周梅,等.工业粉尘类型与除尘技术概述[J]. 化工机械,2018,45(1):29－32.

[127] 李勇，宋欢，刘伟冬，等.滤筒除尘器不同进出口夹角对气流分布的影响[J]. 环境工程学报，2016，10(11)：6593－6597.
[128] 王冬冬.煤基甲醇制烯烃技术进展与发展探索[J]. 煤化工，2023，51(4)：113－116.
[129] 杨学萍.碳中和背景下现代煤化工技术路径探索[J]. 化工进展，2022，41(7)：3402－3412.
[130] 王娜娜.基于焦炉煤气的联产制氢工艺技术研究[J]. 山西化工，2023，43(10)：57－59.
[131] 王明.2023 年国内甲醇产业发展现状及展望[J]. 现代化工，2024，44(5)：15－20.
[132] 张艳.中国焦炉煤气利用现状评述[J]. 山东化工，2019，48(16)：172－173.
[133] 李立业，黄世平.焦炉煤气高效多联产利用技术[J]. 燃料与化工，2018，49(3)：46－49.
[134] 白志鹏，王宝庆，王秀艳，等. 空气颗粒物污染与防治[M]. 北京：化学工业出版社，2011.
[135] 梁旭. 城市环境污染及治理研究[M]. 北京：时事出版社，2013.
[136] 翟崇治，鲍雷. 环境空气自动监测技术[M]. 重庆：西南师范大学出版社，2013.
[137] 崔普选.煤制甲醇技术发展评述[J]. 现代化工，2020，40(5)：4－9.
[138] 岳宗欣.煤制甲醇工艺现状及发展趋势[J]. 化工设计通讯，2018，44(11)：21.
[139] 刘思明.关于我国煤气化技术进展和升级发展方向的思考[J]. 化学工业，2013，31(8)：7－19.
[140] 汪寿建.现代煤气化技术发展趋势及应用综述[J]. 化工进展，2016，35(3)：653－664.
[141] 郝宏寿.煤制甲醇项目的煤气化技术应用[J]. 能源与节能，2017(9)：154－155.
[142] 戴厚良，何祚云.煤气化技术发展的现状和进展[J]. 石油炼制与化工，2014，45(4)：1－7.
[143] 王辅臣，于广锁，龚欣，等.大型煤气化技术的研究与发展[J]. 化工进展，2009，28(2)：173－180.
[144] 徐炜，刘效均.大型煤制甲醇的气化和合成工艺选择分析[J]. 化工管理，2018(32)：87－88.
[145] 冯亮杰，郑明峰，尹晓晖，等.煤制甲醇项目的煤气化技术选择[J]. 洁净煤技术，2011，17(2)：34－38.
[146] 杨斌.煤制甲醇装置节能降耗技术研究[J]. 化工设计通讯，2023，49(11)：12－14.
[147] 吴宏伟.煤制甲醇生产工艺技术研究[J]. 化学工程与装备，2017(9)：50－52.

[148] 董锋军.焦炉煤气制甲醇的工艺技术分析[J]. 化工设计通讯,2018,44(10):6.
[149] 王鹏,胡小敏.焦炉煤气制备甲醇工艺研究[J]. 辽宁化工,2023,52(1):77－79,83.
[150] 张淑娇,肖鹏,王子明,等.焦炉煤气制甲醇生产工艺的现状及改进[J]. 辽宁化工,2022,51(2):244－246,250.
[151] 康彦迪,王国昱,张鹏飞,等.焦炉煤气制甲醇精脱硫装置析碳结炭处理[J]. 化工设计通讯,2018,44(3):7.
[152] 吴创明.焦炉煤气制甲醇的工艺技术研究[J]. 煤气与热力,2008,28(1):62－68.
[153] 孟凡凯.焦炉煤气制甲醇的工艺技术研究[J]. 化工管理,2022(15):128－130.
[154] 周建清.焦炉煤气制甲醇工艺技术[J]. 矿业装备,2019(5):40－41.
[155] 李洪晋.基于焦炉煤气制甲醇的工艺技术分析[J]. 山东煤炭科技,2015(3):182－183.
[156] 燕志男.试析焦炉煤气制甲醇的工艺技术现状及改进策略[J]. 化工管理,2019(20):178－179.
[157] 薛利军.基于焦炉煤气制甲醇的工艺技术分析[J]. 山西化工,2017,37(4):83－84,128.
[158] 郭君科.焦炉煤气制甲醇的工艺技术现状及改进策略研究[J]. 内江科技,2019,40(11):28,88.
[159] 李庆林.天然气制甲醇生产工艺设计改进探讨[J]. 现代工业经济和信息化,2023,13(1):256－258.
[160] 黄艳芹.合成氨厂联醇工艺生产控制分析[J]. 新乡学院学报(自然科学版),2009,26(6):36－38.
[161] 王勇.合成氨联醇生产工艺[J]. 化工管理,2022(15):134－136.
[162] 李观辉.合成氨生产中的废气利用与节能效益[J]. 化工设计通讯,2020,46(10):1,70.
[163] 刘志臣.醇氨联产工艺优势分析[J]. 氮肥技术,2013,34(2):1－5,38.
[164] 龚扬岩.低压联醇工艺的选择与运行[J]. 化学工程与装备,2013(4):52－56.
[165] 张英,党鹏刚,卢立栋,等.关中地区煤制合成气行业大气污染源排放清单研究[J]. 煤化工,2021,49(5):6－10,15.
[166] 巴宗福.煤制甲醇过程中生态环境综合影响熵效应模型[J]. 化学工程与装备,2013(11):179－182.
[167] 孙磊磊,刘志学,吴琼慧,等.现代煤化工污染治理技术分析与环境管理政策建议[J]. 煤质技术,2019,34(3):1－6,19.
[168] 赵煜.煤化工项目硫回收工艺技术分析[J]. 化工设计通讯,2021,47(6):5－6.
[169] 杨铁魁.煤化工及甲醇生产技术探索[J]. 化工管理,2014(6):57,59.

[170] 王璐.我国煤化工产业的技术发展现状[J]. 煤炭与化工,2013,36(11):138－140,143.
[171] 曲顺利.煤化工企业废气污染治理研究[J]. 氮肥技术,2020,41(2):37－39.
[172] 孙泽渊.煤化工大气污染治理技术进展及发展方向[J]. 化学工程与装备,2021(6):234－235.
[173] 孟凡华.煤化工行业 VOCs 回收治理技术分析[J]. 化工设计通讯,2023,49(11):9－11.
[174] 张深.煤化工行业中 VOCs 废气排放治理研究[J]. 能源与环保,2023,45(3):128－133.
[175] 张朋朋.煤化工大气污染处理技术进展及发展方向[J]. 煤化工,2019,47(1):14－18.
[176] 刘生.皮带机落料(煤)粉尘综合治理方法探析[J]. 设备管理与维修,2022(15):126－128.
[177] 张杰.煤化工大气污染处理技术进展及发展趋势探讨[J]. 化工管理,2019(33):106－107.
[178] 陈刚.煤化工中氨法脱硫技术的应用研讨[J]. 石化技术,2023,30(3):132－134.
[179] 赵玮.环保理念下的新型煤化工技术分析[J]. 当代化工研究,2022(7):72－74.
[180] 邵瑰玮,李劲,王万林,等.脉冲电晕放电下用焦化废水脱硫的研究[J]. 环境工程,2004,22(2):43－45,4.
[181] 杨超,何绪文,竹涛,等.双碱法烟气脱硫技术影响因素分析[J]. 环境科学与管理,2010,35(7):92－96.
[182] 杜为军.新型煤化工硫近零排放技术分析[J]. 化工设计通讯,2017,43(5):4,67.
[183] 宁波.煤化工企业生产过程中二氧化硫处理及对人员危害分析[J]. 化工管理,2022(16):62－65.
[184] 樊琪,马国强.焦炉烟道气脱硫脱硝技术进展与分析[J]. 山西化工,2022,42(2):36－40.
[185] 宋景涛,郭慧冬,毛百虎.低温甲醇洗 VOCs 尾气热能综合利用技术研究与应用[J]. 中国石油和化工标准与质量,2023,43(7):181－183.
[186] 郝吉明,马广大,王书肖.大气污染控制工程[M]. 3 版. 北京:高等教育出版社,2010.
[187] 沈恒根，苏仕军，钟秦. 大气污染控制原理与技术[M]. 北京：清华大学出版社，2009.
[188] 蒋文举. 烟气脱硫脱硝技术手册[M]. 2 版. 北京：化学工业出版社，2012.
[189] 朱法华,许月阳,孙尊强,等.中国燃煤电厂超低排放和节能改造的实践与启示

[J]. 中国电力,2021,54(4):1－8.
[190] 童志权. 大气污染控制工程[M]. 北京:机械工业出版社,2006.
[191] 张殿印,王纯. 除尘工程设计手册[M]. 3 版. 北京:化学工业出版社,2021.
[192] 周晓猛. 烟气脱硫脱硝工艺手册[M]. 北京:化学工业出版社,2016.
[193] 柳静献,毛宁,孙熙,等.我国袋式除尘技术历史 现状与发展趋势综述[J]. 中国环保产业,2022(1):47－58.
[194] 舒英钢,郦建国,刘卫平,等.中国电除尘技术发展及在燃煤电厂应用[C]. 第十八届中国电除尘学术会议,2019:1－12.
[195] 陈隆枢.我国袋式除尘技术近十年的发展综述[J]. 中国环保产业,2011,(11):7－11.
[196] 姚雨,郭占成,赵团.烟气脱硫脱硝技术的现状与发展[J]. 钢铁,2003,38(1):59－63.
[197] 刘涛,曾令可,税安泽,等.烟气脱硫脱硝一体化技术的研究现状[J]. 工业炉,2007,29(4):12－15.
[198] 吴凡,赵长多.低温 SCO 脱硝催化剂研究进展[J]. 广东化工,2018,45(20):99－101.
[199] 涂建华,朱培君,袁伟峰.新型静电布袋除尘技术研究[J]. 环境工程,2004,22(3):38－40,4.
[200] 宋圣才,徐沛,李敏,等.节能型焦化烟气高效氧化吸收脱硫脱硝一体化技术[J]. 化工设计通讯,2021,47(4):156－158.
[201] 于凤芹,李运甲,刘周恩,等.移动床活性焦烟气净化工艺中废活性焦的形成与特征分析[J]. 过程工程学报,2020,20(6):695－702.
[202] 马秀珍,栾元迪,叶冰.旋转喷雾半干法烟气脱硫技术的开发和应用[J]. 山东冶金,2012,34(5):51－53.
[203] 李俊杰,魏进超,刘昌齐.活性炭法多污染物控制技术的工业应用[J]. 烧结球团,2017,42(3):79－85.
[204] 王斌,李玉然,刘连继,等.焦炉烟气活性炭法多污染物协同控制工业化试验研究[J]. 洁净煤技术,2020,26(6):182－188.
[205] 张庆文,常治铁,刘莉,等.SDS 干法脱硫及 SCR 中低温脱硝技术在焦炉烟气处理中的应用[J]. 化工装备技术,2019,40(4):14－18.
[206] 许红英,陈鹏,颜芳.焦炉烟气脱硫脱硝一体化技术的研究进展[J]. 燃料与化工,2019,50(4):1－3,8.
[207] 曹剑栋.组合式脱硫脱硝工艺在焦炉烟气治理中的应用[J]. 中外能源,2018,23(12):83－89.
[208] 苗社华.半干法脱硫＋低温 SCR 脱硝一体化工艺在焦炉烟气净化中的应用[J]. 中国金属通报,2018(5):157－158.

[209] 卢丽君,康凌晨,李丽坤,等.钙基废料用于SDA半干法脱硫剂的试验研究[J].武钢技术,2016,54(4):32－35.
[210] 徐大兴.SDS钠基干法脱硫工艺在焦化厂烟气处理中的应用[J].燃料与化工,2020,51(3):56－58.
[211] 樊响,邓志鹏.SDS脱硫技术在干熄焦烟气脱硫上的应用[J].冶金设备,2020(4):74－76.
[212] 王晶,廖昌建,王海波,等.锅炉低氮燃烧技术研究进展[J].洁净煤技术,2022,28(2):99－114.
[213] 张殿坤,祁连中,李坤.锅炉烟气脱硫脱硝除尘一体化超低排放技术研究与实践[J].中国环保产业,2021(5):30－35.
[214] 王海芳.环境监测[M].北京:国防工业出版社,2014.
[215] 方德明,陈冰冰.大气污染控制技术及设备[M].北京:化学工业出版社,2005.
[216] 王春燕,王廷杰,王海玉.烟气脱硫技术的进展、现状、展望,科技视界[J].2021(14):144－145.
[217] 郭静,阮宜纶.大气污染控制工程[M].2版.北京:化学工业出版社,2008.
[218] 何争光.大气污染控制工程及应用实例[M].北京:化学工业出版社,2004.
[219] 王纯,张殿印.废气处理工程技术手册[M].北京:化学工业出版社,2013.
[220] 潘琼.大气污染控制工程案例教程[M].北京:化学工业出版社,2014.
[221] 王志魁.化工原理[M].5版.北京:化学工业出版社,2018.
[222] 陈敏恒.化工原理:下册[M].4版.北京:化学工业出版社,2015.
[223] 鞠美庭,邵超峰,李智.环境学基础[M].2版.北京:化学工业出版社,2010.
[224] 郭东明.脱硫工程技术与设备[M].3版.北京:化学工业出版社,2019.
[225] 朱国宇.脱硫运行技术问答1100题[M].北京:中国电力出版社,2015.
[226] 向晓东.除尘理论与技术[M].北京:冶金工业出版社,2013.
[227] 孙超凡,楼波,龙新峰,等.大型电袋复合除尘器运行特性与优化[M].北京:中国电力出版社,2016.
[228] 金文.大气污染控制与设备运行[M].北京:高等教育出版社,2007.
[229] 鹿政理.环境保护设备选用手册:大气污染控制设备[M].北京:化学工业出版社,2002.
[230] 童志权.工业废气净化与利用[M].北京:化学工业出版社,2001.
[231] 吴忠标.实用环境工程手册:大气污染控制工程[M].北京:化学工业出版社,2001.
[232] 肖文德,吴志泉.二氧化硫脱除与回收[M].北京:化学工业出版社,2001.
[233] 吴俊.低低温高效燃煤烟气处理工艺的应用研究[J].节能与环保,2020(12):89－90.

[234] 姚强，等.燃煤排放细颗粒污染控制技术研究概述[J]. 清华同方技术通讯，2002(12)：61－62.

[235] 马俊飞，王建峰，徐克涛.低低温电除尘器飞灰理化特性规律研究[J]. 中国电机工程学报，2021，41(10)：3454－3465，3671.

[236] 张杨，冯前伟，杨用龙，等.燃煤电厂烟气 SO3 排放控制研究进展[J]. 中国电机工程学报，2021，41(1)：231－248＋413.

[237] 曾抗美，李正山，魏文韫. 工业生产与污染控制[M]. 北京：化学工业出版社，2005.

[238] 钟秦. 燃煤烟气脱硫脱硝技术及工程实例[M]. 北京：化学工业出版社，2002.

[239] 周立新.工业脱硫脱硝技术问答[M]. 北京：化学工业出版社，2006.

[240] 姚群，宋七棣，陈志炜.2020 年袋式除尘行业发展评述和展望[J]. 中国环保产业，2021(3)：19－22.

[241] 周兴求.环保设备设计手册——大气污染控制设备[M]. 北京：化学工业出版社，2004.

[242] 孙明斌.煤制甲醇合成膨胀气的综合回收利用[J]. 当代化工研究，2023(9)：112－114.

[243] 熊启海.煤制甲醇合成工艺设备的选型探讨[J]. 中国石油和化工标准与质量，2023，43(5)：123－125.

[244] 郭志强.煤制甲醇工艺冷凝液余热发电的应用[J]. 氮肥与合成气，2023，51(3)：13－15.

[245] 方艳新.煤制甲醇气化工艺选择解析[J]. 中国石油和化工标准与质量，2023，43(4)：187－189.

[246] 袁振涛，王景辉.甲醇精馏杂醇油提浓减量技术实践[J]. 氮肥与合成气，2023，51(1)：30－32.

[247] 高鑫，黄书华.统计分析在特大型煤制甲醇装置中的应用[J]. 化工管理，2022(31)：152－154.

[248] 张成学，周琨.实时优化系统在煤制甲醇装置中的应用[J]. 大氮肥，2022，45(5)：289－292.

[249] 滑兴国.煤制甲醇合成工艺设备的选型探讨[J]. 山西化工，2022，42(3)：165－167.

[250] SHIVANI，GADI R. Oxidative potential of ambient fine particulate matter for ranking of emission sources：An insight for emissions reductions[J]. Air quality，atmosphere & health，2021，14(8)：1149－1153.

[251] XING X D.Reason analysis and countermeasure on ammonia pipeline jam of SCR denitration system [J]. China environmental protection industry，2015，17(3)：24－27.

[252] JI G X.Pollution control of tail gas from desulfurization regeneration tower in the coking plant[J]. Coal chemical industry,2016,44(1):54—56.

[253] YI C,GAO F Y.Optimization of the integrated desulfurization,denitrification and dust removal projects [J]. Environment and Development,2018,30(1):105—106.

[254] WU Z H, LI D D, CHEN H,et al.Engineering application of desulfurization and denitrification comprehensive purification technology for activated coke [J]. Environmental progress & sustainable energy,2021,40(5):17—27.

[255] WANG J C.Discussion on the bag dust collectorremover in the ground station for dust removal in use [J]. Science and technology innovation herald,2013,21(3):141,143.

[256] KIIL S,MICHELSEN M L,DAM—JOHANSEN K.Experimental investigation and modeling of a wet flue gas desulfurization pilot plant [J]. Industrial & engineering chemistry research,1998,37(7):2792—2806.

[257] Timeline of ozone national ambient air quality standards(NAAQS) [EB/OL]. [2024—10—12]. https://www.epa.gov/ground—level—ozone—pollution/timeline—ozone—national—ambient—air—quality—standards—naaqs.

[258] US EPA. Timeline of particulate matter(PM) national ambient air quality standards(NAAQS)[EB/OL]. [2024—10—12]. https://www.epa.gov/pm—pollution/timeline—particulate—matter—pm—national—ambient—air—quality—standards—naaqs.

[259] European Commission(EU). Proposal for a revision of the ambient air quality directives details[EB/OL]. [2024—10—12]. https://environment.ec.europa.eu/publications/revision—eu—ambient—air—quality—legislation_en.

[260] US EPA. EPA Proposes to strengthen air quality standards to protect the public from harmful effects of soot[EB/OL]. [2024—10—12]. https://www.epa.gov/newsreleases/epa—proposes—strengthen—air—quality—standards—protect—public—harmful—effects—soot.

[261] US EPA. Air quality criteria for particulate matter(Volume I)[M/OL]. Washington, DC: US EPA,2004.[2024—10—12]. http://cfpub.epa.gov/ncea/cfm/recordisplay.cfm? deid=87903.

[262] CHEN W H, GUENTHER A B, SHAO M, et al. Assessment of background ozone concentrations in China and implications for using region—specific volatile organic compounds emission abatement to mitigate air pollution [J]. Environmental pollution, 2022, 305: 119254.

[263] YANG B, SHEN Y S, SU Y, et al. Removal characteristics of nitrogen ox-

ides and particulates of a novel Mn—Ce—Nb—O_x/P84 catalytic filter applied for cement kiln[J]. Journal of industrial and engineering chemistry, 2017, 50: 133—141.

[264] YANG B, HUANG Q, CHEN M D, et al. Mn—Ce—Nb—O_x/P84 catalytic filters prepared by a novel method for simultaneous removal of particulates and NO[J]. Journal of rare earths, 2019, 37(3): 273—281.

[265] CASAPU M, KRÖCHER O, ELSENER M. Screening of doped MnO_x - CeO_2 catalysts for low—temperature NO—SCR[J]. Applied catalysis B: environmental, 2009, 88(3/4): 413—419.

[266] ABUBAKAR A, LI C M, HUANGFU L, et al. Simultaneous removal of particulates and NO by the catalytic bag filter containing V_2O_5 — MoO_3/TiO_2[J]. Korean journal of chemical engineering, 2020, 37(4): 633—640.

[267] LI C, MCLINDEN C, FIOLETOV V, et al. India is overtaking China as the world's largest emitter of anthropogenic sulfur dioxide[J]. Scientific reports, 2017, 7(1): 14304.

[268] CAI M, BIAN X, XIE F, et al. Preparation and performance of cerium—based catalysts for selective catalytic reduction of nitrogen oxides: a critical review[J]. Catalysts, 2021, 11(3): 361—361.

[269] POPP D. International innovation and diffusion of air pollution control technologies: The effects of NO_x and SO_2 regulation in the US, Japan, and Germany[J]. Journal of environmental economics and management, 2006, 51(1): 46—71.

[270] SCHNELLE J K B, BROWN C A. Air pollution control technology handbook[M]. Boca Raton: CRC Press, 2016.

[271] JAWOREK A, SOBCZYK A T, KRUPA A, et al. Hybrid electrostatic filtration systems for fly ash particles emission control. A review[J]. Separation and purification technology, 2019, 213: 283—302.

[272] LICHT W. Air pollution control engineering: Bassic calculations for particulate collection[M]. 2nd ed. New York: Marcel Dekker, Inc, 1980

[273] HESKETH H. Air pollution control: Traditional and hazardous pollutants[M]. Technomic Publishing, 1991.

[274] GODISH T. Indoor air pollution control[M]. Boca Raton: CRC Press, 2019.

